JN183194

超太古マヤ人から連綿と続く
宇宙人との繋がり

SKY PEOPLE

今なぜ緊急に接触を強めているのか

アーディ・S・クラーク 著
元村 まゆ 訳

ヒカルランド

僕は宇宙船に拉致され、
自分の「そっくりさん」を紹介されました。
よその星には僕のそっくりさんがいたのです。
彼は僕とそっくりで、僕みたいに話し、
僕と同じ知識を持っています。

スカイピープルはタバコの灰のような色の皮膚をしていました。
頭部のあごのところが尖っていました。
腕と脚はガリガリで、大きな昆虫のようでした。

スカイピープルは地球にやって来て、
知識をもたらすのです。
現在のマヤ人は宇宙からやって来たスカイピープルの子孫なのです。

スカイピープルは16年周期で地球にやって来るんだ。
もうすぐまたやって来る。
２０００年に帰っていったから、
今度は２０１６年に戻ってくるだろう。

私は人から変人だと思われても、
別にかまわないわ。
起こったことは事実なんだもの。
作り話なんかじゃない。
本当に起きたことなの。
異星人は実在するって、人は知るべきなのよ。

「宇宙船はどんな外見をしているのですか」
「映画に出てくる宇宙船とよく似ているよ。
丸い銀色の円盤で、音は立てない。
とても奇妙な乗り物だ。明るい光を放っている。
飛び立ったら、あっという間に姿が見えなくなる。
幻だったかと思うくらいだ」

献辞

本書を私の姪のタシナ・ラウド・ホーク、ワニ・ラウド・ホーク、タスパン・ラウド・ホーク、クリー・ドーン・アイアン・クラウドと、甥のカン・サ・サ・トゥー・イーグル、ミスン・ボウカー、ジェイク・アイアン・クラウドに捧げます。彼らがずっと夢を追いつづけられますように。

そして、同じ夢を追ってくれた夫、キプに捧げます。

謝辞

私と共にメソアメリカを旅してくれた、勇敢で忠実で、疲れを知らぬ運転手、ガイド、通訳の方々、ＵＦＯ、スカイピープル、異星人との遭遇体験を話してくださったベリーズ、ホンジュラス、グアテマラ、メキシコの先住民の方々、そして、ティーンエイジャーだった少女にひらめきを与え、その足跡をたどらせてくれたジョン・Ｌ・スティーブンズとフレデリック・キャザウッドに感謝します。

カーラ・モレッティに感謝します。彼女はこの計画全体を通して、私の友人であり、姉であり、信頼できる相談相手でした。出版に至るまで、さまざまなアドバイスを与えてくれたセス・ハートマン、モーリス・ホーン、ジェリー・ブラントにも感謝を捧げます。

最後になりましたが、ジョアン・オブライエンとランディ・ラドックの、いつも変わらぬ支援と友情に感謝を捧げます。私たちは「３人の仲間たち（ロス・トレス・アミーゴス）」なのです。

―― SKY PEOPLE 目次 ――

第2部 宇宙マップに導かれ、マヤ人たちは空から降りてきた⁉

第3部 2016年、マヤ人たちを導いたスカイピープルがふたたび地球に戻ってくる⁉

第4部 太古に地球に降りてきたマヤ人祖先はスカイピープルだった⁉

装丁　浅田恵理子
校正　麦秋アートセンター
翻訳協力　株式会社トランネット
本文仮名書体　蒼穹仮名（キャップス）

はじめに（表記について）

昨今の差別語禁止の時代では、先住民の識別に特定の言葉を使う場合、たとえ著者自身が先住民であっても、その言葉を使う理由の説明が求められるが、以下の説明で足りると考える。

マヤかマヤンか

私はしばしば、「**マヤン**と**マヤ**では、どちらが正しいのですか」という質問を受ける。

多くのライターがこの2つの言葉を間違って使っている。そこには明確な定義が存在するのだ。

例えば、**マヤ**は、民族やその文化を表すとき、名詞としても形容詞としても使える。**マヤン**は、言語を表したり特定したりするのには使えるが、メソアメリカの先住民族を指す固有名詞としては使えない。また、**マヤ**は単数名詞としても複数名詞としても使える。つまり、**マヤ**は、1人の人間も2人以上の人間も指すことができるということだ。例えば、以下のような表現が可能だ。

・その男たちは純血のマヤ人（マヤ）だ。（複数名詞）
・マヤ民族（マヤ・ピープル）の人々はマヤ語（マヤン・ランゲージ）を話す。（形容詞、形容詞）

・マヤ人の90パーセントは、今でもマヤ語を話す。（名詞、名詞）

・彼は私に、自分はマヤ人で、流ちょうなマヤ語を話すと言った。（名詞、名詞）

アメリカ人とは（先住民の呼称について）

メソアメリカにおいては、自分をアメリカ人と考えるのは特異なことではない。北アメリカに住む人々には驚きをもって受け取られるかもしれないが、北アメリカ、中央アメリカ、南アメリカに住む人々はみなアメリカ人だというのが、一般的な考え方である。

アメリカ合衆国を表すとき、私はつねにUSAを使う。メソアメリカにおいては、アメリカ合衆国のことをこう表現するのが一般的だ。中央アメリカやメキシコで話を聞いた多くの人々は自分をアメリカ人と考えていたが、本書において、多くの先住民が自分自身を表すのに、さまざまな呼称を使っていることに気づかれるだろう。

例えば、ベリーズの先住民は、自分をアメリンディアン、またはレッド・カリブ、イエロー・カリブ、ガリフナ（ブラック・カリブ）と称するか、あるいは、マヤ人であれば、マヤ語の方言に基づく呼称を使っていた。メキシコでは、多くの先住民の集団は、ユカタン半島に居住していることから、自分たちをユカテク、あるいはユカテク族と称するか、メキシコの他の地方の方言に基づく呼称を使っていた。グアテマラでは、キチェ・マヤのように、特徴的なマヤの方言集団の名称をそのまま使う傾向が強い。ホンジュラスでは、ほとんどの場合マヤかチョルティ・マヤと称していた。

また、単にインディオ（インディアン）、あるいはインディヘナと称する場合もあった。

ＵＦＯかＯＶＮＩか

メソアメリカにおいては、ＵＦＯはＯＶＮＩと呼ばれている。ＯＶＮＩとは、スペイン語の未確認飛行物体（*Objecto Volador No Identificado*）の頭文字を並べたものだ。本書では、ＯＶＮＩではなくＵＦＯを使うことにした。

◎プロローグ◎ スカイピープルをめぐる私の旅が始まった

本書はスカイピープル、異星人、ＵＦＯとの遭遇に関する言い伝えや現代の話を求めて、メソアメリカの先住民、主にマヤの人々を訪ねた旅の記録だ。私は19世紀の探検家、ジョン・ロイド・スティーブンズとフレデリック・キャザウッドが訪れた地の周辺をめぐる形で旅程を組んだ。マヤ文明の驚くべき都市の数々を世界に紹介する上で、この２人組はそれ以前のあらゆる探検家をしのぐ業績を残した。

私は高校生のときに、この2人の偉大な冒険家に魅了された。ある先生から2人の最初の著書『中米・チアパス・ユカタンの旅』を渡された私は、続けて2冊目の『Incidents of Travel in Yucatan（ユカタンの旅での出来事）』も読んだ。たちまち私はこの2人の探検家に心を奪われ、いつか私も彼らの足跡をたどるのだと心に誓った。この夢の実現までに40年近くを要したが、ついに私は、はるか昔の自分との約束を果たす旅に出発した。

スティーブンズとキャザウッドがそうしたように、私もベリーズから旅を始めた。１８３９年当時、ベリーズはイギリス領ホンジュラスと呼ばれていた。有名な２人組が切り開いた小道のほとんどは舗装道路に変わっていたが、遺跡へ通じる道を見つけるには、ガイドの男性がマチェート（中南米でサトウキビの伐採に用いるなた）を使って道を切り開いていく後について歩くしかない状況も一度ならずあった。スティーブンズとキャザウッドが取り上げた遺跡の多くは放置されたままだったが、かなりの資金をかけて発掘や修復が行われているところもあった。コパン、チチェン・イッツア、ウシュマル、パレンケは修復が進み、旅行者、冒険家、科学者に人気の目的地となっている。

スティーブンズとキャザウッドが、謎に満ちたマヤ都市の発掘という目的を達成するためには、かの地を2度訪れねばならなかった。私の旅は２００３年のクリスマス休暇に始まり、２０１０年に最後の旅を終えた。旅は全部で14回におよび、その間に訪れた考古学的遺跡は89に上った。スティーブンズとキャザウッドは44の遺跡を訪れているが、その中には、その所在地が今日まで不明のものや、開発の名のもとに破壊されてしまったものも含まれている。スティーブンズとキャザウッドと同じように、私もしばしば当初の旅程を、伝説やうわさを調査するために変更した。そうして、2人の冒険家が見ることのなかったメソアメリカの地域にも足を踏み入れた。

2人が集めた昔話の中で、多くの先住民集団が、よその星からやって来た存在について語っている。マヤの神話には、スカイピープルやスカイゴッドの話が含まれているものが多く、しばしば光線とともに空からやって来たと伝えられている。巨人、小人、妖精の話は世界各地に遍在しているが、それを信じているのは、一部のえせ科学者にすぎない。アメリカ・インディアンの著述家・学者であるヴァイン・デロリア・ジュニアは、その著書『Evolution, Creationism, and Other Modern Myths（進化論、天地創造説、その他の現代の神話）』で、科学は、人類の集合記憶より思考を優位とみなすと書いている。合理性とやらを尊重する新しい時代においては、啓蒙運動のせいで、不誠実で無味乾燥な、客観的調査をせざるをえなくなった。かつて伝統的な英知には真実という権威が与えられていたが、いまや神話や伝説に格下げされてしまった。人類の神秘体験やスピリチュアルな体験は、証明ができないという理由から、信頼できないほら話とみなされるようになった。世界中の大部分の部族文化で語り伝えられている話でさえ、現代の学者には正当なものとは認められていない。

メキシコと中央アメリカには昔から不思議なＵＦＯの目撃話が数多く存在するが、そのほとんどは科学者によって、作り話、宇宙のごみ、気象観測気球、ミサイル、軍用機、あるいは自然現象として処理されてきた。だが、この10年間、ＵＦＯとマヤ文明に関する学説は脚光を浴びてきた。マヤ暦の一件（マヤ暦が２０１２年12月で終わっていることに端を発した人類滅亡説）によって活気づいた部分も少なからずあったが、この古代文明に関する議論において、ＵＦＯがマヤ文明に与えた影響もしばしば取り上げられた。

私の当初の目的は、スティーブンズとキャザウッドの足跡をたどって中央アメリカとメキシコをめぐるというものだったが、長い年月のうちに、関心の対象は拡大していった。最初の旅に出る前に、冒険家たちの旅を再現するだけでなく、スカイピープルや地球外生命体に関する伝説のある遺跡も探してみようと心を決めていた。これらの旅を通じて、一度通った道をたどり直すこともあったが、移動距離は通算2万マイル（3万6187キロメートル）に達した。車で通れる道がないところは、歩いて移動した。道中は、村人、地元の通訳やガイド、部族のシャーマンや長老、文化財の専門家、歴史家、お年寄りらの支援を受けた。部族のヒーラーや予言者に会い、スカイゴッドに捧げるチャントの暗唱が要求される儀式にも参加させていただいた。

地球外生命体に関する私の調査方法

私は大学の研究者として、質的研究方法論と量的研究方法論の両方で訓練を受けてきたが、そんな私が最も配慮したことは、私の質的アプローチが、その件の当事者に影響を与えないようにすることで、誘導尋問や妨害をしないよう最大限の努力を払った。

量的リサーチには、2つの視点（「**エティック**」と「**イーミック**」）があるとされている（これは言語学や文化人類学においてある現象を分析する方法で、「**エティック**（etic）」は外部の観察者の視点から分析を行うもので、「**イーミック**（emic）」は人々が現象をどう意識・識別しているかを内側から分析するもの）。**エティック**、すなわち部外者としての視点は、その文化における体験を観察によって解釈する。これは通常、観察者の世界観によって文化を解釈することになる。一方**イーミック**な視点をとると、その文化の構成員が自分たちの世界を思い描く方法を受け入れる余裕ができる。言い換えれば、**イーミック**な視点、すなわち部内者の視点をとるということは、自分の視点とは異なった見方を考慮に入れることになる。**イーミック**な視点をとる研究者は、自分の観察やインタビューについて断定を避け、自分が観察した行動、あるいは入手した情報を受け入れる余裕ができる。こういうことから、私は先住民の研究者として、部内者の視点、すなわち**イーミック**な視点から調査を進めることを選択した。それによって、私はスカイピープルやスカイゴッドの存在、あるいは先住民の伝統的な神話や伝説に疑問を感じることも、彼らが報告する遭遇体験に懐疑的になることもなかった。

先住民の間で調査を進めるに当たっては、そのコミュニティから信頼を得ることが必要だ。アメリカ合衆国の先住民の間では、研究者は博士号を持っているからといって、すんなりと信用を得ることはできなかった。しかしメソアメリカにおいては、教育は権力や地位と同義語だった。名前の前に「博士(ドクトーラ)」という敬称がつくことで、行く先々で出会った先住民たちは、私を最高の社会的地位を持つ人とみなしてくれた。また、私自身が先住民であることも、さらに信用度を増した。どこへ行っても、個人であれ集団であれ、私の文化と人生に興味を持ってくれた。ホンジュラスやグアテマラの先住民と比べて、メキシコとベリーズの先住民は、よそ者に対してはるかに友好的ではあったけれども、ガイドや通訳といった権限を持つ人の紹介があると、どこの国でも受け入れてもらえた。メキシコでは、私のガイド、運転手、通訳のほとんどはマヤ人か、少なくともメスティーソ(マヤ人とヨーロッパ人の混血)だった。チアパス州では、運転手はミステク族(メキシコのオアハカ州、ゲレーロ州、プエブラ州にまたがる「ラ・ミステカ」として知られる地域に住むメソアメリカ先住民）だった。私の雇った運転手のうち2人は、一時不法移民としてアメリカに住んだ経歴があったが、少なくとも本人にとって、それは家族と離れて暮らすほどの価値のあるものではなかったようだ。ベリーズのガイドは、レッド・カリブ先住民と自称した。レッド・カリブ先住民とは、アメリカ合衆国へ向かう奴隷船から逃亡したアフリカ人と婚姻関係がないアメリンディアンのグループだ。

私はスペイン語が流ちょうに話せないので、会話には英語とスペインのちゃんぽんと、通訳を使った。正式なインタビューの場合は、つねにその地方の方言を話せる通訳を同伴した。運転手やガイドが通訳の役割を果たしてくれる場合もあった。インタビューの相手がマヤ語しか話せないときは、通訳を同伴した。インタビューの半分以上は、ガイド、運転手、あるいは通訳がお膳立てしてくれたもので、相手の自宅で行った。それ以外は、なりゆきでインタビューすることになった場合もあれば、前もってホテルで会うと決めていたもの、小さなカフェで行ったものもある。何度かは、考古学的遺跡でも行った。ガイド、通訳、運転手ら専門家の日当は、すべて既定のレートにその仕事ぶりに応じて25パーセントから50パーセントの謝礼を上乗せして支払った。車やガソリンの料金は日当には含めず、別途に精算する契約とした。インタビューの相手には現金や品物を渡した。インタビューを受けてくれた人は、誰1人報酬を要求しなかったが、私は時間に対して謝礼をすることに決めた。謝礼を渡すことは、前もって知らせなかった。その代わりに、私は先住民の家を訪れる人が普通に持っていくようなおみやげを持って、インタビューの場所に行った。そして、インタビューの終わりに、相手に1時間につき25ドル相当の金額を差し出した。インタビューの相手には、私が目撃情報を集めていて、将来その話を集めた本を書くつもりであることを伝えた。2人だけ、自分が話したことを本に載せないでほしいと言った人がいて、私は話を聞いて謝礼は渡したが、インタビューの記録は残さなかった。

マヤ人と一緒にいるとき、忘れてはならない最も重要なことは、国や居住地に関係なく、メソアメリカのマヤ人は、それぞれが大きく異なる征服と植民地化の歴史を持ち、さまざまなやり方でより大きな国民国家へ吸収されてきたということだ。例えば、ユカタン州のマヤ人の政府との関係は、オアハカ州やチアパス州に住むマヤ人や先住民集団とはまったく異なっている。こうした違いは、グアテマラ、ベリーズ、ホンジュラスのマヤ人においても同様である。**アメリンディアン**、**インディアン**、**ラディノ**、**メスティーソ**、**インディジェナス**、**インディオ**は、メソアメリカでは同義語ではないということを強調しておきたい。同じ国の中でも、さまざまな方言が話されている場合は、同じ単語でもつねに同じ意味を表すとは限らないことも学んだ。この調査を進めていく間に、私はまず相手が自分自身をどう称するかを確認することにした。私は彼らを、はっきりした特徴があるからといって、包括的な名称で呼んだり、1つの集団に含めたりはしなかった。

匿名を希望する人もいた。そのため、一貫性を持たせるために、名前はすべて変更した。インタビューを受けてくれた人の大部分は、何千年も前から祖先が暮らしてきたやり方で暮らしていた。

それでも、55パーセント近くの人が携帯電話を持っていたが、大多数（92パーセント）の人はコンピュータを使ったことがなかった。テレビを見たことがある人は61パーセントおり、40パーセントがテレビを持っていた。有名になりたいと思う人は1人もおらず、話をしたいと近づいてきた人はごくわずかだった。多くの話は偶然、もしくは運命的な出会いにより聞くことができた。その大部分は農村部の人で、土地を耕すか、遺跡で販売員、ツアーガイド、プロの運転手、ホテルの従業員として働いていた。話をしてくれた人の半分以上が60歳から99歳で、最年少は12歳、すべてベリーズ、ホンジュラス、グアテマラ、メキシコの住人だった。

インタビューの方法と性別・地域による違い

この調査においては、性別による違いがよく出ていた。男性たちは、私が先住民の運転手やガイド、通訳を同伴していると率直に話してくれたが、女性たちはあまり話をしたがらなかった。話をしてくれると確認済みでも、ほとんどの場合は親戚の男性や婚家の家族、家族が尊敬している人物らに勧められて、やっと話してくれた。ＵＦＯやスカイピープルの遭遇体験を持つ女性に紹介されると、通訳が必要な場合を除いて、彼女たちは男性の立ち会いなしに話す方を好んだ。通訳が必要な場合でも、通訳には信用できる友人か親戚を望んだ。

旅を始めるに先立ち、先住民としての素養や人脈、それにＵＦＯに対する関心を考慮して、運転手や通訳と契約した。英語とスペイン語、訪問する地域で最もよく使われる先住民の言葉を流ちょうに話せる人を雇いたかった。応募者全員にEメールや電話でインタビューし、現地に到着する前に契約を完了しておいた。同じ国を再訪するときは、相手の都合がつけば同じ運転手と再度契約した。7年余りにおよぶ期間、何度かはニーズにより合致する運転手を雇ったこともあったが、可能な限り、実績があって、私の仕事に関心を持っている運転手を継続して雇った。

インタビューの大部分は、とくに女性や年配者の場合、相手の自宅で行われた。自宅を訪ねるとき、女性の身内や友人がいる場合は、女性や子供たちのために冷たい飲み物やプレゼントを差し出した。訪問に際して、クレヨン、ステッカーブック、ぬり絵本、メモ帳と鉛筆、風船、小さなおもちゃ（とくにミニチュアカーやトラック）、動物のぬいぐるみ、お菓子を持っていった。モンタナ州のハックルベリー・キャンディは、若い人にも年配者にも好評だった。女性たちに人気があったのは、小さな裁縫セットや口紅、野菜の種だ。男性はタバコを選んだ。最も貧しい家庭でも、周囲の人々と食べ物を分け合ったり、一緒に食事をしたりする風習がある地域では、食べ物や飲み物、とくにコカ・コーラが喜ばれた。小さな市場しかない村では、子供たちはアイスクリームのおみやげを喜んだ。

旅の間、スカイゴッドとコンタクトをとったり、宇宙人やスカイピープルとの出会いについて話してくれたりする人々と行動を共にした。また、よその星からやって来る異星人を恐れ、何としても遭遇を避けたいという人にも出会った。その信念の多くは、幾世代も語り伝えられてきた太古の物語や迷信に根ざしていた。悪魔や呪いを恐れる気持ちが、異星人に遭遇した際の認識に影響を与えるのだ。同じことが、太古の宗教的慣習や迷信と結びついたキリスト教の宗教的教義やシンボルの中にも見られ、その出来事に対する独特の解釈をもたらしている。

ベリーズ、ホンジュラス、グアテマラ、メキシコで集めた話の数は、国ごとに異なる。私は全部で92の話を集め、本書にはその半数が収められている。スティーブンズとキャザウッドの足跡をたどっている間に、ホンジュラスでは1つしか遺跡を訪れることができず、そのことでマヤ人との交流が限られたものになってしまった。その上、ホンジュラスのマヤ人は、UFOとの遭遇についてよそ者に話したがらなかった。メソアメリカでの出会いの大部分は、運転手やガイドが手配してくれたものだ。UFOとの遭遇を体験した友人や親戚を紹介してくれたのだ。それ以外に、話が聞けるとは思わずに紹介されたり、偶然出会ったりした人から、UFOやスカイピープルの話を聞けたこともあった。

メキシコにいたときは、しばしば仲介者の紹介がなくても話してくれる人と出会えた。これはおそらく、メキシコのマヤ人の方がずっと外国人慣れしていて、英語を流ちょうに話す人が多く、とくに観光地にいる外国人に良い印象を持っていたせいだろう。メキシコで集めた話の多くは、観光産業に従事している人が話してくれたものだ。仕事柄、彼らは社交的で親しみやすかった。グアテマラでは、部外者と話をしたら、部族から制裁を受ける恐れがあった。これはおそらく、マヤ民族に対して絶えず暴力が加えられてきた結果だろう。ホンジュラスでは、自分の体験が発覚することを恐れて、話を聞けないことがあった。ベリーズは英語が公用語として使われる唯一の国で、人々は率直で、自分の体験を包みかくさず話してくれた。

先住民であり研究者でもある私は、2つの世界を体験した。私はアメリカ合衆国という、出自に関係なく夢の実現が可能な国の、大学という安定した安全な世界から、メソアメリカという世界にやって来た。旅の中で出会った人々の多くは、この社会で少しでもましな暮らしをしたいという小さな望みを持って生きていた。最初は、私たちの共通基盤は、南北アメリカ大陸出身の先住民ということだと思えた。だが、時間が経つにつれ、共通の歴史的・身体的遺産以上のものを受け継いでいることがわかってきた。よその星からやって来た巨人や小人の話、スカイピープル、それに宇宙に関する伝説がすべて融合して、私たちを南北アメリカ大陸に特有のものの一部にしているのだ。

第1部

古代マヤ人は宇宙を旅するスペーストラベラーだった⁉

～ベリーズ、インタビュー編～

ベリーズ

面積	２万2966平方メートル（四国より少し大きい。日本の16分の１）
人口	34.0万人（2014年　世界銀行）
首都	ベルモパン
民族	メスティーソ49％、クレオール25％、マヤ11％、ガリフナ６％、その他10％
言語	英語、スペイン語、クレオール語、マヤ語、ガリフナ語等
宗教	キリスト教（カトリック、プロテスタント、英国国教会）等

（外務省ホームページより）

ベリーズと周辺国の地図

アメリカ合衆国
（フロリダ州）
バハマ
キューバ
メキシコ
ベリーズ
ジャマイカ
ホンジュラス
グアテマラ
ニカラグア
エルサルバドル
コロンビア
パナマ
コスタリカ

旧世界の雰囲気が漂う街、ベリーズ

２００３年12月14日、私は初めての旅においてベリーズに到着した。現代のベリーズシティは人口約７万人の街で、スティーブンズが書き記した場所とは似ても似つかない。スティーブンズとキャザウッドは１８３９年10月30日、この街に到着した。彼らが見たのは、そびえ立つココヤシの木に囲まれた白しっくいの家々が、海岸に沿ってまばらに並ぶ風景だった。海岸に着いて、ぬかるんだ通りを歩くと、長靴の一番上まで泥に埋まった。ベリーズシティとは、数百人の人々が住む不潔な熱帯の村にすぎないと彼らが認識するのに、そう長くはかからなかった。

私はベリーズシティを、旧世界の雰囲気が残る魅力的な街だと思った。鉄筋コンクリートのビルに交じって、木造の高床式住居がくいの上に建っている。以前はフロント・ストリートとバック・ストリートと呼ばれていた2つの通りがある（現在はリージェント・ストリートとアルバート・ストリートと呼ばれている）。市内は13の地区に分けられ、シンデレラ・タウンとかレイク・インデペンデンスなど、ロマンチックな響きの名前がついている。通りは人々でごった返し、車道は車の騒音であふれていた。車や店からはレゲエ音楽が騒々しく流れてくる。もはやイギリス領ホンジュラスの面影はなく、英語圏の国ベリーズが存在していた。

スティーブンズとキャザウッドがベリーズに向けて出港する数日前、在中米アメリカ合衆国大使が在任中に死亡した。この好機をつかむべく、スティーブンズは大統領のマーティン・ヴァン・ビューレンにこの職への就任を願い出た。一夜にしてスティーブンズは大使となり、国務省から任命を受けて、中央アメリカ連邦共和国政府にそう名乗った。この外交官の職により、スティーブンズは中央アメリカへのアクセスに対し、この上ない便宜を手にすることとなった。私には彼ほどの特権はなかったが、幸運にも、快活で機転がきき、冒険心に富んだ運転手兼ガイドの保護のもと、私は部内者の視点からベリーズを見ることができた。そして、旅行者や研究者にはなかなか出会うことができない人々から話を聞くことができた。

ベリーズへ旅立つ前に、私はすでにバッド・E・マルティネスとの契約を済ませていた。私はベリーズ人の友人を通してバッド・E（彼はバディと呼んでくれと言った）と知り合った。ベリーズじゅうを案内できるだけでなく、スティーブンズとキャザウッドが最初に訪れた古代都市であるホンジュラスのコパンへも案内できる運転手兼ガイドとして、友人は私に5人の候補を紹介してくれた。私は採用に当たり、5人全員にEメールと電話でインタビューした。そして、自称レッド・カリブ先住民で、ベリーズシティ近郊の村で生まれ育ったバディを選んだ。「そんなにハンサムじゃないけど、愛きょうでは誰にも負けない」と称するバディは、人当たりが良く、機転がきいた。空港ターミナルを出たところで待っていた彼を見たとき、私はすぐバディだとわかった。胸板が厚く、立派な胴体の割に脚が短めで、大学時代に見かけたラグビー選手を思い出させた。野球帽の下からウェーブのかかった黒い髪がのぞいている。その名刺には堂々と「ベリーズで最高のツアーガイド」と書いてあり、最初の1週間が終わるころには、私はその宣伝文句に偽りはないと確信した。そしてその人柄を知るにつれ、彼はハンサムで、しかも愛すべき好人物だと太鼓判を押した。5人の子の父であり、自称「3度の離婚を乗り越えた誇り高きサバイバー」である彼は、いわゆる「人類みな兄弟」というタイプだ。そのUFOへの関心と先住民コミュニティとのコネが相まって、ベリーズのハイウェイに乗って旅を続けるにつれて、その愛すべき人柄と開けっ広げな態度は最高の資産だとつくづく思った。

ベリーズという国は6つの地区に分かれている。この旅では、主にベリーズ、カヨ、スタンクリーク、トレドの4つの地区を訪れた。19世紀の探検家の足跡をたどりながら、この4つの地区を3回ずつ訪れた。スタンクリーク地区は、ブラック・カリブとも呼ばれるガリフナの故郷で、ガリフナとはカリブ族、アラワク族、西アフリカ系の人々の子孫だ。マヤ人の大部分はトレド地区に住んでいるが、私はベリーズ地区やカヨ地区でもマヤ人にインタビューした。彼らは今も古代農法にのっとって、黒豆やトウモロコシの小さな農地の移動耕作による自給自足の生活を続けている。小さな農園を耕作するかたわら、豚、ニワトリ、牛、タバコを育てていた。彼らはガリフナと違い、ベリーズの他の民族とそれほど接触はない。大部分はカトリック教徒か、少なくともカトリック教会のシンボルや信仰を部分的に受け入れているが、土着の宗教とうまく融合させていた。

スティーブンズとキャザウッドは、コパン（今はホンジュラスに属する）へ行く前、ベリーズシティには2日しか滞在せず、市の中心部以外は訪れなかった。もっぱら船旅の疲れを癒し、スティーブンズの身分を提示するために政府の役人を探すためだけに立ち寄ったのだ。私は最初の旅で5日間滞在したが、その間にスティーブンズとキャザウッドが知らなかった小さなマヤ遺跡をいくつか訪れることができた。その途中でマヤやガリフナの人々にインタビューして、UFOやスカイピープルの遭遇体験を話してもらった。多くは奇妙な物体を目撃したという話だったが、中にはユニークで、珍しい話もいくつかあった。以下の項で、そういう話を紹介していこう。

証言① ベリーズには、後ろ歩きをする人々が存在していた！

ベリーズシティでの第一夜は、この旅の中で最も興味深い一夜となった。運転手のバディが、事前に決めていた市内観光に連れていってくれた。このツアーで、思いも寄らないことに、私はベリーズシティ上空を浮遊するＵＦＯを５分間にわたって目撃し、バディの元義母の家を訪問し、病院に立ち寄って手術から回復しつつある友人を見舞い、バディの従姉妹の結婚式に押しかけることになった。そして、まさにその結婚式で、私はよその星からやって来た「後ろ歩きをする人たち」の話を初めて耳にしたのである。ほとんどの客が引き上げ、話題がベリーズでのＵＦＯ目撃談へと移ったときのことだ。

異星人は前にも後ろにも歩ける骨格をしている⁉

「わたしのおじいさんは、少年のときに見たと言ってたわ。おじいさんはレッド・カリブ（アフリカ人の血が入っていないアメリカ先住民の一族）なの。今１０２歳だから、あの人たちはずいぶん前からこの辺りにやって来てたことになるわね」とセレーナは言った。「体つきは、背が高くて痩（や）せてるけど、足がとても大きいの。そして、膝が後ろ向きに歩けるような造りになっているのよ。私たちは後ろ歩きをする人たちって呼んでるわ。頭も奇怪（きっかい）よ。後ろ歩きをしていると、頭がくるっと回転するの。それで進行方向が見えるってわけ」。私は、この背が高く、まだ女性とは言えない肉付きの薄い娘が、自分が伝えようとする光景をまねてみせるのを見ていた。従姉妹たちは、彼女が異星人の動きを大げさにまねながら、部屋を後ろ向きに歩きまわるのを見て、笑い声を上げた。セレーナ（映画の登場人物から自分でつけた名前だ）は背中まで届くウェーブのかかった長い黒髪を持つ、人目を引く娘だ。花嫁介添人（ブライドメイド）のドレスを着た従妹たちとは違い、ブランドもののジーンズと、刺しゅうの入ったブラウスを身につけている。ブラウスの襟ぐりにはゴムでギャザーが入っていて、彼女は片方の肩を出して着ていた。本人によると、レッド・カリブ先住民とスペイン人、それ以外にもいくつかの民族の血が入っているそうで、美しい娘である。

「すぐ近くで見たことはあるの？」と私は尋ねた。

「少し離れたところから見ただけよ。でも、歩く様子はよく見えたわ。顔立ちははっきりわからないけど、頭が大きいのは確かよ」

「前へは歩くの？」

「ええ、前へ歩くし、後ろ向きにも歩くの。まるで後ろに何があるか、しょっちゅう確認するみたいに」

「他に何か知らない？」と私は尋ねた。

「村や街から離れたところにいるわ。自分たちのことを知られたくないんじゃないかしら。よその星から来たのよ。わたしはそう思うわ」

「どうしてよその星から来たと思うの？」

「あの人たちを見かけるときは、いつもＵＦＯがやって来るからよ」とセレーナ。

「彼らを見たときのことを教えてちょうだい」

「見たのは1回だけじゃないの。あのころ、パパ（おじいさんのこと）はスタン地区に小さな農場を持っていて、わたしは子供のころ、そこで何週間も過ごしていたの」

「後ろ歩きをする人たちを見たのはいくつのとき？」

「最初は6歳のときよ。おもしろい人たちだと思ったわ。最後に見たのは14か15のとき。そのときはもうおもしろいとは思わなかった。むしずが走ったわ」

「他に何か、特徴はなかった？」

「顔立ちがはっきりわかるほど近くで見たことはないの。それでも、ゾッとするような姿だったわ。宇宙船も見たのよ。お父さんがハバナで買ってくる葉巻みたいに細長かったの。丸くて長くて、すごく大きかった。あんなもの、それまで見たこともなかったわ。翼はついてなかった。どうやって飛ぶのかしら」

「他には？」と私は尋ねた。

「パパは、彼らの肌はヘビみたいだけど、頭と足と肌以外は、人間によく似てるって言ってたわ。人間に近いと言っていいんじゃないかしら。わたしは、肌が見えるほど近づいたことはないけれど。パパが子供のころは、男たちは女と子供を彼らから隠したんですって。女の人をさらっていったという話が残っているの。その話が本当かどうかわからないけど、子供のときにその話を聞いて、怖かった。今でも怖いわ。女の人をさらったとしたら、どうしたのかしら。何をしたのかしら。考えただけでゾッとするわ。あの人たちとセックスするなんて、考えられる？」セレーナはそう言うと、ブルッと全身を震わせた。私と同じように彼女の話に聞き入っていたブライドメイドたちは、くすくす笑った。

「他に何か知らない？」と私は尋ねた。

「従兄のバッドに聞いてみるといいわ。彼も見たことがあるから」

「バッドって、私の運転手の？」

「そうよ」

ホテルへの帰り道、私はバディに、後ろ歩きをする人たちについて、何か知らないかと尋ねた。

「似たり寄ったりですよ」とバディは言った。「話の出所はおれの叔父です。田園地帯にやって来た奇怪な異星人の話は、叔父から聞いたんです。やつらは後ろ歩きをするんです」

「あなたは見たことはないの？」と私は尋ねた。

「本当のことを言うと、おれも見たんです。ＵＦＯも見たし、ＵＦＯに乗ってやって来た大男、つまり後ろ歩きをする人たちも見た。あまりに奇怪な話で、信じられないでしょうけど」

「その人たちのこと、話してちょうだい」

「ものすごく大きかった。普通の人間の2倍ぐらいあったね。おれはガキのころから、年寄り連中がやつらの話をするのを耳にしていました。やつらはよその星からやって来た。女たちをさらっていって、その後女たちの姿を見た者はいないってね。年寄りたちは、女たちがどんな目にあわされたか、あれこれ思案したんでしょう。レイプされて、やつらの子供を産まされたと信じていました。おれも年寄りの話に耳を傾けましたよ。ところがある日、叔父の家にいたときのことです。真っ昼間で、空には雲1つなかった。おれはUFOを見たんです。長い、円筒形の飛行船だった。オレンジ色に光って、それから灰色に変わった。おれはやつらに見つからないように、身をかがめました。飛行船は着陸し、背の高い生き物が出てきた。最初は前向きに歩いていたのに、突然、後ろ歩きを始めた。なんと膝が逆に曲がり、頭がくるっと回って、後ろ向きに歩いたんです。ああ、どう説明すればいいんだろう。頭が回転するので、後ろ向きに歩いていると言っても、前に歩いているように見えるんです」。彼はそこでいったん言葉を切った。「訳がわからないでしょう。でも、おれは確かに見たんです。これ以上うまく説明できないけど。ただ、1つ言えるのは、おれが見た生き物は、この地球のものではないということです。おれは叔父を呼び、叔父もやつを見た。そして、2人で、このことは誰にも言わないでおこうと決めたんです」

「後ろ歩きをする人たちのことを聞いたのは、これが初めてよ」と私は言った。

「たぶん、もう二度と聞くことはないでしょう。ときどき、やつらのことを知っているのは、うちの一族だけじゃないかと思うことがあります。でも、もしそうなら、やつらは叔父の農場と父親、その前は叔父のじいさんに狙いを定めていたことになる。だったら、何らかの理由があってここへやって来たに違いありません。年寄り連中は、やつらの目的は女だと言ってます。でも、おれはこれまで、女の人が姿を消した話は1つも聞いたことがない。やつらは確かに存在している。やつらは宇宙船に乗ってやって来た。おれが知っているのはこれだけだし、率直に言って、この話はしたくないんです。宇宙には、おれたちが知るべきでないことがあるんじゃないかな」

車はホテルの前に差しかかり、バディはバンを止めた。そして、車の外へ出ると、私のためにドアを開けてくれた。彼はそれ以上何も話さず、さらなる情報を聞き出すのは無理だと思えた。翌朝9時に迎えに来ると約束して、私たちは別れた。こうして、私のスカイピープルとスティーブンズ・キャザウッド探求の旅の1日目は終わった。

証言②

よその星には自分の「そっくりさん」がいる⁉

2008年、ベリーズの首都ベルモパンの南で数週間にわたり連続してUFOが目撃され、世界的なニュースになった。目撃者たちの意見は、あの光る物体は間違いなくUFOだということで一致した。目撃者によると、「円盤」が4個から12個集まったものが、2時間以上にわたって出現したという。証言者はその光を、ものすごく明るいヘッドライト、あるいは月のように明るい大きな光の球にたとえた。こうした光る物体の飛来はベルモパンではよくあることで、だいたい2年ごとに出現するという。地元の新聞記事によると、UFOは50年以上前からやって来ていたそうだ。

私はホプキンス村を訪問する予定になっていた。モンタナ州立大学のバイリンガル教育センター長を長年務めた私は、一度ホプキンスを訪れてみたいと思っていた。ホプキンスはガリフナ語を第一言語とする地球で最後の場所なのだ。ホプキンスへの旅は、予想をはるかに超えるものになった。ホプキンスへの道中、バディは自分の五従兄弟か六従兄弟に当たる男性の話をした。彼は幼児のころにベルモパンでUFOを目撃し、それ以来繰り返し拉致された体験を持つそうだ。

ここでは、バディの親戚のステファンが体験談を語ってくれる。

「宇宙人とは、40年来の友達です」

ホプキンス村へ車を走らせながら、バディはガリフナ族について話した。「おれはレッド・カリブ先住民です。この種族には、アフリカからこの地にやって来た奴隷の血は入っていない。イエロー・カリブもそうです。でも、ガリフナ族には、アフリカ人の血が混じってるんです」と彼は言った。「ガリフナ族は、カリブと、アラワク族と、西アフリカ人の混血です。１００年以上前、イギリス帝国植民地管理局は、彼らをブラック・カリブと呼んで区別しました。今もこのレッテルが貼られたままです。アメリカ先住民は血筋を重んじますから。イエロー・カリブとレッド・カリブは生粋のアメリンディアンだけど、ガリフナは混血(ハイブリッド)なんです」

ガリフナ族の人々が上陸して住み着いたのが、ホプキンスだった。彼らは何世紀にもわたってこの村の周辺地域の肥沃な湿地を耕し、今もガリフナ語を話して暮らしている。ベリーズからホプキンスへ行くのに、私たちは「地元の道」を選んだ。この道は10マイル（約16キロメートル）ほど内陸を走っていて、一番近道なのだが、一般の旅行者はこの道を避ける。舗装されていないからだ。バディによると、この道は通行止めになる日も多いらしい。

バディは未舗装の道を走りながら、何度もＵＦＯの飛来を目撃したという、従兄弟の従兄弟の従兄弟のことを話した。さらに重要なことに、この五従兄弟だか六従兄弟だかに当たる人物は、40年ほど前にベルモパンで初めてＵＦＯを目撃して以来、ずっとスペーストラベラーと接触を取りつづけているというのだ。前夜はバディに予告もなしに個人の家に病院、そして結婚式へと引っぱり回されてしまったが、今日は私が思い切った行動をとってみようと心を決めた。そしてバディに、回り道をして、30年以上会っていないという遠縁の男性を探してほしいと言った。

バディによると、その従兄弟は一時期ホプキンスの農民のグループと仕事をしていた。大学を卒業後すぐホプキンスにやって来て、この村に留まり、地元のガリフナ女性と結婚したという。

その従兄弟が今も農民と一緒に働いているかどうかわからなかったが、バディは彼の居所について情報を得ようと、地元の協同組合の前に車を止めた。ちょうど従業員たちが昼休みをとっている時間だった。何分も経たないうちに、バディはまるで彼と双子のような１人の男性の肩に腕を回して、私の車に向かって歩いてきた。２人が近づいてくるのを見て、私は車の窓を開けた。バディはステファンに私を紹介した。「彼が地元の農民たちと一緒にいるのが目に入ったんです」とバディは言って、ステファンを車に乗りこませた。数分後、私たちはイニーズ・レストランのテーブルに着き、地元の料理を注文して、コカ・コーラを飲んでいた。

半時間ばかり、従兄弟同士の思い出話に花が咲いたあと、私はステファンのＵＦＯ体験に話を向けた。「バディから聞いた話によると、あなたは長年にわたって、スカイピープルと会っているそうですね」

「はい。初めて宇宙人を見たのは、３歳くらいのときでした。最初は彼らが宇宙からやって来たとは知りませんでした」

「宇宙人は1人ではなかったのですか」

「2人のときもあれば、4人のときもありましたが、いつも2人1組でした」

「最初に会ったのはどこでしたか」

「空に光る物体が現れた翌日のことです。父親が、前夜空を飛びまわっている光る物体を見に連れていってくれたんです。僕が初めて宇宙人と接触したのは、その翌日、自宅の庭でした。父から与えられた小さな庭の手入れをしていたら、突然空に白い光の球が現れて、すぐそばの地面に落ちたんです。その光の球の中から、小さな男たちが出てきました。その瞬間から僕には記憶がありません。気がつくと、男たちに連れられて、庭に戻ってきていました。男たちは4人でした。2人が僕の手を握り、『これできみは僕たちの友人だ』と言いました。そのときは、何が何だかわかりませんでした」

「彼らに拉致されたのですか」

「僕はまだ幼くて、赤ん坊と言っていいくらいでしたから、拉致されたという認識はありませんでした。それに、その小柄な男たちと一緒にいると、幸せな気分に包まれていたのです。彼らと一緒に笑ったり遊んだりしたのは覚えています。でも、そのときどこにいたのかは覚えていないのです」

「では、彼らが異星人だとわかったのはいつですか」と私は尋ねた。

「たぶん、9歳か10歳ぐらいだったと思います。何年かの間に、彼らは何度もうちの庭にやって来ましたが、宇宙船に連れていかれたと初めて気づいたのは、9歳か10歳のときでした。その後も、何度もスペーストラベラーと不思議な体験をしました。ときどき、宇宙を旅する少年の話をして、友人たちを楽しませたこともありましたが、彼らは本当の話だとは思っていません。でも、この体験についてすべて理解できたのは、ティーンエイジャーになってからです。そのときは、もう手遅れでした」

「手遅れというのは、どういうことですか」と私は尋ねた。

「僕は人体実験の実験台に選ばれたのです」

「僕は3歳児として、人体実験の実験台に選ばれたのです。ティーンエイジャーになるころには、すべて理解していました。彼らは僕のあらゆることを記録していました。逃げることは不可能でした。3歳のときなら、あるいはこの繰り返し起こる生活への妨害から、何とか救い出してもらえたかもしれません。でも、僕はこのことを誰にも話しませんでした。このことは彼らと僕だけの秘密だと言われたのです」

「スターピープルが、あなたに『これは秘密だ』と言ったのですね」

「そうです」

「ティーンエイジャーになるまで、あなたはその体験を否定的にとらえていたのですか」

「否定的だったとは思いませんでした。ときどき面倒だなとは思いましたが。宇宙人たちは、研究のために選んだ人間の気持ちなど、考えていませんでした。彼らにとって、人間の生活を妨害することなど、どうってことなかったんじゃないでしょうか。人間の精神が個々に独立していることを過小評価していたか、まったく理解していなかったんだと思います。僕たちが反抗したり、非協力的な振る舞いをしたりすると、理解できないみたいです。服従して当然だと考えているんです」

「あなたは反抗したのですか」

「2、3度試みましたが、徒労に終わりました。彼らはすごいパワーを持っていて、ひとにらみするだけで、人間をフリーズさせることができます。記憶だって消してしまえるんです。彼らと争うのはやめました。何もかも覚えていたかったからです」

「先ほど人体実験と言われましたね。もう少し詳しく話してもらえますか」

「彼らは人体実験を行っているのです。幼い子供を連れていって、その子が大人になるまで繰り返しやって来ます。僕の場合、実験はまずパズルを与えて遊ばせることから始まりました。当時は気づきませんでしたが、僕がどうやってピースをつないでいくか観察していたんです。どんな作戦を使うか、どれくらい時間がかかるか、どのようにピースを並べかえるか。そういうことを研究していたんです。僕の一挙手一投足、そして、僕が口にするひと言ひと言を」

「彼らはどんな姿をしていましたか」

「いくつかタイプがあって、ほとんど人間と変わらないのもいました。僕たちと同じような姿です。僕より背が高くて、色が白いのもいました。あまり人間っぽくないのもいたけど、僕に関わる任務にはついていませんでした。彼らは頭が大きく、気味の悪い大きな目をしていました。感情が顔に出ないので、ロボットかと思ったこともあります。でも、皮膚があるんです。しわくちゃで、うろこのような奇怪な皮膚です。宇宙人が皮膚のあるロボットを作ったりするでしょうか」

「さあ、どうでしょう。背の高さはどれくらいでしたか」と私は尋ねた。

「僕の肩にも届かないくらいでした。でも、触れられると、体から力が抜けてしまうんです。とても強力です。一度反抗してみましたが、とても歯が立ちませんでした。彼らには人間の魂まで届くようなパワーがあって、人間は抵抗できなくなるのです。体からも心からも力が抜けてしまうのです。それ以後、僕は無駄な抵抗はあきらめて、その状況を受け入れました」

なぜ自分とそっくりな「もう1人の自分」が存在するのだろう?

「なぜ自分が拉致されたのか、わかりましたか」

「わかりました。9歳か10歳のときのことです。僕の『そっくりさん』を紹介されたのです。あれは1963年で、まだ科学者がクローン作成実験を行うずっと前でした」

「自分のクローンに会って、どうしましたか」

「人間の生活について教えました。16歳のとき、僕は宇宙船に滞在し、僕のクローンが地球に戻りました。彼は僕になりすまして、2週間地球に滞在しましたが、誰も気づきませんでした」

「では、今後も彼と入れ替わることがあると思いますか」

「いいえ。彼は僕と同い年ですが、スペーストラベラーが暮らすよその星で生きるために存在しているのです。だから、僕にはよその世界で生きている、そっくりさんがいるということになります。彼は僕とそっくりで、僕みたいに話し、僕と同じ知識を持っています」

「この前あなたのそっくりさんを見たのはいつですか」

「大学を卒業した日の夜でした。夜遅くやって来て、僕を宇宙船へ連れていきました。そして、僕に関する実験は終了したと告げました。こちらも卒業ってわけです。僕のそっくりさんは、学ぶべきことをすべて学び終えたのです。彼はよその星で、僕と同じように農民になるのでしょう。彼には学ぶべきことをすべて教えましたが、感謝の言葉はありませんでした。感謝という概念は、宇宙人には理解できないのだと思います。彼らは身体能力でも、知的能力でも人間より優れているので、人間に対してやりたいことは何でもやる権利があるのです」

「彼らがしたことに、怒りを感じますか」と私は尋ねた。

「いいえ。生活を妨害されることには腹が立ちましたが、彼らからは多くのことを学びました。この話はまだ誰にもしていません。心の中に秘めてきました。夜になると自分の子供に、僕にそっくりな少年がよその星からやって来る話をしたり、その少年がよその星でどんな暮らしをしているかを話したりすることはありません。子供たちは作り話だと思っていますが、僕は真実を話しています。子供たちがもう少し大きくなったら、何もかも話してやろうと思っています。しかし今のところは、宇宙の中には、地球以外にも命を持った存在がいると知っているだけで満足です。そう思うだけで、希望がわいてくるのです」

「なぜ希望がわくのですか」

「まわりを見渡すと、貧しさや苦しみばかりが目に入ります。偉大な知識を持つ別の世界があると思うと、心が慰められるのです。いつの日か人類もスタートラベラーのように、人を殺すためではなく、救うために力を注ぐようになるでしょう。スターピープルは、戦争というものがあるなんて信じませんし、彼らの星には病気がないのです。いつか地球にもそんな日が来るのではないかと、僕は希望を持っているのです」

「これまでの年月を振り返ってみて、あなたはこの体験をどのように評価しますか」

「小さい子供のころは、冒険でした。9歳か10歳のころは、彼らがやって来ると腹が立ました。もう放っておいてくれと思いました。思春期に入ると、早くそっくりさんに会って、いろんなことを教えたいと心待ちにするようになりました。自分には価値があると感じられたのです。それに、大学へ進学しようと思うようになったのも、もしかしたらスタートラベラーの影響かもしれません。本当のところはわかりませんが、僕に夢を追求したいという希望を与えてくれたのも、彼らではないかと思うのです」

ステファンが話し終えたちょうどそのとき、ウエートレスが魚とプランテーン（料理用バナナ）を煮込んだフドゥという地元の料理と、エレバ（ユッカ、キャッサバ粉、ガーリック、塩で作ったパン）を運んできた。ランチのあと、私たちはステファンを協同組合まで送り届けた。数人の女性従業員が車に駆け寄ってきた。アメリカ合衆国から来たアメリンディアンに会いたいと思ったのだ。私は車から降りて握手をし、キスを交わした。彼女たちは私の故郷や合衆国について質問し、車の運転はするのか、モンタナには雪が降るのかといったことを知りたがった。また、以前テレビで見たらしく、ティーピー（アメリカ先住民が住むテント）に住んでいるのかとも尋ねた。私の母語についても知りたがった。その後半時間ほど、単語を教え合った。私がよく使う単語を言うと、彼女たちはガリフナ語で何と言うか教えてくれた。

「あなたって本当に勇敢な女性ね」とシェリーという女性が言った。

「勇敢ですって？」と私。

「1人で旅をして、夢を追っているんですもの」。彼女は私を抱きしめ、訛りの強い英語でささやいた。「気をつけて旅を続けてね。あなたの夢は、女たちに希望を与えるわ」

ホプキンスのガリフナ族の女性たちとステファンに別れを告げたとき、ステファンが村のシャーマンの家に立ち寄ってはどうかと勧めてくれた。「彼はスカイピープルと旅をしたことがあるんです。話を聞かせてくれると思いますよ」。私たちはホプキンスで午後の時間のほとんどを費やして、ビュエイ（シャーマンを表すガリフナ語）を探したが、結局見つけられずにベルモパンへ戻った。

翌日、私は有名なベリーズの石の女を――少なくとも彼女を見た人を――探す予定にしていたが、とりあえずもう一度ホプキンスへ行ってみようと思った。私は「そっくりさん」が住む世界の話をするアメリンディアンに会えた上に、夢を追うことがどんなに大切かということを、この村から一度も出たことのない女性によって気づかされたのだった。

証言③ 空に浮かぶ円盤／そこはさまざまな人々が暮らす空中都市だった

1800年代、エドワード・エヴェレット・ヘイルは『Brick Moon（れんがの月）』という短編を書いた。この作品は『アトランティック・マンスリー』誌に連載され、空に浮かぶ人工の都市を描いた最初のフィクションとなった。この作品でヘイルは、地球の上空にれんがの月が浮かんでいて、宇宙のあちこちからやって来たさまざまな人種の人々が共に暮らし、働いているという状況を描いた。

ロシア人とアメリカ人の宇宙競争が最高潮に達していた1960年代、科学者たちは、いつか空の上に道路や都市のある人工的な「地球」がいくつも建設され、そこで人々が暮らし、働くようになるだろうと示唆していた。同様に未来学者も、将来月に都市が建設され、家族で暮らすことになるだろうと予測した。1966年、シナリオライターでプロデューサーのジーン・ロッデンベリーは、アメリカの一般大衆向けに、未来の宇宙を描いたテレビ・シリーズ『スタートレック』を発表した。人類はまだこのような宇宙都市を現実のものにしていないが、国際宇宙ステーションではさまざまな国々の宇宙飛行士が共に暮らし、働いていて、夢の実現もすぐそこまで来ていると思わせる。

空中都市という発想は、宇宙人に連れていかれた話をする多くの先住民にとって、目新しいものではなかった。女性が宇宙からやって来た男たちにさらわれ、二度と戻ってこなかったという話も多い。中には、失踪した女性が、とてつもないパワーを持つ子供を連れて戻ってきたという話もある。アポロ11号のニール・アームストロングが初めて月面を歩いたときには、ナバホ・インディアンの長老が、その居留地からアームストロングに、自分はかつて月に住んでいたことがあるので、みんなによろしく伝えてほしいというメッセージを出したという話が流布した。

この項には、ベリーズの小さな村に住む老人ラウル・マヌエルが登場する。彼は繰り返し空の上にある場所を訪れた話をしてくれた。そこでは地球から来た人々が、スカイピープルや銀河系のあちこちからやって来た異星人たちとともに働いていたそうだ。

突然姿を消した男性が訪れていたのは空中に浮かぶ異星人の町だった

私にラウル・マヌエルのことを教えてくれたのは、運転手のバディだ。「おれがまだ少年だったころ、祖父の村に、UFOに乗って地球の上空に浮かぶ町へ行ったことがあると言っている男がいました。そこではあらゆる人種の人々が、誰が偉いとか優秀だということもなく、平和に暮らしていたそうです」。私はこの話に興味をそそられ、もっと詳しく話してくれるようバディを促した。

「確か4、5歳のころから、彼の話は聞いていましたよ。夜になると、みんなでラウルを取り囲むんです。するとラウルは、よその星へ旅をした話をしてくれた。おれたちは彼の話が大好きだったんです」

「ラウルはまだご存命かしら」

「ひと月前は健在でしたよ。もうかなりの年だけど、まだ空に浮かぶ町と、そこへ行ったいきさつを話して、子供たちを楽しませていました」

「空に浮かぶ町って、惑星のことかしら」

「惑星ではないと思います。彼は、空に浮かぶ円盤と呼んでます。何百人もの人々がそこに住んでるけど、さまざまな星から来ているそうで、肌の色も人種も違う、いろんな人がいるそうです」

「ラウルは私に話してくれるかしら」

「もちろん。この話をするのが大好きなんです。実を言うと、彼は今もこの空に浮かぶ円盤に出かけていると言っています。奇妙なことに、彼はときどき村から姿を消すんですが、どこへ行ったか誰にもわからない。戻ってくると、空の上にいる友人たちのところにいたと言うんです。去年は確か2週間姿を消しました。彼の家族はうろたえて、村じゅうを探しまわりました。道に迷って、帰ってこられなくなったんじゃないかと思って。村じゅう総出で探しても、見つからない。ところがある夜、真夜中に帰ってきたんです。そのときまばゆい光が村を照らし、夜なのに昼のように明るくなったのを見た者もいます。彼らはUFOが彼を家に送り届けに来たと信じています」

「どうすればラウルに会えるかしら」と私は尋ねた。

「今からラウルの家に行ってみましょう。すぐ近くなんです。おれのじいさんが同じ村に住んでいるから、ラウルがまだ元気かどうか、あなたを連れていっても大丈夫か聞いてみますよ。ラウルにはベルモパンに住む娘がいて、ラウルも年をとったから、ベルモパンに来て一緒に暮らしてほしいと言っている。彼がまた姿を消すのではないかと心配してるんです」

ホプキンスを出て1時間後、私たちはハイウェイの両側に広がる小さな村に差しかかった。ブリキとベニヤ板でできた粗末な小屋が点在する中に、ぽつんと1軒、石造りの家があった。車が近づくと、犬たちがのそのそと道を空けた。ニワトリが飛び立ち、小さな子供は家に駆けこんだ。道を歩いて近所の家に向かっていた村人たちは立ち止まり、こちらを見つめた。バディだとわかって、手を振る人もいる。勇敢な子供が2、3人車に近づいてきたので、バディはスピードを落とし、子供たちに小銭を与えた。9歳ぐらいの子供が1人、車の窓にしがみついて離れようとしない。結局この子も乗せて、ラウルの小さな家に向かった。車を止めると、家のドアが開き、老人が私たちに手を振った。バディと心をこめて握手をし、挨拶を交わす。短い会話のあと、バディは車まで戻ってきてドアを開けた。

「ラウルは喜んで話してくれるそうです。こんな遠くまで来てもらって、光栄だと言っています。年のせいですぐ疲れるので、おれがうなずいたら、切り上げる合図だと思ってください」。紹介が終わると、老人は私たちを裏庭へ招き入れ、ココナッツの木陰に座るよう促した。少年も一緒に来て、老人の足元に腰を下ろした。

「これはわしが少年のときに植えた木じゃ」とラウルは言った。「年はわしと同じくらいじゃ。この子はミゲルというんじゃが、わしとよく似ておる。木が好きで、村じゅうに木を植えている」

「他の木も、あなたが植えられたのですか」と私は尋ねた。

「ああ。全部わしが植えた。木や花が大好きでな。子供のころは、よくジャングルへ苗木を探しに行ったもんじゃ。果物の木や、ココナッツの木をな。食料になるように、それを村の衆の家の庭に植えた。村の衆は、ほとんどがわしと縁つづきなんじゃ。じゃが、昔から村に住んでおった者の多くは、バドのように村を出てしもうた」。そう言って、ラウルは愛おしげにバディの背中を叩いた。「じゃが、しょっちゅう帰ってくる。バドのじいさんはまだこの村で暮らしている。バドはじいさんの顔を見に、しょっちゅう帰ってくる。優しい子じゃ。立派な若者じゃ。村の者はみな、バドを誇りに思おうておる」

　老人が褒めちぎっている間、バディはじっとうつむいていたが、それは彼の謙虚さのためだとわかっていた。「帰る前にじいさんの家に寄って、顔を見せてやりなさい」とラウルは言った。バディはうやうやしく手に目を落としてうなずいた。それから、老人は私に目を向けた。「ところで、モンタナの木について、教えてもらえんかな。バドから聞いたところでは、あなたはモンタナで有名な博士で、大学の先生だそうじゃな」

「はい、私はモンタナ州立大学で教えています。今はクリスマス休暇なんです」

「お会いできて光栄ですよ。ミゲル、この人を見なさい。おまえも学校へ行って、科学者になるといい。木や花のことを勉強して、植物を守りなさい。ベリーズにはそういう人間が必要なんじゃ。植物に関する知識が豊富な人間がな。そう思われませんか、博士（ドクトーラ）」

「私もそう思います。あなたは植物学を勉強するといいわ」。ミゲルは真っ白い歯を見せてほほ笑んだ。みなから注目されて、うれしくてしかたがないようだ。

「聞いたか、ミゲル。植物学じゃぞ。では、わしもおまえの卒業式に出られるよう、長生きするとしよう」

ミゲルとラウル・マヌエルのやりとりを見ていると、ラウルはこのコミュニティにとって、ただの1人の老人ではないことがわかった。彼はこのコミュニティの中心なのだ。ラウルが植えた木の陰に座っていると、若い女性がしぼりたてのオレンジジュースが入ったピッチャーを運んできた。

「おじいさまとそのお客様にと思って」と若い女性は言った。白いリボン飾りのついた紫色のロングスカートと、胸元に刺しゅうが施された白いブラウスを身につけている。長い黒髪は腰まで届き、ブロンズ色の肌にはシミ1つない。彼女は目を伏せたまま、手際よくジュースをグラスに注ぎ、1人ひとりに出してくれた。揃いではないが、上等なクリスタルのグラスだ。

「モンタナでは雪が降るのかな」

「はい。雪も降りますし、とても寒くなります」

「わしも雪を見てみたいのう。まだ見たことがないんじゃ。ミゲル、よく覚えておきなさい。おまえはモンタナへ行って、雪を見るんじゃぞ」。少年はほほ笑んで、力強くうなずいた。「ドクトーラ、あなたの大学は、山の中にあるのかな?」私はうなずいた。「さぞ美しい大学なんじゃろう」とラウル。

「とても美しい大学です。世界中からやって来た若者が学んでいます」

「聞いたか、ミゲル。おまえもモンタナの大学へ行くといい。モパン・マヤ(ベリーズ西部やグアテマラ低地に住むマヤ族先住民)の少年が暮らすのに良さそうなところじゃないか」。そして、ちょっと口を閉じ、私の方を向いて言った。「ここの住民のほとんどは、一生村から出ずに過ごす。われわれはモパン・マヤじゃ。ベリーズには、モパン・マヤとケッチ・マヤがいる。われわれはケッチの同胞より、伝統を守って生活しておる。ミゲルが大学へ行ったら、モパン・マヤ初ということになるじゃろう」

「あなたのご指導があれば、ミゲルは大学へ行けるでしょう」と言うと、老人は私を見てうなずき、オレンジジュースのグラスを手に取って、乾杯するように持ち上げた。

「地球の上空に浮かぶ町に2週間滞在しました」

「ではドクトーラ、あなたの質問に答えよう」

「バディから、あなたはスペーストラベラーだと伺っています。あなたの体験について、お話しいただけますか」

「わしはミゲルぐらいのときから、スタートラベラーじゃった。初めてよその星へ行ったのは、もうすぐ9歳になるというときでな。なぜ覚えているかというと、彼らに連れ去られたとき、誕生日のパーティができなくなると気が気じゃなかったからじゃ。わしは1910年9月11日生まれでな。誕生日の2日前にさらわれたんじゃ。9歳の誕生日を迎えられないかもしれないと思ったよ」。ラウルは手のひらをズボンにこすりつけて笑った。「今考えてみると、ばかげたことじゃ。しかし、まだ9歳にもなっておらんかったからな。子供らしい考えじゃ」

「それが普通だと思いますよ」と私は答えた。「子供にとって、誕生祝いはとても重要なことですもの」

「そのとおり。わしらは人生の節目を祝う。だからこそ、わしは誕生日のことを心配したんじゃ。わしは誕生日のパーティが大好きじゃったし、もう二度と家族に会えなくなるのではと思うたんじゃ」

「最初に連れていかれたときのことを教えてください」

「それが、あまりよく覚えておらんのじゃ。まばゆい光に包まれて、空へ連れていかれたのは覚えておる。そのときはわし1人じゃった。ほんの数分後には、よその場所にいたんじゃ。奇妙な場所じゃった。どこを見ても金属ばかりでな。壁も金属で、何もかもくすんだ灰色で、触ると冷たかった。凍えるとはこういうことかと思ったのを覚えておる。わしは寒かった。とても寒かった。ハンモックもないし、どこで寝るのだろうと思った。彼らの案内で、わしは長い廊下を歩いた。1つのドアが開いて、入っていくと、そこは木や花が茂る、森のような場所じゃった。この村と同じくらい暑かった。湿った土と花のにおいがした。それから同じ年かっこうの2人の少年がいるところへ連れていかれ、3人で木を植えた。木はこの村に生えておる木じゃった。薬草も植えた。わしは少年たちに植え方を教えた。2、3時間この作業をしたあと、わしは地球に戻り、この村に帰ってきたんじゃ」

「では、誕生日に間に合ったんですね」と私は言った。

「ああ、間に合うた。そして、わしはこのことは誰にも話さなかった。道に迷って眠ってしまったと言った。これは夢に違いないと思ったんじゃ。2度3度と同じことが起こって初めて、これは現実で、わしは空の上にある場所へ行っているんだと認識した。3度目は、昼間に迎えに来た。それで、初めて昼の光の中で円盤を見たんじゃ。形はちょうどカウボーイハットかソンブレロのようで、銀色じゃった。地球の上空に浮かんでおった。はるか上空なので、地球はサッカーボールのように見えた。それはそれは高いところにいたんじゃ。そこへ行くたび、わしは彼らに植物のことを教えた。薬草について、じいさんから教えられたとおりに教えたんじゃ。彼らは森の中で、どれが薬草か指さすよう促した。彼らはわしの指図に従って薬草をそっと掘り起こし、あとでわしが空の上にある庭園に植えた」。ラウルはそこでちょっと話を中断し、ほほ笑んだ。「彼らのおかげで、わしは自分が値打ちのある人間だと思えたんじゃ」

「他の少年たちは地球人でしたか」と私は尋ねた。

「マヤ族ではなかったな。1人はつり上がった目をしておった。1人はほとんど黒に近い、浅黒い肌じゃった。わしが気に入ったのは、とても小さな手をした少年でな。わしの手の半分ぐらいの大きさしかなかった。肌が抜けるように白く、髪の毛も白かった。目の色は光の当たり具合によって、緑にも黄色にも見えた。聞いたことのない言葉を話していたが、わしらはたがいの言いたいことがわかった。円盤の中では、いろんな言葉が飛び交っていたが、みなたがいの言いたいことは理解できたんじゃ。今でもそうじゃ。どうしてそんなことが可能なのかわからんがな。わしらは話す言葉も違えば、肌の色も違う。それでも、たがいに言いたいことはわかるんじゃ」

「円盤のことを、もう少し詳しく話していただけますか」

「円盤は銀色の巨大なソンブレロのようでな、地球の上空に浮かんでおった。明かりはついていたが、植物の部屋以外はどこも緑がかった色じゃった。夜になって外を見ると、星に手が届きそうじゃった。宇宙というより、空に浮かんでいるような気がした。急いでどこかへ向かっているわけではなかった。円盤は丸い形をしていて、円周に沿って部屋があり、労働者が暮らしていた。そこより中心寄りの庭園の外側では、わしを連れてきた男たちが仕事をしていた。彼らは科学者だと思う。たぶん、彼らも植物学を勉強しておったのじゃろう。庭園は円盤の後方部に沿って作ってあり、リーダーたちの仕事場からはだいぶ離れておった。庭園の端に部屋が1つあり、たくさんのベッドが何段にも積み重ねて置いてあって、庭園で働く子供たちはそこで眠った。子供たちと一緒に働いていたときは、わしもそこで眠った。庭園には、世界中から集めた木や植物が植えられていた。鳥もいた。わしが見たこともない鳥もいた。水槽が1つあって、植物に水を補給していた。ときどき、彼らは水を集めるために、小さな宇宙船を飛ばした。その小さな宇宙船は『水瓶（ウオーター・ベアラー）』と呼ばれておった」

「宇宙船の大きさはどれくらいでしたか」

「ものすごく大きかった。3階建てになっておってな。一番上には町を運営する男たちがいた。真ん中には、食堂とくつろぐための部屋があり、一番下には庭園と休憩所があった」

「バディから聞いた話では、あなたは長い間宇宙への旅をしておられるそうですが、その間にあなたの役割は変化しましたか」

ラウルは私を見て、オレンジジュースのおかわりを注いでくれた。「ああ、変わった。若者になると、小さな子供たちの先生になった。ジャングルから集めてきた植物の神秘について、科学者と一緒に子供たちに教える仕事をしたんじゃ。わしは植物を移植する準備の仕方を教えた。地球には彼らの知らない病気があり、彼らの星にはわしの知らない病気があることがわかった」

「彼らがどこから来たのか、わかりましたか」

「彼らは何度か自分の星へ帰っていった。わしも大人になると、一緒に連れていってもらった。遠くから見ると、空っぽの世界のように見えたよ。その星は、はるかかなたにある。宇宙には無数の星があり、数えきれないほどの文明があるんじゃ」

異星人たちの生活とは?／異星人の社会は共産主義だった!

「彼らの星について話していただけますか」

「砂漠のようなところじゃ。地面は紫がかった灰色でな、木も生えとらんし、川もない。あるのは砂ぼこりと岩だけじゃ。風が吹くと砂ぼこりが舞い上がる。それで植物に興味を持ったんじゃろう。彼らは地下に住み、たまった地下水を利用して暮らしている。かつては地上に大規模な文明を築いていたが、地下へ移動せざるをえなくなったらしい。高度な知識を持っていたにもかかわらず、予期せぬ問題が降りかかったんじゃ。人工の照明では自然光のようにはいかず、精神的な問題に苦しむ人の割合が高かった。じゃが、今日ではもうその問題はなくなったようだ。彼らの星にも物語があるが、その多くは、昔地上で暮らしていたころの生活に関するものじゃ」

「なぜ地下で暮らすようになったのか、その星に何が起こったのか、彼らは話してくれましたか」

「大災害が繰り返しあの星を襲ったと聞いた。じゃが、詳しい説明はなかった。わしが知る必要はないし、聞いたところで理解できんと思ったのじゃろう」

「あなたは今も空に浮かぶ円盤に行かれていると、バディから聞きました。今の役割はどんなものですか」

「彼らによると、わしは地球アドバイザーだそうじゃ。子供たちに地球の生活について、それから、ジャングルや森について教えておる。子供たちにじいさんから聞いた話をしてやるんじゃ。今も木や植物の重要性について話し、木や植物がどのように魂や体を癒してくれるかも教えつづけておる。小さな子供たちは、わしのことをチャンタイラウォクと呼ぶんじゃ」。ラウルは私のために、何度も止まりながらこの単語のつづりを声に出して言い、もう一度単語を発音すると、声に出して読みながらつづりを書いてくれた。「あの星の言葉で、『尊敬すべきおじいさん』というような意味だそうじゃ。わしはこの呼び名を気に入っておる」

「向こうの世界へ行って目にしたことの中で、一番驚いたのは何ですか」

「彼らが住んでいた地下洞窟じゃな。あの星はものすごく大きい。地球の何倍もある。じゃが、荒れはてた世界なんじゃ。彼らは地下の巨大な洞窟へ移り住んだ。たとえようもないほど巨大な洞窟じゃ。それから、あの星には季節がない。気温は制御されておる。人々が暮らし、植物の世話をする場所は、いくつかの区画に分かれておって、暑くて湿気の多いところもあれば、寒くて乾燥しているところもある。砂漠のような地域もある。熱帯地帯もあれば、寒冷地帯もあるが、雪は見たことがない」

「彼らがどんな暮らしをしているか、話していただけますか」

「彼らは共生しておる。私有財産というものがないんじゃ。すべてはコミュニティの所有物で、住民に分配される。わしらが結婚するように、夫婦になる。子供も生まれるが、最初の2、3年は保育所で育てられ、夫婦が交代で子供を自分の居住地区に連れて帰って夜を過ごす。コミュニティ全体で子供を育てるんじゃ。地球の父親や母親のような役割はない」

「子供は保育所を出たあとはどうなるのですか」

「保育所を出ると、自分の居場所を与えられる。親と一緒に暮らすこともあるが、それは子供の選択次第じゃ。子供が自分で決めるんじゃ」

「男女の関係はどうなのでしょう。それぞれ決まった役割があるのですか?」ラウルは話を中断して、バディにマヤ語で話しかけた。バディは私の質問をラウルに説明した。

「地球の男女にあるような、決まった役割のようなものはない。誰もが仕事を持ち、男も女もどんな仕事でもしようと思えばできる。誰もがあの星のいろんな問題の解決策を見つけようと、多くの時間を費やしておった。いつかは地上で暮らしたいと思っているようじゃが、とりあえず今は、地下での暮らしに満足しておった」

「身体的には、私たちとどう違いますか」

「目は人間より大きい。大きくて丸く、ほとんどは黒い目をしておる。青い目は見たことがない。茶色も少しはおった。顔立ちは人間とよく似ておるが、目が大きくて、丸顔じゃ」

「私たちより体は小さいのですか」

「いや、大きさはさまざまじゃ」

「人間のような感情や性質は持っているのですか」

「彼らは楽しいことが好きでな。ゲームをしたり、地下の大きなプールで泳いだりしておった。男の子も女の子も一緒で、分け隔てはせん。子供たちは小さいときからしっかり自立しておって、けんかもないし、怒りや嫉妬を表すところも見たことがない。酔っ払いもおらん。かみさんに暴力を振るう男も見たことがない。愛情をあからさまに表現しない。ハグやキスをしているところも見たことがない」。ミゲルが笑いながら、手で顔を覆った。老人はほほ笑み、「ミゲルはハグやキスが大好きじゃなあ」とからかった。

「彼らは何を食べているのですか」

「宇宙じゅうから集めた野菜や果物じゃ。いろんな星から果樹を持って帰り、地下の庭園に植える。野菜もじゃ。食事はほとんど生のまま食べる。空腹そうな様子は見たことがないし、みな健康そうに見えた。人間のように老いることもない。子供たちはわしの肌に触りたがった。しわが珍しいと言うてな。しわが寄った肌というのを見たことがないと言うておった」

「動物はいましたか」

「いや、おらん。子供たちは動物のことを聞きたがった。わしは飼い犬のヒーローのことを話してやった。子供たちはヒーローの話を聞くのが大好きじゃった」。ラウルは口をつぐみ、あくびをし、空を見上げた。「そろそろわしを迎えに来るころじゃ。あんたを一緒に連れていってあげたいが、許されんじゃろう。彼らは必要なときだけしか人間に接触せんし、自分たちに興味を持つ人間とは関わりたくないそうじゃ。いつか人間がもっと優しくなったなら、コンタクトをとると言っておったが、地球人同士で戦争をしている間はだめらしい」

「お金に代わるものはあるのですか」

「紙幣は使われておらん。金と貴重な宝石は使われるが、彼らの間で使うのではなく、他の文明と取引するときだけに使うんじゃ」

「やっぱり金ですか」

「金には宇宙共通の価値がある。ダイヤモンドやルビーもそうじゃ」

「彼らは金やルビーを採掘するのですか」

「ああ。じゃが、個人の富のためではない。住民全員の利益のためじゃ」

「もしあなたが彼らと一緒に行けなくなったら、どうなると思いますか」

「わしの代わりにミゲルが行けるように、準備を始めとる。ミゲルはよちよち歩きのころから、わしの生徒じゃった。彼らはわしの代わりにミゲルを連れていくじゃろう。じゃが、まずミゲルは大学へ行かんとな。彼らの役に立てるように、もっともっと勉強せねばならん」

「ミゲルはこれまでに、あなたと一緒に宇宙船に乗ったことはあるのですか」と私は尋ねた。

「まだないが、近いうちに行くことになるじゃろう」。ラウルはふたたび口をつぐんだ。頭がかくんと前に倒れる。眠気と闘っているのだ。私はバディを見た。彼はあごの先を車の方に向けて合図を送った。いとまを告げるときが来たのだ。

「まだまだお伺いしたいことはありますが、お疲れになったようですね」と私は言った。

「この時間、いつもは昼寝をしておるものでな。申し訳ない、ドクトーラ。思わず居眠りをしてしもうた。もう少し続けましょう」。私はバディを見た。彼は首を振って、もう失礼しようと合図した。私は立ち上がり、時間を取ってもらったことをラウルに感謝した。「ドクトーラ、また近いうちに来ると約束してくだされ。まだまだ話したいことがあるんじゃ」

「約束します」と私は言った。ラウルは立ち上がり、私の両頬にキスをした。裏庭を出るとき、ミゲルが慎重に老人の手を引いて、屋根の下の日陰に吊るされたハンモックへ連れていくのが目に入った。

残念なことに、私がラウル・マヌエルの姿を見たのはこれが最後になった。翌年の冬にふたたびベリーズを訪れたとき、私はこの約束を果たすつもりだったが、ラウルはこの訪問の3カ月後、眠りについたまま亡くなっていたことがわかった。彼は手書きの手紙を残しており、それには自分の財産はミゲルの教育に使うようにと書かれていた。ミゲルの母親が家を片づけていたところ、何十本もの金ののべ棒が入った箱が見つかった。箱にはメモが入っていて、それには、この金は彼の知識に対する報酬として、スカイピープルから与えられたものだと書いてあったそうだ。

「そののべ棒には、何か印か刻印のようなものは付いていませんでしたか」と私は尋ねた。

「奇妙な印が付いていました。私はあまり注意を払いませんでしたが、重要なものだったのでしょうか?」 私が答える前に、彼女は話しはじめた。「私はのべ棒を売って、代金をミゲルのために銀行に貯金しました。私はミゲルが大学へ行くことが、ラウルにとってどんなに重要なことだったか知っています。自分のためには何1つもらっていません。ラウルの遺志を尊重したいと思ったのです。ミゲルに教育を受けさせるために、寄宿制の学校へやりました。でも、最近ミゲルはラウルと同じように、ときどき姿を消しているようです。スカイピープルに連れていかれているのではと思うのですが」。私がミゲルに会いたいと言うと、ミゲルは遠く離れた寄宿制の学校にいると母親は言った。「学校が、ミゲルがときどき姿を消すと知らせてきたのですよ。でも、私にはどうすることもできません。学校には、夜は部屋にカギをかけて閉じこめてくれと言いました。学校はそうしたらしいのですが、それでもミゲルは姿を消したそうです。どう思われますか。ミゲルはスターピープルと一緒に行っているのでしょうか」

「あなたはどう思われますか」と私。

「私はラウル・マヌエルの話を聞いて大きくなりました。その後、私に子供が生まれると、ラウルは子供たちにも話をしてくれました。ミゲルは末っ子です。父親と祖父が亡くなると、ラウルがその代わりをしてくれました。ミゲルはあの老人をとても慕っていました。ラウルのようになりたいと言っていました。もしラウルが本当によその星に行っていたのなら、きっとミゲルもそうなのでしょう。それがミゲルの運命なのだと思います。運命に逆らうことなど、私にはできません」

私はときどき少年ミゲルのことを考える。老人を敬愛のまなざしで見つめながら、静かに座っていた少年を。彼は老人のひと言ひと言にうなずいていた。あの最初の訪問以来、私はミゲルの姿を見ていない。しかし、夜空の星を見上げると、ミゲルがラウル・マヌエルと同じように、地球のは

るか上空に浮かぶ銀色のソンブレロの中で、スカイピープルの庭園の世話をしているのだろうかと思ってしまう。

証言④ スターマンはどんな硬い物体も通り抜けられる！

ケツァルコアトルはトゥーラを離れるとき、山に向かって歩いていき、山の中に入っていった。すると、その背後で山が閉じたという伝説がある。先住民の世界には、スターマンが山など強固な物体の中へ入っていったという記録がたくさんある。ペルーには、壁を通り抜けて異次元へ入っていった神の話がいくつも残っている。

ここでは、宇宙からスターマンがやって来て、古代神殿を訪れたと報告する目撃者が登場する。スターマンには、神殿の硬い壁を通り抜け、山の中で姿を消す能力があるという。

宇宙からやって来たスターマンが古代神殿を訪問⁉

アレクサンドロ・ジャンは、私がベリーズシティで宿泊した、小さなブティックホテルの支配人だった。背が低く、でっぷりした体格で、笑うと反っ歯が見える。髪は黒い巻き毛で、いつも強風にあおられたように乱れている。ぴったりした黒いズボンにコンチョ・ベルトを締め、カウボーイハットをかぶり、湿気の多い気候には場違いに見える糊のきいた長袖の白いシャツを着ていた。

「あなたはお話がお好きだそうですね」。私がレストランへ行こうとホテルの小さなロビーに足を踏み入れたとき、アレクサンドロが声をかけてきた。私がうなずくと、彼はデスクまで来るよう身ぶりで示した。「私もＵＦＯに遭遇した体験をお話ししたいのですが」。彼は誰か盗み聞きしていないか警戒するようにまわりを見まわして、ささやき声で言った。「私は昼も夜もデスクに向かって仕事をしています。でも、早朝は誰もそばにいません。立ち寄っていただければ、お話しできると思います」

「私がＵＦＯの話を集めていると、どうしてご存じなのですか」と私は尋ねた。

「私は地獄耳なんですよ、ドクトーラ。お客様のことを知っておくのは、私の仕事でもあります。あなたと運転手の会話を警備員が小耳にはさみ、ＵＦＯに関心を持っておられることに、好奇心をそそられたんです。ＵＦＯに関心があるという人にはそうそうお目にかかれるものではありません。いたとしても、ほとんどが敬意のかけらも持ち合わせていない、白人男性です。警備員が客室係をしている妻に話し、その客室係が私の妻に話し、そうして私の耳に入ったというわけです。こんな小さなホテルでは、どんな話も筒ぬけです。われわれは、お客様のことなら何でも知りたいのです。私はこの机の後ろから、お客様の人生を通していくつもの人生を生き、居ながらにして、世界中を旅しているのです。ドクトーラ、あなたの生き方は、大変興味深いです」

「なぜそんなに興味深いの？」

「女性の1人旅だからです。しかも、UFOを探してベリーズじゅうを旅しておられる。とても興味深いです」

「私はUFOを探しているわけではありません。もちろん、目撃できたらうれしいですけど」と私は言った。「UFOにまつわるお話を集めているんです。可能な限りスティーブンズとキャザウッドの足跡をたどり、その道中で、先住民の人たちから、UFOとの遭遇話を集められればと思っています。そういうことです」

「ほお、スティーブンズとキャザウッドですか。知っていますよ。2人ともすでに亡くなっていますね。どうして亡くなった人の足跡をたどろうと思われたのですか」

「ずっと昔、10代のころからの夢だったんです」と私は言い、ちょっと情報を提供しすぎたかと思った。

「わかりました。もっと自信を持たれたらいい。あなたは好奇心旺盛な方だ。男でも、スティーブンズとキャザウッドの足跡をたどろうなんてやつはほとんどいません。時折UFOの話を探しに来るのがいますが、地元の人たちから話を引き出すのに必要な作法を知らない。その点あなたは、人々の心や魂に働きかけておられる。道端で、子供から主婦、ウエーター、物乞いまでが、あなたに話しかけているのを見ました。私はあなたを観察していたのですよ。地元の人々も、あなたに関心を持っています。話を聞く相手がいなくなったら、私のところへ来てください」。彼はいったん話を中断して、やって来た客に手紙を手渡してから続けた。「先住民――私のことです――から真実の話が聞きたいと思われるのなら、若いときに体験したことをお話ししましょう」

翌日の夜、真夜中過ぎにバディの車から降りると、私はフロントデスクに向かった。アレクサンドロ・ジャンはカウンターの後ろに座り、小さなテレビを観ていた。私が近づくと、彼は立ち上がった。

「お話を伺いにやって来ました」と私は言った。

アレクサンドロはほほ笑み、通りに面した大きな窓のそばの椅子を示した。「コーヒーか紅茶、それともソフトドリンクをお持ちしましょうか」。私がノートを広げると、彼は尋ねた。

「いいえ、何もいりません。お話だけ聞かせてください」

「仕事一筋ですな、ドクトーラ。では、私も合わせましょう」。彼は腰を下ろした。コーヒーテーブルを引き寄せると、その上に足を載せ、「かまいませんか」と足を指さして言った。私がうなずくと、彼は話を始めた。

奇妙なユニフォームを着ていると思ったら、宇宙人だった!

「最初からお話ししましょう。私はずっとベリーズシティに住んでいたわけではなく、以前はここから100キロほど離れた農村に住んでいました。ベリーズシティに来たのは、20歳のころです。UFOと初めて遭遇したのは、18歳のときでした。そのときは友人たちと私、全部で4人でした。

いつも4人一緒に行動していたのです。従兄弟のアルバートに親友のハビエル、それに彼の弟のジャンです。村の近くに、廃墟と化したマヤ都市がありました。小規模な遺跡で、政府による修復は一度もされていません。2、3年前に考古学者が作業をしていましたが、私が子供のころは、打ち捨てられていました。私たちはしばしば村を出て、酒を持ってその遺跡へ出かけました。酔っぱらっても、誰も止めに来ません。父親も母親も、子供が酒を飲むのを嫌がりました。もし酒を飲んでいるところを見つかったら、殴られたでしょう」。彼は話をやめて、思い出し笑いをした。

「宇宙人と遭遇したときは、酔っぱらっていたということですね」と私は尋ねた。

「いや、違います。酔ってはいませんでした。酒を飲もうとそこへ行きましたが、宇宙人を見たときは、まだ飲んでなかったのです」

「そこで起こったことを、正確に話してもらえますか」

「最初に気づいたのは、においです。遺跡に近づいていくと、嗅ぎなれない、妙なにおいがしてきました。ジャンがすぐに指摘し、私たちはみなほんとだ、と言いました。変わったにおいでした。今まで嗅いだことのないにおいで、これは何だろうと話していたとき、森が途切れて、広場に出ました。そこで宇宙船を見たんです。広場の真ん中に止まっていました」

「どんな宇宙船でしたか」

「細長い形で、くすんだ色の金属製の宇宙船でした。最初は戦車かと思いましたが、そこに宇宙人がいたのです。宇宙船と同じような灰色の服を着ていました。背が高く、細身で、髪の毛は薄い色をしていました。現代の宇宙飛行士のようなヘルメットはつけていませんでした。最初はそれでとまどいました。実を言うと、私は最初、彼らはアメリカ人で、アメリカ軍が秘密工作を行っているところに出くわしたのかと思いました。このような地域に住んでいると、アメリカ兵が極秘任務を遂行しているといううわさ話は、しょっちゅう耳にするんです。そのうわさ話のどこまでが真実で、どこからがでっち上げか、または真実とでっち上げが混ざったものかはわかりませんがね」

電話が鳴ったので、彼は話を中断し、席を立った。彼が秘書を呼ぶ声が聞こえ、すぐに秘書が姿を見せた。アレクサンドロは秘書に、最上階のペントハウスを借りている女性に氷を持っていくよう指示した。

「中断して申し訳ありません」。彼は、私の横の椅子に腰を下ろしながら言った。「夜通し起きているお客様もいるもので」

「あなたは最初に宇宙人と出会ったとき、アメリカ軍だと思ったんですよね」。私はどこで中断したかを彼に思い出させた。

「そうです。そう思ったのは、彼らの髪の色と、ユニフォームのせいです。とても変わったユニフォームを着ていたのです。上下に分かれていて、シャツはチュニックのように、ズボンのベルトの上にかぶさっていました。ズボンの裾はブーツの中に入っていました。ユニフォームで何が一番変わっていたかというと、移動するにつれて、周囲の色に合わせるように色が変化するのです。宇宙船のそばにいるときは、宇宙船と同じ暗い灰色になります。木々の近くにいるときは、ジャングルに溶けこむように緑色になります。神殿を登っていくときは、石の色になりました。従兄弟のアルバートは、これは軍事機密で、彼らは敵から姿を隠すために、ユニフォームを着ているのだと言いました。私たちは、そんなことができるのはアメリカ軍兵士だけだと断定し、この説明は理にかなっているということで意見が一致しました」

2人の酔っ払いがホテルに入ってきたので、アレクサンドロは話を止めた。2人はたがいの肩に腕をまわし、体を支え合っていた。私たちの方を見ると、アレクサンドロに声をかけ、1杯おごってやろうと言った。アレクサンドロはすぐにデスクへ歩み寄り、警備員を呼んだ。肩に記章がついた濃紺の制服を着て、警官のような帽子をかぶった、背は低いが筋骨たくましい男性が現れると、2人の酔っ払いは体をよじって笑ったあと、背筋を伸ばして警備員に挨拶した。警備員は男たちの部屋のカギを取ると、2人を廊下へ誘導した。「ジャックに任せておけば大丈夫です。あの2人は悪さはしません。もう2週間ここに泊まってるんです。ベリーズでハンバーガーのチェーン店を開くとか言って、毎晩出かけては、酒を飲んできます。それで、私は毎晩ジャックを呼び、2人を寝かしつけてもらっているんです」。アレクサンドロはそう言ってから、この国でよく使われる方言のクレオール語でジャックに指示を与え、ふたたび私と向き合った。

スターマンは姿を自在に消すことができる⁉

「では、遺跡で見た男たちがアメリカ人ではないと思ったのはいつでしたか」と私は尋ねた。

「私たち4人は姿を隠して、目の前の光景を見ていました。アルベルトは、ここから立ち去って村人を呼んできた方がいいと言いましたが、ハビエルはここに留まって見ていた方がいいと考えました。ジャンがその意見に賛成し、私もそれがいいと思いました。それで、私たちはそこに留まったのです。最初、彼らは宇宙船を調べているようでした。宇宙船のまわりを歩き、ときどき立ち止まっては、光を放っているタブレットに何か記録していました。数分後、彼らは神殿の方へ歩いていきましたが、階段は上りませんでした。なんと、階段を通り抜けたのです。私たちは驚きのあまり声も出ませんでした。この目で見たことが信じられませんでした。神殿の下は洞窟になっています。私たちは子供のころに洞窟への入り口を見つけましたが、階段を通り抜けることはできませんでした。階段は硬い石でできていますが、彼らはまるで階段など存在しないかのように、通り抜けたのです」。アレクサンドロはそこでいったん話をやめ、立ち上がると、コカ・コーラを2本手にして戻ってきた。彼が椅子に座ろうとしたとき、2人の男が、私たちの目の前にあるホテルの大窓に背中をもたせかけた。アレクサンドロは窓まで歩いていき、ガラスをバンと叩いた。不意を突かれて、男たちは大砲で撃たれたかのように飛び上がった。男たちは振り返ってアレクサンドロを見て、英語とクレオール語でののしりの言葉を浴びせかけて立ち去った。「失礼しました、ドクトーラ。これだから夜通し見張っていないといけないのです。酔っ払いからホテルを守らなくてはなりません。朝になってから眠り、昼に仕事を始めるんです」

「では、続けてください。男たちが階段の中へ姿を消したあと、あなたたちはどうしましたか」

「私たちは秘密の入り口まで行って、洞窟の中へ忍びこむことにしました。彼らが何をしているのか、見たかったのです。洞窟のことは誰にも言っていません。何だか、自分たちの私有地を侵略されているような気がしました。とくにハビエルはうろたえていました。洞窟の中には工芸品が置かれていて、それを盗まれるんじゃないかと思ったのです。それで、木の茂みに身を隠しながら洞窟の入り口まで這っていき、辺りに散らばっている他の建物の残骸の後ろに隠れました。そのとき、彼らがふたたび姿を現したのです。話し声が聞こえましたが、聞いたことのない言葉でした。英語ではありません。私たちはアメリカ人のように英語を話しましたから」

「工芸品は持っていましたか」

「いいえ。しかし、何かを探しているように見えました」

「神殿の壁の中へ入ってきたのは何人ですか」

「全部で4人です」

「そのときは、彼らの近くにいたのですか」

「はい。顔が見えました。普通の人間のようでしたが、額がものすごく広かったです。髪は細く、後ろになでつけていたので、禿げているんだと思いました。アメリカ人ではなく、他の国の人間だと思いました。確かアルベルトだったと思いますが、よその星から来たんじゃないかと言いました。普通の人間ではありませんでした。私たちがそう結論づけたとき、彼らは西へ移動しはじめ、私たちもついていくことにしました。広場の一番大きな神殿の後ろに、小山がありました。それも昔は神殿だったのですが、木や草が茂って、神殿を覆ってしまったのです。私たちは、彼らが山を通り抜けていくのを見ました。ぼうぜんとしました。このとき、ハビエルが、広場にある宇宙船に乗りこもうと言い出したのです。彼は宇宙船に向かって走っていき、私たちもあとを追いました。しかし、広場の端にたどり着いたとき、彼らがまたどこからともなく姿を現したのです。まるで煙のように」

「つまり、彼らは姿を現したり、消したりする能力を持っていたということですか」

「そうに違いありません。まさに、出現したのです」

「彼らはあなたたちを見ましたか」

「この時点では、見ていたと思います」

「あなたたちとコミュニケーションをとろうとしましたか」

「いいえ。ふたたび姿を消したと思ったら、1分も経たないうちに宇宙船は飛び立ちました。それから数秒で見えなくなってしまったのです。私たちは宇宙船が木の上まで上昇するのを見ていました。そして、私たちを観察するかのように一瞬動きを止めてから、飛び立ちました。ヒューッ、ヒユーッ、ヒュユーッって具合に」。アレクサンドロは指でジグザグの線を描き、宇宙船の動きをまねてみせた。

「あなたたちを観察しているような気がしたとおっしゃいましたね。宇宙船には窓のようなものがあったのですか」

「窓はなく、明かりもついていませんでした。でも、午後の遅い時間で、まだ日の光が明るかった。そんな気がしただけです。私たちの頭上で動きを止めたのです。私たちを見ているような気がしました」

「その後もそこに留まって、飲み会をしたのですか」

「ジャンが、これは合図だと言いました。飲み会はあきらめました」

「何の合図だったのですか」

「神様の合図です。彼らは天使かもしれないと、ジャンが言いました」

「あなたもそう思いましたか」

「いいえ。彼らはよその星から来て、その星へ帰っていったのです。彼らが私たちを恐れたのと同じくらい、私たちも恐ろしかったです」

「それ以外にスターマンと遭遇した体験はありますか」と私は尋ねた。

「私は何度かＵＦＯを見たことがあります。昨夜も見ました。あなたもご覧になりましたか？」私はうなずいた。「でも、あの日に見たようなものは、あれ以来一度も見ていません」

「そのときの体験について、他に何かありませんか」

「あの体験が強烈すぎて、私たちは二度とあの場所へ行くことはありませんでした。飲み会のために他の場所を探すこともしませんでした。実際、あれ以後、飲み会は一度もやらなかったんです。やっぱり彼らは、天使だったのかもしれませんね」と彼は笑いながら言った。「彼らのおかげで、私たちは飲酒をやめられたのですから」


それから1日経って、私はアレクサンドロのホテルをチェックアウトし、ベルモパンへ向かった。ホテルを出ようとしたとき、ロビーで彼に呼び止められた。「気をつけて旅を続けてください。あの辺は危険ですから。そして、あなたは好奇心のない女性だなんて、誰にも言わせてはいけません。あなたは実に好奇心旺盛な女性だ」。アレクサンドロは腕を伸ばし、私をハグし、頬にキスをした。「いつでも泊まりに来てください、ドクトーラ。また一緒に夜を過ごしましょう。次回は追加料金なしで、ペントハウスのスイートルームを提供しますよ」

「どんな話が聞けましたか？」車に乗りこむと、バディが尋ねた。

「山を通り抜けた男たちの話よ」と私は答えた。


次にベリーズを訪れたとき、私はホテルに立ち寄り、アレクサンドロ・ジャンはどうしているか聞いてみた。彼はベルモパンに引っ越していた。ホテルの勤務時間は家族に犠牲を強いることになり、妻から仕事を辞めるか、私と別れるかと、最後通告を突きつけられたのだ。フロント係は転居

先の住所を知らなかったので、アレクサンドロとはその後連絡を取っていない。でも、山を通り抜け、彼とその友人に飲酒をやめさせた異星人の話を聞かせてくれた男性のことを、私は忘れない。

証言⑤ 絶滅寸前の青い巨人たちが人をさらいにやって来る⁉

ベリーズのカヨ地区サンイグナシオの近くに、天然の洞窟がある。この洞窟は旅行客に人気のスポットであるだけでなく、考古学的遺跡でもある。洞窟の中には、小さな流れに沿って6・5キロにおよぶ通路がある。昔の流れの跡を調べた科学者は、もう1本6キロの通路があると推定している。痕跡から、洞窟の入り口から1キロはマヤ人が使用していたと推察できる。考古学者は28体の人骨とともに、西暦200年にさかのぼる陶器の破片を発見した。

バディと私は、カヨ地区を走っている途中、果物を買おうと露天商の売店の前に車を止めた。この旅で、私たちはガブリエルという名の地元の農民と出会った。ヤシの木陰で、彼は1時間かけて、青い肌と巨大な頭を持つスペースジャイアントの話をしてくれた。青い肌をした異星人の話を聞いたのは、これが最初ではない。

ここでは、ガブリエルが青い肌をした男たちの話をしてくれる。

「背の高さは人間の2倍、頭の大きさは4倍もあります」

「子供のころ、いつもスペースジャイアントのうわさ話を聞かされていたんだ。おれはバートンクリーク洞窟があるカヨ地区で育った。あれは何百という通路があるこみ入った洞窟で、長い間には、マヤ人やスペースジャイアントをはじめ、さまざまな訪問者や居住者が住んでいた。おれのじいさんは、若いころサンイグナシオの町はずれで、スペースジャイアントを見たと言っていた。１８８０年代のことだ」。そのとき1台の車が近づいてきたので、彼は話を中断した。その車には8人の子供がいる家族が乗っていて、子供たちは車から飛び降りると、売店の台の上に置かれた果物を１つ１つ手で触った。客が去ると、彼は木陰に戻ってきて、ふたたび話しはじめた。「じいさんが言うには、村人はみなよその星から来た巨人を恐れていたそうだ。やつらは女や、ときには小さな女の子までさらっていったらしい」

「彼らがどんな姿をしていたか、おじいさんから聞きましたか」

「やつらは普通の人間の倍ぐらいの大きさで、もっと背が高いのもいたらしい。頭は普通の大人の男の4倍ぐらい、足も2、3倍あったそ

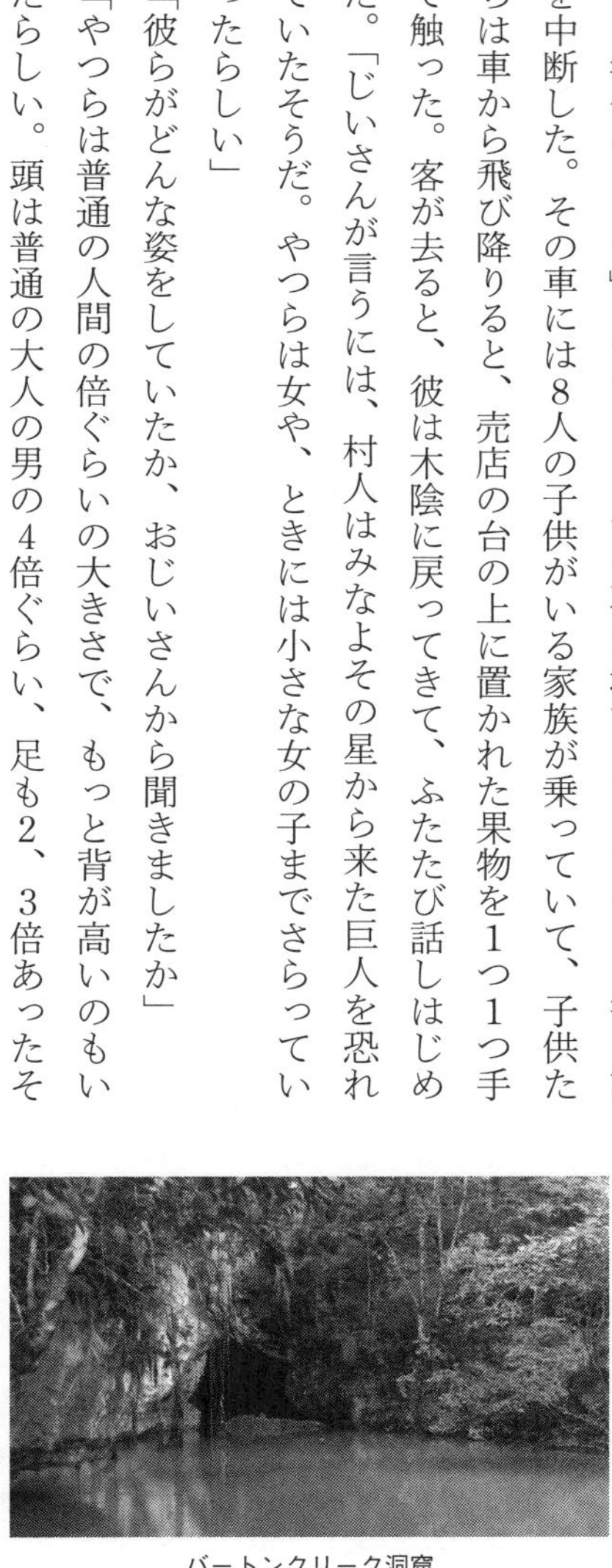

バートンクリーク洞窟

うだ」

「あなたも洞窟の中へ入ったことがありますか」

「子供のころは何度も入ったよ。友達と一緒に、ときどきベリーズにやって来る考古学者に売れそうなものを探したものさ」

「スペースジャイアントの話を裏付けるような、奇妙なものを見つけたことはありますか」

「おれたちは一度、変わった頭がい骨を見つけた。大きくて重かった。2人がかりで運んだよ。今になって思うと、この辺りで最大の発見だったんじゃないかな。でも、まだ子供だったので、考古学者か博物館に売れたらいいぐらいにしか考えなかった。洞窟の通路の1つにある墓で見つけたんだ。一部分が地面から突き出ていたので、掘り出してみようということになった。スペースジャイアントは奇妙なやり方で埋葬する。四角い墓の中に、死体をまっすぐ座らせて埋めるんだ。だから墓を見つけたとき、頭がい骨のてっぺんだけが突き出ていた。おれたちはそれを村へ持って帰った。じいさんはうろたえてたよ。これはスペースジャイアントのものだから、おれたちが盗んだとバレると、家族共々殺されてしまうと言っていた」

「その頭がい骨はどんな形をしていましたか」

「とにかくデカかったよ。あれはマヤ人の頭がい骨じゃない。じいさんが見た巨人の頭がい骨さ。人間の頭がい骨と似ちゃいるが、眼窩が顔の前だけじゃなくて、横にもあった。目が頭の横にもくっついてるんだ。じいさんは、頭がい骨を洞窟に返しておかなければならないと言った。だが、おれたちがそれを埋めに洞窟へ戻ったら、どこにも墓の痕跡が見当たらないんだ。何時間もかけて探したけど、見つからなかった」

「それで、どうしたのですか」

「頭がい骨を持って村へ戻り、じいさんに報告した。じいさんはおびえたような表情を浮かべたが、何も言わなかった。その日の午後、おれたちは頭がい骨を森へ持っていき、そこに埋めて保管した。それでじいさんも少しは気が楽になったようだ。何カ月か経って、グアテマラの国境近くに、こういうことに詳しい賢者がいるといううわさを耳にした。おれたちはその人のところへ行き、頭がい骨を見せた。賢者は、これは青い種族（ブルーカインド）のスペースジャイアントだと言った」

「ブルーカインド？　それはどういうことですか」

「何千年も前の物語に出てくる肌が青い巨人のことさ。肌の青い巨人は、目が顔の前と横についているのが特徴だ」

「その賢者は、青い肌の巨人について、何と言いましたか」

「やつらは数が減って、絶滅しかけていると言った。それで女を盗みに来るんだ。自分たちの種を絶やさないようにするために」

「彼らは女性たちを返したのですか」と私は尋ねた。

「じいさんから聞いた大昔の話がある。じいさんもそのまたじいさんから聞いたそうだ。１人の女が姿を消したが、青い男の子を連れて地球に戻ってきた。少年は成長すると、母親の部族のために戦った。偉大な戦士になったんだが、それ以外にも能力を持っていた。山を動かすことができたんだ。渓谷をこしらえて、作物を栽培できるようにしたそうだ」

「あなたはその話を信じますか」

「美しい渓谷を見上げるときは、青い少年のことを考えるよ」と彼は言った。「おれは本当の話だと思うね」

「頭がい骨は今はどこにあるのですか」と私は尋ねた。

「じいさんとおれが村へ戻ったとき、おれたちが何しに行ったか、うわさはすでに広まっていた。おれたちの話を聞いて、多くの野次馬が村へやって来た。1人の考古学者とたくさんの地元の男たちが、頭がい骨を見にやって来たんだ。見物人の中に1人の村の男がいて、そいつの娘はずっと昔、たぶん50年ぐらい前だったと思うが、姿を消してしまった。村人たちはその娘がいなくなったのを青い巨人のせいにした。男には11人の息子がおり、彼らは妹を救い出そうと青い巨人を探しに行った。そのうち6人が旅の途中で死んだ。男は息子を失った痛手から立ち直れず、苦しんでいた」

「息子さんたちはどうして死んでしまったのですか」

「わからん。巨人に崖の上から投げ落とされたという話もあれば、心臓を釘で突きさされ、木に打ちつけられたという話もある。いろんな話が伝わってるよ」

「頭がい骨はどうなりましたか」

「娘を亡くした男が頭がい骨を見て腹を立て、頭がい骨を粉々に砕いてしまったんだ。そこに居合わせた考古学者が男ともみ合ったが、怒りくるった男を誰も止めることができなかった。そうして、頭がい骨は消失した。名声と富を得るというおれの夢もおじゃんになった」

「その出来事について、他に何かありませんか」

「青い巨人はもう一度村へやって来たそうだ。今度はこの娘を亡くした男も迎え撃つ準備をしていた。彼は強力な呪術師で、巨人が現れたとき、巨人に呪いをかけた。賢者の中には、彼の呪いはとても強力なので、巨人はもう二度とやって来ないと信じている者もいる。また、やつらがやって来ないのは、死に絶えたからだと言う者もいる。やつらはもう、女や少女を探しに宇宙を旅することはないだろう」

また車が近づいてきて止まった。ガブリエルは立ち上がると、私と握手し、にっこりとほほ笑んだ。「おれが話したことは、全部本当にあったことだよ、セニョーラ。おれの話をどう使うかは、あんたの好きにしてくれ」。そう言うと、近づいて頬にキスをした。彼からは汗と、熟れすぎたバナナのにおいがした。私も彼の頬にキスを返した。彼は「気をつけて旅を続けなよ、セニョーラ」と言うと、背を向けて果物の売店の方へ歩いていった。私は車に乗りこんでから、もう一度彼の方を見た。彼は手を振った。

私はベリーズへ戻る道でガブリエルを探したのだが、会えなかった。唯一確かなことは、私は彼

を決して忘れないということだ。彼は宇宙からやって来た巨人が存在し、かつて地球を歩いていたという証拠をその手でつかんでいた。しかも、ただの宇宙人ではない。青い肌の巨人だ。

証言⑥ 要注意！ 昆虫男は記憶を消してしまう

「ミッシングタイム」とは、ＵＦＯとの遭遇に関連して、しばしば報告されている現象だ。記憶に欠落が生じ、数時間にわたり、その間に何が起こったか思い出せない状態に陥ることだ。ミッシングタイムの間に起こったことは、通常は催眠療法によって思い出すことができると報告されている。

ここでは、ベリーズのホテル従業員エンリケの話を紹介する。彼は雇い主に頼まれて、備品の仕入れに向かう途中でＵＦＯと遭遇した。彼は４時間遅れでホテルに戻ったが、ＵＦＯを見たということ以外何も説明できなかった。そのため、夫婦間の問題へと発展してしまった。

尖ったあご、ガリガリの手足。宇宙人は昆虫みたいな姿をしている⁉

「あなたはＵＦＯに関する話がお好きだそうですね」。トルティーヤのボウルを私の前に置きながら、ホテルのウエーターが尋ねた。

「ええ。ＵＦＯの話を集めているの」

「私にも1つあるんです。あと45分で仕事が終わります。話を聞きたいと思われるなら、バーでお会いしましょう」。私は同意し、後ほどホテルのラウンジで会うことにした。彼は部屋の壁ぎわへ移動し、レストラン内の常連客に目を配っていた。その週のそれより前に、彼からウエーター長のエンリケだと自己紹介を受けていた。背は低いがかっぷくが良く、硬そうな黒い髪をポマードでなでつけた彼は、ダイニングルームを厳格に支配していた。ホテルに滞在していた数日間、私は彼が細かいところにまで行き届いた注意を払っているのを目にしていた。他のウエーターには地元のマヤ語方言で話しかけたが、実はスペイン語、英語、フランス語に堪能であることがわかった。

私は約45分後にバーに着いた。私が近づくとエンリケは立ち上がった。彼は内密の話をするために、隅の籐椅子の席を選んだ。「お聞きしておきたいのですが、ドクトーラ、あなたに話をしたら、私の名前が出てしまうのでしょうか」と、彼はほほ笑みながら言った。

「あなたのご希望次第です」と私は答えた。「人々は懐疑的です。でも、あなたの話が真実かどうか、人々にもわかるでしょう」

「私は敬虔なカトリック教徒です。真実しか話しません」と彼は言った。自分と私のためにサングリアを注文したあと、彼は話しはじめた。「私はキチェ・マヤです。20年前からこのホテルで働いています。村の男たち全員の稼ぎを合わせたより、たくさん稼ぎます。でも、時折、私より村人の方が豊かではないかと思うことがあります。でも、ホテルに対する忠誠心は誰にも負けませんから、私は信頼の厚い従業員です。オーナーが忙しくて行けないときなど、私はしょっちゅう町へ出て、レストランの用事を片づけます。UFOを見たのは、そんな道中のことでした」

「それはいつのことですか」と私は尋ねた。

「先月です。早朝でした。私は6時ごろ家を出ました。開店時間に合わせて町に着きたいと思ったのです。そうすれば、ディナータイムまでにレストランに戻ってこられますから。単調なドライブでした。眠気に襲われた私は、車を路肩に止めて、少し歩いて、タバコでも吸おうと思いました。それまで順調に進んでいて、予定より早く町に着けそうだったからです」。彼はそこで話を中断すると、シャツの胸ポケットの箱からタバコを1本取り出した。火をつけて、深く吸いこみ、ゆっくりと煙を吐き出す。「太陽が昇りはじめ、空気は静かで、ひんやりしていました」。そう言うと、グラスからサングリアをひと口飲み、またタバコを吸った。「私は南向きに止めた車の前に立っていました。そのとき、目の端を何かがよぎったのです。最初は飛行機だと思って、ぞっとしました。すごく低いところを飛んでいたからです。墜落すると思いました。その物体が近づいてくると、翼がないのがわかりました。大きなガソリン輸送車のようでした。それは私の頭をかすめるようにして上昇していきました。ぶつかったら死んでしまうと思い、思わず膝をつきました。しばらくの間、動けませんでした。翼がないのに、どうして飛べるんだろうと思いました」。エンリケはふたたび話を止めた。ウエーターが1人近づいてきて、何か尋ねた。エンリケはちょっと失礼と言って、ラウンジを離れた。私は他の旅行客を見まわした。その日20人ぐらいのフランス人旅行客を乗せたバスがホテルに到着したが、その大部分がバーに座って、大声で話をしていた。数分後、エンリケが戻ってきた。

「失礼しました、ドクトーラ。キッチンで問題が起きましてし」。彼はふたたび私の向かいに腰を下ろすと、サングリアのおかわりを頼んだ。

「そのUFOについて、もう少し詳しく話していただけますか」と私。

「細長くて、タンクローリーのような形をした乗り物でした。ガソリンスタンドへガソリンを運ぶ輸送車を見たことがありますか？　ちょうどそんな感じです。ただ、その5倍ぐらい長く、直径も3倍ぐらいありました。巨大でした。私の村の端から端までより大きかったと思います」

「何色でしたか」

「くすんだ灰色でした。てっぺん近くにギザギザがついていました。窓ではないかと思いますが、灯りは見えませんでした。中から外は見えますが、外から中は見えないようになっているのでしょう」とエンリケ。「翼がないことにも驚きましたが、最も衝撃的だったのは、私のそばを飛んでいったとき、まったく音がしなかったことです。飛行機なら轟音がしますが、まったく無音でした。ただ風の音が、朝の静けさをかき乱すように聞こえていただけです」

「他に何か覚えていることはありませんか」

「何より不思議だったのは、私が見ている目の前で姿を消し、ふたたび現れたことです。これを2度繰り返しました。1度目は北から南へ飛んでいるときで、2度目は南から北へ飛んでいるときです。2度目に戻ってきたときは、私のすぐ目の前で消えました。そのとき、これはUFOだと確信しました」

「宇宙船について、他に何かあれば話してください」

「私は車の後ろに隠れることにしました。さらわれるのはごめんだと思ったのです。宇宙人は人間をさらって、実験をするといううわさがありました。ＵＦＯのせいで仕事を失いたくはありません。それと同時に、私はとても興奮していました。実際、ＵＦＯを目撃するということは、とてもわくわくすることで、『やつらは、おれがここにいるなんて知るまい』などと考えていました」。エンリケは話を中断し、気恥ずかしそうに笑った。そして、サングリアをもうひと口飲むと、私のグラスも新しいのと替えましょうと言った。

「昆虫のような男に出くわし、記憶を失いました」

「他に何か起こりませんでしたか」

「私は宇宙船が見えなくなるまで見守っていました。心の中で、やつらは私がここにいることに気づかなかったようだと思いながら。そして、車の運転席側のドアの前まで戻りました。そのとき、何か音がしました。そのときは別の車のドアが閉まった音だと思い、私は振り向きました。他にもＵＦＯを見た人がいるのではと思ったのです。そのときでした。２つの光の球がくるくる回っているのを見たのです。目がくらみました。私は腕を上げて目を覆いました」。エンリケは腕を上げて、どのように目を覆ったのかやって見せた。そして、椅子の背にもたれると、手に持ったタバコの灰から新しいタバコに火をつけた。

「まだ話すことはありますか」

「ええ、あります。細かいことも1つ残らず思い出そうとしているところです。細かいことが重要なのでしょう？」

「そうなんです」と私は答えた。「ゆっくり思い出してください」。そう言って、彼がポテトチップを少し食べ、グラスを飲みほすのを見ていた。

「突然、私は光の球がもう光を放っていないのに気づきました。腕を下ろすと、光の球から出てきた2つの生き物が目の前にいたのです。生き物という言葉を使いましたが、そう呼ぶしかない姿をしていました。2本の腕と2本の足がついていましたが、とても人間とは呼べません。私より背が低かったです（エンリケは165センチぐらい）。奇妙な皮膚をしていました。タバコの灰のような色です」。そう言って、彼はテーブルの上の灰皿を指さした。「白と灰色の中間みたいな色です。頭部はあごのところが尖っていました。腕と脚はガリガリで、初めは子供のようだと思いましたが、どちらかと言えば、昆虫のようでした。大きな昆虫としか言いようのない生き物でした」。彼はそう言って、またポテトチップを食べ、サングリアのおかわりを頼んだ。「ご心配なく、ドクトーラ。このホテルのサングリアでは酔っぱらいませんから。バケツ1杯飲まないとね。バーテンダーは、注文を全部水で薄めるんです。ほとんどノンアルコールと変わりません。私は自分が何をしゃべっているか、よくわかっています」

「あなたが酔っぱらってるとは思っていないわ、エンリケ。あなたが話しづらいのではと心配してるの」

「いや、私はこの話がしたいんですよ。ですが、あなたと違って、ほとんどの友人は私がこの話をすると笑います。ハイウェイで居眠りしてたんだろう、ボスともめたくないから、こんな話をでっち上げたんだろうってね。でも、そうではありません。あの生き物の姿は、頭の中に焼きついています。もしジャングルで会っていたなら、昆虫の一種だと思って、殺していたでしょう。おそらくマチェートで頭を切りおとして、村へ持って帰り、食べたかもしれません」。彼は自分が言ったことに声を立てて笑ってから、客たちがこちらを見ていないか部屋を見まわした。

「ホテルに戻るのが遅れたのではありませんか」

「夕食時の混む時間には間に合いませんでした。ボスは腹を立てていました。私は説明しようとしましたが、ボスは、もう一度その話をしたらクビだと言いました。私には6人の子供と妻がいるんです、ドクトーラ。リスクを冒すわけにはいきません。それで、この話はボスにもホテルの友人たちにも、二度としませんでした。しかし、彼らは村でこの話を耳にして、私を『昆虫男』と呼んでからかったんです」

「その生き物は昆虫のようだったとおっしゃいましたね。他に何かありませんか」

「やつらは奇妙なスーツを着ていました。何らかの方法で、まわりの景色に溶けこむんです。茂みの前に立っていると、茂みのように見えます。土の中に立っていると、土のように見えます。何が背景にあっても、それに溶けこむのです。そのとき光の球が現れ、生き物は姿を消しました。UFOは私の頭上まで来て、そこに留まりました。私の頭のほんの1メートルほど上です。胸が悪くなるようなにおいがしました。そして、私は意識を失ったんだと思います」

「その後、どうなりましたか」

「私は車の運転席に座っていました。ひどい頭痛がしました。汗をかいているのに、寒気がしました。祈ろうとしましたが、声が出ないのです」

「声が出ないとは、どういうことですか」

「のどがヒリついて、神に祈ろうとしても声が出ないのです。それで、車のドアを開けて外へ出ようとしました。ところが、体の力が抜けて、動けません。長い間そこに座っていました。そして、ようやくドアを開けて外へ出たと思ったら、地面に倒れてしまいました。ちょうど車が1台通りかかり、スピードを落としました。乗っていた人たちは笑いました。私を酔っ払いだと思ったのです」

「それからどうしましたか」

「しばらく地面に座りこんでいましたが、何とか体を起こして立てるようになると、よろよろと車に乗りこみました。そして、携帯電話を取り出して、ボスに電話をかけました。ところが、ボスが電話に出たのに、しゃべることができないのです。私はホテルの備品を車に積みこみ、ホテルへ戻りました。その途中で、声が出るようになりました。ボスと会ったとき、ボスは腹を立てていました。そのとき、私はほとんど丸1日かかってしまったことに気づいたのです。6時間もあれば帰ってこられるはずでした。それが、12時間以上かかってしまったのです」

「その間、何か覚えていることはありませんか」

「何も覚えていません。でも、確かに見たのです。誓って私は、真実しか話していません」。彼は十字を切るしぐさをし、ひと呼吸置いてからタバコに火をつけた。「信じてもらえますか、ドクトーラ」

「ええ、信じます」

「あなたは私の話を信じていると、妻に言ってもらえないでしょうか」と彼は尋ねた。

「おっしゃることがよくわからないのですが」

「妻は私の頭がおかしくなったと思っています。私に恋人ができて、会いに行ったと思っているのです。妻は嫉妬深い女です。村の出で、単純な女です。UFOや異星人のことは、何も知りません。しかし、あなたが私を信じていると言ってくださったら、私の頭がおかしくなったわけではないと思うでしょう」

「喜んで奥様に説明させていただくわ。私はこれまでUFOの話をたくさん聞いてきて、あなたの話も決して異常なものではないと。私はあなたを信じていると言いましょう」

エンリケは満面の笑みを浮かべた。「ありがとうございます、ドクトーラ。ただし、言っておきますが、妻はとても嫉妬深いのです」

翌日、ランチの混雑が終わったあと、エンリケと一緒に彼に村へ行くことになった。エンリケの妻が私の訪問を誤解するといけないので、バディも一緒に行くことになった。彼の家はホテルにほど近い、ブリキ屋根のついた軽量コンクリートブロックの小さな家だった。ブーゲンビリアの花が塀を越えて咲き乱れ、窓の下枠にはコーヒー缶に植えて並べてある。彼の妻は、家の外の木陰に置いた白いプラスチックの椅子に座り、黒豆の殻をはずしていた。私たちの車が止まると、立ち上がってスカートについた殻を手で払い、私たち3人を見つめた。ダボダボの半ズボンをはいた4人の小さな男の子が姿を見せ、彼女の後ろに隠れた。一番上の子は母親のそばを離れ、エンリケに向かって走ってきて、彼の脚に腕を回した。バディがマヤ語で妻に話しかけると、妻はほほ笑んだ。私の紹介がすむと、彼女は私の手を取り、家の中へ迎え入れてくれた。私がUFOの話を集めていると言うと、彼女はほほ笑んで、エンリケの話を聞いたかと尋ねた。私がエンリケの話を聞いて、それを信じていると言うと、彼女の顔に安堵（あんど）の表情が浮かんだ。夫の不貞への疑いは晴れたようだった。彼女はエンリケに手を差し伸べ、首に腕を回して抱きしめ、頬に何度もキスをした。そして、私に手を差し伸べると、ほほ笑みながら両手を握って振り、しきりに感謝した。バディと私がいとまを告げ、車でホテルまで送るとエンリケに言ったが、彼は2時間後の交代勤務の時間まで家にいると言った。

エンリケと彼の妻と子供たちには、これ以降2度会った。記憶を失っていた6時間に何が起こったか、彼はまだ思い出していない。私が訪問を繰り返している間に、彼と妻の間にもう2人子供が増えた。私は末っ子で唯一の女の子の名付け親になった。

証言⑦ ベリーズの石の女（ストーンウーマン）の怪しい魅力

ベリーズ西部の古代都市シュナントゥニッチは、マヤ語で「石の女」という意味だ。こんな地元の伝説がある。１８００年代の終わりに、サン・ホセ・スコツ村の若者が狩りに出かけた。彼はシュナントゥニッチの近くまで来ると、カスティーリョのピラミッドの台座を横切った。ピラミッドの台座の下には洞窟があるが、そこにまるで白い石像のような、長いドレスをまとった美しいマヤ人の女が、身動きもせずに立っていた。その目は赤く輝いていた。若い狩人によると、その女性は昇る朝日の光を浴びて輝いていたという。その姿を見て恐れおののいた若者は、銃を捨て、村へ駆け戻った。若者から石の女（ストーンウーマン）の話を聞いて、シャーマンを含む村人が数人、遺跡を訪れた。巨大な土塁に到着すると、洞窟の入り口は見つかったが、石の女は姿を消していた。それ以後も、村人たちは、石の女が幾度となく姿を現したと断言している。

最近地元のシャーマンが書いた記事によると、古代遺跡の上空に浮かんだ巨大な銀色の円盤へと、石の女が上昇してくところが目撃されたそうだ。また、ピラミッドを登り、壁の中へ消えていくのを見たと主張する者もいた。スティーブンズとキャザウッドはシュナントゥニッチまでは足を延ばさなかったが、私はコパンへ発つ前に立ち寄って、UFOを見たというシャーマンを探してみることにした。

ここでは、そのシャーマンの話をお読みいただく。

「石の女(ストーンウーマン)は星のように輝いていて、美しかった」

バディと私はサン・ホセ・スコツ村をめざして、ウェスタン・ハイウェイを走っていた。シャーマンの妻に会うことができて、彼女から、夫はシュナントゥニッチ遺跡にいると聞いた。私たちは手漕ぎの渡し舟でモパン川を渡り、遺跡に着いた。マヤの古代遺跡はベルモパンから130キロほど西のカヨ地区にあった。グアテマラとの国境までは、1マイル(約1・6キロ)もない。

シュナントゥニッチ遺跡は古典期に繁栄し、マヤ文明の「衰退」も生き延びて、紀元1000年ごろまで重要な人口集中地でありつづけた。遺跡に到着すると、ほんの数分でバディはシャーマンのアルベルト・ベトを見つけ、彼は私に話をすることに同意してくれた。彼は、ここ数週間にわたり、サン・ホセ・スコツ村の住民が、上空に奇妙な飛行物体を目撃しているのだと説明した。村人が言うには、

シュナントゥニッチ遺跡

その飛行物体は円形で、太陽の光をさえぎっていたそうだ。目撃者によると、宇宙船の底部から光が放射されていて、光は瞬きながら、明るい黄色からまばゆいばかりの青色に変わったという。宇宙船からは音はまったく発せられなかった。数週間が経つうち、宇宙船が目撃されたといううわさで村は不穏な空気に包まれ、村人たちは多くの時間を教会で過ごしていた。

「その騒ぎの間に、ストーンウーマンは現れたのですか」と私は尋ねた。

「ああ、初めて女が目撃されたときから、奇妙な飛行物体が空を旋回していたと老人たちは言っていた」

「でも、最初に目撃されたのは、確か1800年代でしたね。その話は1800年代から始まっているのですか」と私は尋ねた。

「わしが覚えている限りでは、長老たちは、ストーンウーマンは空からやって来たと言っていた。それで、スカイウーマンともスターウーマンとも呼ばれている」

「最近目撃されたときのことを教えていただけますか」

「あれは日曜日の朝だった」とアルベルトは言った。「村人たちは教会へ向かっていた。そのとき、村の上空を、宇宙船がものすごくゆっくりしたスピードで飛んでいったんだ。とても低いところを飛んだので、飛び上がれば届きそうだった」

「宇宙船について、もっと詳しく教えていただけますか」と私は尋ねた。

「色はくすんだ灰色で、円形だった。窓は見えなかった。翼もなかった」

「あなたは女を見ましたか。伝説のストーンウーマンを」

「見たとも。それは素晴らしかった。星のように輝いていて、美しかった。飛行船から光の帯の上を歩いて降りてきた。ピラミッドの入り口に立ち、それから洞窟の中へ入っていった。女はふたたび姿を現すと、カスティーリョのピラミッドの頂上まで登った。すると、空から光線が射してきて、女は飛行船から現れたときと同じように、飛行船の中へ入っていった」

「あなたは唯一の目撃者だったのですか」と私は尋ねた。

「他にも何人かいた。だが、女はピラミッドの中へ入っていき、姿を消したと言う者もいる。わしが見たものとは違う。だが、わしは女の目は見なかった」

「どうして目を見なかったのですか」

「女の目は赤く輝いている。あの目を見つめたら、女の魔力にやられて、女が見せたいものを見ることになるのだ。わしは女の目を見なかった。そのとき、女が光の帯の上で姿を消し、飛行船が一瞬のうちに飛び去ったのだ」

「この出来事をどう思われますか」

「ここ数年の間に、何度も宇宙船が目撃されている。わしが若かったときも、父親やじいさんはこの光り輝く美しい女の話をした。父親とじいさんは、女はよその星から来たと言っていたが、年月が経つうちに、村人たちはそうは言わなくなった。女は幽霊だと信じている者もいた。天使だと言う者もいた。聖母マリアだと信じている者もいた。わしはじいさんたちから聞いた話をずっと信じてきた。あの女はよその星から来たという話だ。そして、ついに本当のことがわかった。あの女はやはりよその星から来たのだ」

「では、目撃者の多くが、あれは伝説の石の女だと言っているのを、どう説明しますか」

「2つある。あの女が、目を見た者に魔法をかけたのではないかと思うのだ。それから、男たちはあの女の美しさに魅惑され、生身の女が、たとえ異星人であっても、あんなに美しいはずはないと思いこんでいるのではないかな」

「では、あれは石の女だという言い伝えを信じていないということですか」

「そういうことだ。最初に女を見た狩人は、その美しさに目がくらみ、石の女だと思いこんでしまったのだ。宇宙人は強力なパワーを持っている。地球人よりずっと強いパワーを。わしはこう考える。あの女は生きて息をしている宇宙人の美女で、自分を見た人間に魔法をかけ、地球での仕事が終わるまで、自分を石の女だと信じこませたのではないかな」

「どんな仕事でしょう？」

「いい質問だ。わしにもまだその答えはわからん。何度も洞窟の中に入ってみたが、何も変わったことは発見できなかった。だが、あの女は今もいつもあの場所に戻ってくるのだ」

「あなたが見た女は、どんな姿をしていましたか」と私は尋ねた。

「背は人間の女より高かった。髪は黒く、腰まで伸び、刺しゅうの入った白くて長い服を着ていた。少し離れていたので、刺しゅうの柄までは見えなかった。目は赤く輝いていた。感情は表さない。

怒りもしなければ、笑いもしない。だが、あれほど美しい女はこれまで見たことがない」

「あなたに魔法をかけたとは考えられませんか」と私は尋ねた。

「ないとは言えない」と彼は言った。「だが、わしはそうは思わない。女の目からパワーが出るのは間違いない。わしは目は見なかった。だから、わしは魔法をかけられていない。わしは物事を、ありのままに見ることができるのだ」

アルベルトとはもうしばらく話をしたが、もう付け加えるような話はないことがわかった。私たちは彼に別れを告げ、少しの間遺跡を調査してみることにした。カスティーリョ遺跡を眺めていると、謎めいた女性がこの遺跡にやって来て、村人たちに魔法をかけ、自分は石の女で、壁を通り抜けたり、光の帯に乗って現れたりできると思わせた話を信じるのは難しくなかった。シュナントゥニッチは、現代世界から取り残されたような、不思議な場所である。


ある日、私はシュナントゥニッチを再訪する計画を立てた。その後伝説が更新されていないか、ストーンウーマンがまた現れていないか確認しに行こうと思ったのだ。今のところ、この計画はまだ私のバケツリスト（死ぬまでに成しとげたい行動や業績のリスト）に入ったままだ。

第2部

宇宙マップに導かれ、マヤ人たちは空から降りてきた⁉

～ホンジュラス、インタビュー編～

ホンジュラス共和国

面積	11万2492平方メートル（日本の３分の１弱）
人口	810万人（2013年　世界銀行）
首都	テグシガルパ
民族	ヨーロッパ系・先住民混血91％、その他９％（先住民６％、アフリカ系２％、ヨーロッパ系１％）
言語	スペイン語
宗教	伝統的にカトリック（信教の自由を憲法上保障）

（外務省ホームページより）

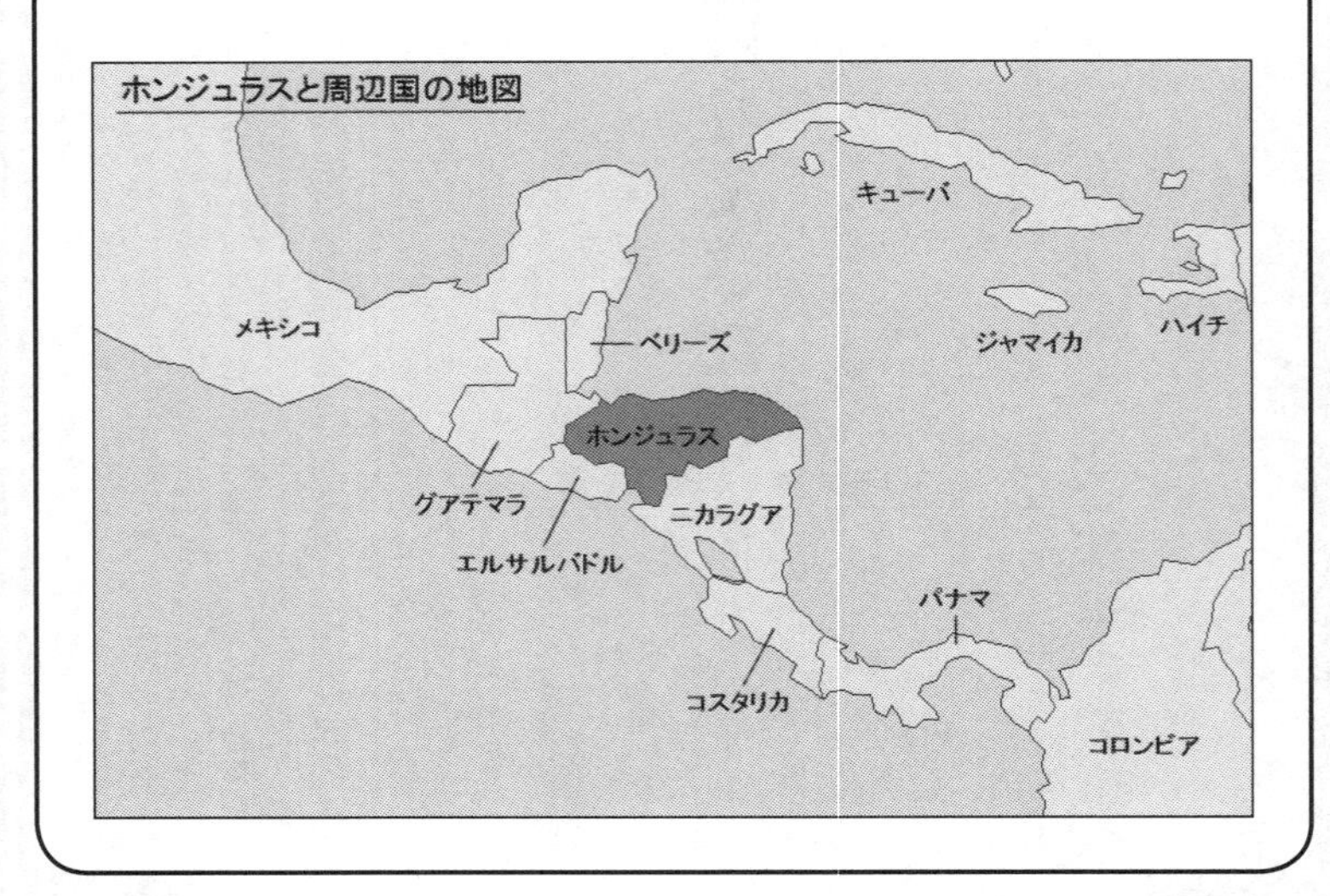

コパン遺跡、そこは秘密が守られたままの場所だった

キャザウッドとスティーブンズはコパン遺跡まで徒歩で旅をしたが、私はバディに車で連れていってもらった。スティーブンズとキャザウッドは目的地まで11日かかっている。私たちは、ガソリン、軽食、バーニョ（トイレ）休憩をはさみながら、11時間で到着した。ベリーズシティから、サン・ペドロ・スーラ、ホンジュラスを経由してコパン遺跡に着くまでの旅は、長く、曲がりくねった、危険がいっぱいの道のりだった。車やトラックは、追い越し禁止車線にも、交通量、馬、ニワトリ、犬、自転車、道路端を歩く人々にも、ろくに注意も払わずに走っていく。けたたましいクラクションの音がしたかと思うと、車やトラックの乗員がどなり声をはり上げる。ハイウェイの上を、ジーンズをはき、麦わら帽をかぶった男たちが丘の中腹にある菜園まで歩いていく。ハイウェイの道幅が広くなったところには、果物の屋台が出ていた。子供たちが車道に走り出て、車を止めては何かしら売りつけたり、金をせびったりする。この地域の人々は貧しい。ここまでの旅の間に見た中で最も貧しかった。スティーブンズが旅をしたときは、盗賊から身を守るために自身も武器を持ち、武装したお供を何人も連れていた。見たところ、状況は変わっていないように思えた。私も、夜間にこのハイウェイを通るのは非常に危険だと警告された。夜には盗賊が出没し、殺人事件も日常茶飯事なのだ。

コパン遺跡のホテルに着くと、バディは私の荷物がきちんと運びこまれているか確認した。私たちは2時間後の夕食時間に落ちあった。夕方は気温が下がり、日中の暑さから解放されて、ほっと一息つける。鳥やカエルの鳴き声が、車やトラックのクラクションの音に取って代わった。レストランの中で、私たちは、ベリーズへの車の便を必要としている若いフランス人のカップルと出会った。数分間交渉したあと、バディは翌日新しい客を乗せてベリーズへ戻ることに決めた。私は翌朝は早起きはしない予定だったので、ここでバディに別れの挨拶をした。バディがいなくなると、きっと寂しいだろう。彼はいつしか私の友人兼保護者になっていた。いまや彼は私の、私は彼の身内のような存在になっていた。ホテルの自室に戻ったとき、旅に出てから初めて、いよいよ完全に1人になるのだと実感した。

その後の2日間は、コパン遺跡の村をぶらぶらして、コパンの古代都市になじんでいった。スティーブンズは、村には小屋が数軒あるだけだと書いているが、その時代とは違い、今は約1万人の住民がいる。街中の道は急勾配で、丸石が敷き詰められているが、町の広場（パルケ・セントラル）から数ブロック離れると砂利道になり、放牧場や小さな農園がある。その地域はほとんどが山で、ヤシ、オレンジ、バナナの木がいたるところに見られた。日中は暑く、夜は冷えこむ。周囲にはトウモロコシ畑が点在し、

コパン遺跡

馬、ニワトリ、犬の姿が見える。コパン遺跡には水道も電気も通っているが、どちらもしょっちゅう供給停止になる。ペットボトルの水が貴重品になる場所もあるので、バディのアドバイスもあって、私は自分で用意して持ち歩いていた。コパン遺跡の通りには名前はついていないが、どの家も近所の人や戸主の名前を言えば見つけることができた。住民の大部分はスペイン語か英語を話す。ごく少数のチョルティ・マヤ人は、その民族の方言を話した。地元の教師が始めた私立のバイリンガル・スクールは、英語を話す若い教師を世界中から引き寄せていた。その学校では、英語、スペイン語、マヤ語を教えている。

いたるところに泥れんが造りの藁葺き屋根の小屋や、波形の金属屋根がついた軽量コンクリートブロックの小さな店がある。そんな店の看板には、コカ・コーラからバイエルアスピリンまであらゆるものの広告が描いてあった。人々は、気温が上がる前の早朝に町の広場に集まってくる。女たちは軽食を売り、子供たちはゲームや追いかけっこをして遊ぶ。男たちは座って、畑仕事や女性の旅行者を話題にして意見を交わす。若者たちは建物の陰へ入り、人目を避けてキスをした。

狭い町なので、よそ者でも2日も滞在していると、誰に自己紹介したわけではなくても、町中に知られている。そして、いつの間にか身に覚えのないことがでっち上げられていたり、話に地方色が加えられていたりすることもよくあった。家族の結束は固く、その結束は広範囲におよぶ。うわさ話は重要な娯楽の1つなので、ニュースは人から人へあっという間に広がる。これは研究者泣かせの環境だった。村人たちは、他人に秘密が伝わることを恐れて、話をしたがらないのだ。多くの人が空に現れた光を見たことや、ＵＦＯとの遭遇さえ認めるのに、詳しい話をしてくれる人はほとんどいなかった。大多数の人たちは、身近な家族にさえ体験を話したことがないと言っていた。誰もが顔見知りなので、あざけりや迷信家扱いされることを恐れているのだ。

こうした悪条件にもかかわらず、私はコパン遺跡を立ち去りがたかった。野良犬がうろつく神殿、山の中を飛ぶ蝶々、インペリアル・ボトル（普通のボトルの6倍、6リットル入るボトル）のワインとバレアーデス（豆やチーズ、クリームをはさんだトルティーヤ）のせいなのか、私はこの町と、遺跡と、ここの人々と恋に落ちてしまった。ここでは、いたるところで伝統と迷信が近代化の前に立ちはだかっていた。守るべき秘密が守られたままの場所だった。町や山あいの村に住む人々は友好的だったが、ＵＦＯとの遭遇について詳しい話を聞かせてくれそうな人を見つけるのは難しかった。話をしてくれた人々からは、絶対に身元を明かさないこと、誰かを特定できないように匿名を使うよう約束させられた。

ホンジュラスで集めた話の数は少なかったが、ここに掲載した3つの話は、どれも私の旅において、よそでは聞けなかったものだ。

証言⑧

牛を殺した犯人は宇宙人だった⁉

ここ数年、動物の虐殺事件（ミューティレーション）が、中央アメリカと南アメリカで劇的に増えた。この地域のさまざまなコミュニティの羊飼いたちが、羊の群れが攻撃されたと報告している。襲撃者は報告によってまちまちだ。大部分の人は、野犬など自然界に存在する天敵の仕業だと信じている。あるホンジュラスの村では、50日間で３００匹以上のヤギが殺され、襲撃者について疑問の声が上がっている。ナワール（鳥獣に変身する能力を持つ妖術使い）が犯人だと非難する者もいる。伝説によると、ナワールは一定時間意図した動物に姿を変えることができるという。ナワールは夜だけ変身し、子供、女性、動物を襲う。鳥に変身して、空を飛ぶ能力を得るものもいるようだ。

ＵＦＯとの遭遇と時を同じくして、動物のミューティレーションを目撃したという人もいる。ここでは、コパンの近くの小さな牛の牧場で起こった出来事を紹介する。

スカイピープルが牛の血を吸っていた⁉

バディに車でコパン遺跡まで送ってもらったあと、私はそのときは新しいガイドを雇う必要性を感じなかった。基本的に、訪れる予定にしていたのは、コパン遺跡と古代都市コパンだけだったからだ。スティーブンズとキャザウッドも同様だった。毎日私は午前中を遺跡で過ごしてから、村にある小さなレストランに行って、冷たい飲み物と軽い昼食をとった。カフェのオーナーの女性は、私がアメリカ合衆国から来たと知ると、以前から合衆国のことをもっと知りたい、あるいは英語を習いたいと考えていた村の若い女性数人をランチに招いた。その結果、誰もが強い日差しを避けて木陰やハンモックの快適さを求めている時間に、私は近くのカフェへ行き、若い女性グループのために甘いお菓子とコカ・コーラ、あるいは紅茶を注文して、気楽な英語教室を開くことになった。私は彼女たちに英語を教え、彼女たちはお返しに、その地域でよく使われるが、普通の講座では学べないようなスペイン語の表現を私に教えた。

女性たちのファーストネームを覚え、その家族や夢について知るようになると、私はその地域に伝わる民話や伝承を教えてくれるよう頼んだ。ある時点で、私はUFOの目撃話に興味を持っていると伝えた。すると、ジュリアという女性が、夫のアロンゾが、牛の放牧で悩んでいると打ち明けた。「夜になると何者かがやって来て、牛を殺すんです。どうしていいかわからなくて。アロンゾは牛を監視するために人を雇いましたが、効果はありませんでした。それでも牛が殺されるんです。牛が殺される夜はいつも、ＵＦＯが目撃されると言う人がいるんです。ナワールの仕業だと信じている人もいます」

ある日の午後、アロンゾがカフェに現れた。ジュリアは紹介をすませると、カフェのドアへ歩み寄ってカギをかけ、窓に「臨時休業」と書かれたプレートを置いた。最初アロンゾは話をするのを渋っていたが、ジュリアに促されて、話すことに同意した。カウボーイハットを脱ぎ、後ろの椅子の上に置く。汗で湿った黒い髪が耳を覆った。彼はジーンズと、白い糊のきいた西洋風のシャツを着て、茶色のカウボーイブーツを履いていた。基本的に、それがホンジュラスのカウボーイの制服だ。

「おれには何が起こったのかわからないんです」とアロンゾは言った。「先週は２頭の牛が殺された。どちらも、目玉と舌を抜かれ、心臓には穴が開いていたが、血は出ていないんです。あんなの、今まで見たこともない。まるで、何者かが血を吸い出したようなんだが、歯型もついていなければ、動物の仕業とわかる痕跡も残っていないんです」

「警察は呼びましたか」と私は尋ねた。

「大学関係者も来ましたが、誰も答えは出せなかった。チュパカブラ（中米で発見報告がされている家畜の血を吸う未確認生物）の仕業だと言う人もいるが、おれはそうは思いません。チュパカブラのやり方は残忍だ。おれの家畜を襲ったのが何者であったにせよ、医学の心得があるみたいなんです。やつらは完璧なやり方で目をくり抜いていた。まるで、その訓練を受けていたみたいに」

「牛が殺された夜、何か変わったものを見ませんでしたか」と私は尋ねた。

「牛の見張りに雇った男の1人が、空に光を見たと言っていました。おれは稲妻だと思って、それ以上気に留めなかった。村でUFOを見たという女がいたが、ほとんどの人は相手にしなかった。その女はブルージャなんです」とアロンゾは言った。ブルージャとは魔女のことだ。

「その女性と、見たものについて話をしましたか」

「いいえ。コパンでは、不思議な光が見えるのは珍しいことじゃないですから。UFOはここが好きなんだと言う人もいる。あなたはUFOがおれの牛を殺したと思いますか」と彼は尋ねた。

「さあ、どうなんでしょう。あなたは何かつながりがあると思うの?」

彼は首を振り、答えなかった。立ち上がると、カウボーイハットをつかみ、妻に短く言葉をかけてから、いとまを告げて出ていった。もう彼と会うことはないだろうと思った。

それでも、その夜私は広場まで歩いていった。そして、場所を見つけて座り、人々を見ていると、ジュリアとアロンゾが2人の男性と一緒に近づいてきた。彼らは、人気のないところで話がしたいと言った。

「UFOを見た途端、全身がチクチクと痛み出しました」

「夫はもう一度あなたとお話ししたいと言ってます。友人を2人連れてきました」

「こっちがアルベルトで、向こうがペドロです。おれの牧場で働いています」とアロンゾが言った。

「先週、夜に牛の見張りをさせるために雇ったんです。ペドロは夜中に空に光を見たと言うんだが、他には何も覚えていないらしい。アルベルトはある夜宇宙船を見たと言うが、村人に知られたくないので、黙っていたそうです」

「どうして知られたくないの？」

「村の人に頭がおかしい（ロコ）とか、魔術師（ブルージョ）だと思われたくないんです」とアルベルトが言った。

「フランシス神父（地元のカトリック教会の神父）が言われるには、やつらは悪魔の国からやって来ていて、もしおれたちがやつらを見ても逃げなかったら、悪魔とダンスを踊るはめになるんだそうです」

「UFOを見た夜、何が起こりましたか」と私はアルベルトに尋ねた。

「何も。UFOは牛たちの上空に止まって見下ろしていました。おれは何もできなかった。ものすごいパワーを感じたんです」とアルベルト。

「ものすごいパワーって、どういうこと？」

「体じゅうがチクチク痛むんです。何千カ所も。痛くてたまらず、動くこともできなかった。やつらがおれに何かしたんです。痛くて死にそうでした」

「おれも同じ目にあいました」とペドロが言った。「体に針を突き刺されるように痛むんです。逃げようとしたが、あまりの痛さに歩くこともできなかった」

「痛みはいつ止まったのですか」

「よく覚えてないんです。そのうち太陽が昇ってきて、家に帰ったのは覚えています。牛が2頭死んでいたのも知りませんでした。次の日の夕方、アロンゾに会って初めて知りました」

「アロンゾにUFOのことは話しましたか」と私は尋ねた。

「いいえ。悪魔に呪いをかけられていると思われたくなかったので」

「その夜のことで、他に何か覚えていることはありませんか」と私は尋ねたが、2人は首を振った。

2人が立ち去ったあと、ジュリアが私の横に座った。

「2人は働き者よ。アロンゾがクビにしないといいんだけど。彼らの家はとても貧しいんです」


私はしばしばアルベルトとペドロのことを考える。彼らは、私たちの世界観は祖先、家族、環境の教えに影響されるという概念を裏付けた。正規の教育を受けなければ、私たちは宗教、偏見、迷信を盲信してしまう。アルベルトとペドロは、ある意味、私が旅の間に出会った先住民の男たちの典型といえる。彼らは上司に服従し、勤勉に働き、自分の家族を大切にする。彼らにとってUFOは理解できないものだが、現実生活や聖書の物語にある善と悪の戦いは理解できる。だから、地元のカトリック教会の神父やキリスト教の教え——それにも迷信がちりばめられているのだが——を引き合いに出して、UFOの目撃話をごまかしてしまう。それが普通で、変人でもなければ、特別

変わった考えを持っているわけでもないのだ。

証言⑨ アメリカ政府が隠ぺいした異星人の痕跡とは？

コパン遺跡を過ぎて約1キロ、「ラス・セプルトゥラス地区」は現代的な石の道で古代都市とつながっている。そこは古代都市の居住地域だった。そこからは、紀元前1000年の陶器が発見されている。美しく、心休まる場所で、丹念に手入れされ、発掘が行われている。そこで私はルイスという老人に出会った。彼はかつてコパン遺跡のはずれの山腹に張りついた、チョルティ・マヤ族の村に住んでいたという。話をするうちに、古代遺跡の周囲の山に点在する洞穴の話や、少年時代にその洞穴で友人2人と重大な発見をしたことを話してくれた。

これはルイスの体験談である。

がい骨がスーツを着て、動いていた⁉

「わしらは山育ちのごく普通の少年じゃった。家族を助けて懸命に働き、よく遊んだ。みな若いころは冒険心にあふれていて、山の向こうに行ってみたいという夢を持っておったが、住み慣れた村を離れるのを恐れてもいた。ここへやって来る科学者が話す外の世界の話をよく聞いたもんじゃ。わしは１９０４年生まれで、スピンデン（ハーバート・Ｊ・スピンデン、１９０９年から１９２９までニューヨークのアメリカ自然史博物館の人類学准学芸員）がコパンに来たときは５歳じゃった」

「ということは、あなたは１００歳になられるのですか」

「もうすぐ１００歳じゃ。今は99歳。わしの名はルイス・サンティアゴ。長い間コパンのさまざまな変化を見てきた。わしはもう75年近く、この遺跡で働いておる。最初にわしを雇ったのがスピンデンでな。主に使い走りをした。彼らのために走って物を調達してくる仕事じゃ。水を運んだり、昼めしを遺跡まで届けたりな。日給はアメリカドルで10セント、それで丸１日働いた。スピンデンは、わしが英語を話せるようになったら、日給を上げてやると言った。それで、８歳になるまでに、英語を話せるようになった。わしは覚えが早かったんじゃ。スピンデンは約束を守り、ここを離れるまで毎日25セント払ってくれた。その後、この町の発掘と修復にやって来たカーネギー研究所の科学者とも一緒に働いた。彼らはわしが英語を話せるからと、１日に50セント払ってくれた」

「まあ、素晴らしい。あなたは最初の調査からこの遺跡に携わってこられたのですね。在野の歴史家と言ってもいいですね」。そう言うと、ルイスはほほ笑んだ。私が意図したとおり、称賛の言葉と取ってくれたようだ。

「わしが少年だったころ、ほとんど人は来なかった。今はひっきりなしに来ておるがな。わしはこの古代都市の発掘や修復に来る考古学者を助けて、ここで働いてきた。胸おどる時代じゃった。英語を話せる者はほとんどいなかったので、片手間に通訳をすると、いい稼ぎになり、家族も喜んだ」。彼はそこで口を閉じ、若いころを思い出すようにほほ笑んだ。ところが、「いい時代だった」と言ったとたん、咳きこみ始めた。私がペットボトルの水を差し出すと、彼は丁重に受け取り、ぐっと飲みこんで、さらにもうひと口飲んだ。

「あなたは少年のとき、あの洞穴で何かを発見されたということですが」と私は言い、なぜ私を呼び止めたのか思い出させようとした。

「そうじゃ。わしはそのとき11か12じゃった。考古学者が仕事を休む週末に、従兄弟と一緒に山の中の洞穴を調べに行った。何か工芸品を見つけたら、考古学者が買い取ってくれたんじゃ。あの日もそんな調子で出かけていったら、よその星から来た銀色の男を発見したんじゃ」

「その銀色の男はどんな姿をしていたか、教えていただけますか」と私は尋ねた。

「銀色のスーツを着たがい骨を見つけたんじゃ。そのスーツは、頭のてっぺんから足の先まで銀色じゃった。スーツの中身は骨だけになっておった。スーツの大きさからして、小柄な男じゃ。わしより小さかった」。彼は手を広げて、大きさを示した。1メートル足らずだったようだ。「頭は硬い、金属製の筒のようなもので覆われていて、その横には奇妙な文字が書かれた奇妙なタブレットが置かれていた。マヤの言葉ではなかったな。マヤ語なら、石碑(ステラ)の文字で知っておるからな。あの文字は見たこともなかった。考古学者も見たことがないと言うておった。誰が書いたか、見当もつかんと。わしらはそれを大事に考古学者のところへ持っていった。高く売れるんじゃないかと期待してな」

「頭を覆っていたヘルメットのようなものについて、もっと詳しく話していただけますか」

「大きな缶のようなと言うのが一番近いかな。そんな形じゃった。スーツとつながっておったよ。ホースのようなものが延びて、スーツの前面にくっついていた。そして、スーツの胸の辺りに、色の違うボタンがいくつか付いておった」

「考古学者はあなたの発見したものを見て、どうしましたか」

「そりゃ興奮しておったよ。自分たちのテントに持ちこんで、調査を始めた。中の1人は、それをただちにアメリカ合衆国へ送ると言っておった。マヤ人が宇宙人と接触していた証拠だと言うんじゃ。それで、わしは『よその星から来た銀色の男』と名づけたんじゃ。いい名前じゃと思ったがな」

「それからどうなりましたか」

「翌日、テントの前に箱が置かれておった。考古学者が箱に入れて、大学へ送ったんじゃろう。その後、銀色の男を見ることはなかった。それからずうっと、銀色の男はどうなったじゃろうと思いつづけてきた。合衆国の科学者はあれを研究し、再調査もしたじゃろうが、ずっと秘密にしてきたに違いない。あれは異星人が実際に存在するという証拠じゃ。そう思われんかな」

「重要なのは、あなたがどう思われるかです」と私は答えた。

「わしは、あの銀色の男はよその星から来たと信じておる。証拠はないが、あれと同じようなものは発見されておらんし、あんな恰好をした人間も見たことがない。あれを科学者に渡してしまったことを、わしは後悔しておる。あいつらは2ドル払っただけじゃ。それでも、あの時代には大金ではあったがな」

「この山中で、他に宇宙人の話はありませんか」と私は尋ねた。

「子供のころ、賢者から小人の話を聞いたことがある。地球にやって来て、ときには何週間か山の中で暮らしていたそうじゃ。誰にも迷惑をかけんかったから、村人も放っておいた。ときどきその姿を見かけたが、人目を避けて暮らしていたそうじゃ。銀色の、火を噴く円盤に乗ってやって来て、銀色のスーツを着ていたらしい。思うに、わしが見つけたのは、地球におる間に死んでしまった男ではないかな。彼らは洞穴の中に埋葬したのに、わしらが墓地を荒らしてしまったのかもしれん。この思いが、ずっと頭から離れんのじゃ」

「村の長老には、このことを話さなかったのですか」と私は尋ねた。

「話さなかった。恐ろしかったんじゃ。わしらがしたことは悪いことだと、ずっと思っておったからな。あれ以来、二度と工芸品を探しに行くことはなかった。良心がとがめて、そんなことはできんかった。何とはなしに、わしらは人類の歴史の重要な部分を引き渡してしまったと感じておったからな。真実を知っているのは、あれを引き取った科学者だけじゃが、やつらは発表しようとはせん。合衆国政府もおそらく知っとるはずじゃ。ホンジュラスの政府も知っとると思うが、それを国民には認めたくないんじゃろう。じゃが、よその星から来た人々については、政府よりもわれわれの方が、よっぽどよく知っておるんじゃよ」

私がいとまを告げると、ルイスは、私が再びここを訪れたときに、もっと詳しい話をしようと約束してくれた。孫娘が彼に昼食を作ってくれていて、その子と会う予定があるのだそうだ。

残念なことに、この約束を果たすことは叶わなかった。次に私がホンジュラスを訪れたとき、ルイスは亡くなっていた。それでも、私はしばしば彼のことを思い出す。何十年もの間、彼は自分がしたことに罪悪感を抱いていた。しかし、彼の言ったことは正しいと思う。政府の人間の中に、よその星から来た銀色の男のことを知っている者がいるに違いない。ただ、そのことを話さないだけなのだ。

証言⑩ マヤ人の祖先は宇宙船に乗ってやって来た

1841年以前、コパン遺跡はほとんど人に知られていなかった。この年、ジョン・ロイド・スティーブンズとフレデリック・キャザウッドは『中米・チアパス・ユカタンの旅』を出版した。2人は13日間滞在し、スティーブンズは遺跡を切り開き、キャザウッドは古代の建造物を絵に描いた。2週間後、スティーブンズはグアテマラに向けて出発した。キャザウッドはひとり遺跡に残って、巨大な古代都市を紙に記録する作業を続けた。コパンに出発する前、スティーブンズはマヤ都市が建つ土地を、地元の農民から50ドルで購入した。当時スティーブンズはすべての権利を買い取ったと思ったが、どうやら農民は、遺跡の発掘と記録を続ける権利を売っただけだったらしい。どちらにせよ、農民は良い取引をしたと思ったようだ。なぜなら、地元の住民とカトリックの神父は、そこは超常現象が起こり、奇妙な石や異教の偶像がゴロゴロしている「邪悪な場所」だと考えていたからだ。

20世紀になると、コパンを訪れる旅行者はほとんどいなくなった。しかし1968年、スイスの作家エーリッヒ・フォン・デニケンが『未来の記憶』という本を出版し、アメリカ合衆国とヨーロッパでベストセラーになった。フォン・デニケンは、マヤ都市コパンのステラ（彫刻の施された背の高い石柱）には、宇宙帽をかぶった古代の宇宙飛行士の姿が彫られていると主張した。彼は、現代の人類が地球に住むよりはるか昔に宇宙船が着陸し、異星人の飛行士がマヤ人に天文学と建築術を教えたと論じた。そして、異星人はマヤ人が都市を建設するのを助け、マヤ文明の支配者は地球外生命体の末裔だと考えた。

ここでは、私自身がコパンで体験した、第1種と第3種の接近遭遇を紹介する（「接近遭遇」とは空飛ぶ円盤とそれに類するものの目撃・接触を指す。大きく分けて3段階あり、第1種は空飛ぶ円盤を至近距離から目撃すること、第2種は空飛ぶ円盤が周囲に何らかの影響をおよぼすこと、第3種は空飛ぶ円盤の搭乗員と接触することである）。

マヤ人の祖先は宇宙に暮らしている⁉

ホンジュラスのコパンに滞在して1週間が過ぎたとき、ホテルの客室係がこっそり訪ねてきて、「あなたは先住民（インディヘナ）だそうですね」と言った。私は目の前に立つ女性を見た。彼女は目が合うのを避け、うつむいてエプロンの縁をいじっている。コパンの町は狭いので、うわさは人から人へとまたたく間に広がる。それで、ホテルに数日滞在すると、町の多くの住民は、会ったことがない人でも、私を知っているのだ。

「ええ（シ）」と私は答えた。「合衆国在住のインディヘナよ」

彼女は私の答えを聞いて、うなずいた。背の低い、ずんぐりした体型の中年女性で、ホテルのオーナーが決めたマヤ風の制服を身に着けている。太陽にさらされた顔を三つ編みにした黒い髪が縁どっていた。モンタナを出てから、彼女のような女性を何百人も見てきた。低賃金でこき使われ、おそらく彼女の稼ぎが家族の唯一の収入源なのだ。

「夜に遺跡に行くと、祖先に会えるかもしれません」と彼女は言った。「村の司祭は、あなたはインディヘナに違いない、そうでなければ祖先は現れないだろうと言いました」。私は彼女の告白に衝撃を受けたが、あまり驚いたように見えないよう努めながら、黙って彼女の話に耳を傾けた。

「祖先たちが姿を現すのは夜だけです」と彼女はスペイン語で言った。「これまで祖先を見た者は先住民だけです」

「祖先とは誰のことですか」と尋ねると、彼女は困惑した様子だったので、こう続けた。「祖先とは……霊（スピリット）ですか」

「祖先は、神です。いろんな姿で現れます」

「詳しく説明してもらえますか」

「空からやって来ることもあれば、ジャングルからやって来ることもあります。光として現れることもあります。私がこんなことを言うのは、あなたがインディヘナで、重要な女性だからです。あなたは賢明な女性です。村の司祭が、あなたがやって来ると言っていたのです」

「座ってください」と私は言って、自分が座っていたベッドに彼女が座れるスペースを作ったが、彼女は立ったまま話を続けた。

「1週間前、あなたがやって来ると村の司祭が言いました。あなたがやって来たら、村は豊かになると言ったのです。あなたは良い目的のためにここへやって来るのだから、私たちはあなたに祖先の秘密を教えなければならないと。村の秘密を教えるのに、司祭が外部の人間を選んだのは初めてのことです」。そう言いうと、彼女は出口へ向かいドアを開けた。

「待ってください」と私は言った。「村の司祭が、私がやって来ると言ったとは、どういうことですか。カトリックの司祭のことですか」

「いいえ、違います」と彼女は言った。「私は山奥の村の出です。コパン遺跡からそんなに遠くありませんが、そこへ行くのはとても大変です。村にはカトリックの司祭はいません」。そう言うと、窓のカーテンを開けて中庭を見渡した。「シャーマンと言った方がいいかもしれません。コパンの住民はほとんどがカトリック教徒ですが、私たちは今も村の古いやり方を守っています。司祭はビジョンを見たのです。インディヘナの女性が北からやって来ると。親切で賢明な女性だと言いました。彼女はここの人々をとても愛するので、神様が旅行者をたくさん来させてくださるだろう。それで、私たちはふたたび繁栄するだろう。旅行者が増えるだろうと」

「あなたの村の司祭は、その女性は私のことだと言われるのですか」と私は尋ねた。

「村人はみんなそう信じています。コパンにいる私の親戚にも、そう信じている者がいます。あなたはインディヘナの女性です。あなたは北からやって来ました。そして、子供たちにプレゼントを配り、ウエーターにチップを与えています。あなたは心根の優しい人です。みんなそう言っています。あなたは合衆国では有名な人だと、私の上司が言っていました」。話を聞いているうち、私はだんだん居心地が悪くなってきた。

「私は有名人ではありません」と私は言った。「教師をしています。大学の教授です」

「今夜、真夜中に出かける支度をしてください。弟のテオドロがお迎えに来て、あなたを古代都市へ案内します。もしあなたが神から遣わされた女性なら、そこで祖先を見ることになるでしょう」

「今夜遺跡へ連れていってもらうのに、弟さんにいくらお払いすればいいかしら」と私は尋ねた。彼女は首を振り、「お金はいりません」と答えた。そのとき、どう答えていいものか判断に迷った。彼女は私の答えを待っている。沈黙が続き、気まずい空気が流れた。

「わかったわ、テオドロを待っています」と私は言った。

「真夜中を少し回ったころ、お迎えにあがります」

中庭を見るとウエーターがいたので、私の部屋まで氷を持ってきてくれるよう頼んだ。私はエアコンの効いたスペースに戻ると、スティーブンズの本を取り出し、コパンについて書かれたページを読み直した。午後は遺跡についての感想や、メモしたことをコンピュータに入力して過ごしたが、村の司祭の予言の件が頭から離れなかった。先住民の世界に存在するシャーマンの能力については十分承知していたので、客室係の女性の言葉を軽く聞き流すわけにはいかなかった。スティーブンズの記述に没頭しようとしたが、いつしか眠ってしまったようだ。部屋の外から大声が聞こえて、びっくりして目が覚めた。小さな子供を3人連れた家族が隣の部屋にチェックインしていた。私は急いでシャワーを浴びると、ジーンズをはき、タンクトップの上に長袖のシャツをはおった。そして、スーツケースの前ポケットのファスナーを開け、カウボーイブーツを取り出した。友人のジャンから、カウボーイブーツは家に置いていった方がいいと言われたが、その夜は持ってきてよかったと思った。

正体不明の小さな光は宇宙からやって来た祖先の霊だった

シャツの袖をロールアップにし、湿った髪をまとめて髪留めで固定すると、私は夜気の中へ出ていった。中庭のそばの屋根のないテーブルで夕食をとることに決めて、中庭を見まわした。白いカウボーイハットをかぶり、凝った装飾のウェスタンブーツを履いた、しゃれた身なりの一人客の男性がこちらを見てほほ笑んだ。私のカウボーイブーツに目を留めている。

「ほら、見てよ。ジャン」。私はメニューに目を通しながら、心の中でささやいた。ポロ・スダッド（チキンとポテトをトマトソースで煮た料理）のディナーを終えると、私は散歩に出かけることにした。席から立ち上がると、あのハンサムな男性が近づいてきて、おじぎをし、私の手にキスをした。

「ホアキン・ルチオと申します。どうぞお見知りおきを、セニョーラ」

「お会いできてうれしいですわ」

彼はほほ笑んで、私のカウボーイブーツを指さした。「カウボーイブーツを履いた女性はあまり見かけません。ホンジュラスでは珍しい」

「私が住んでいるモンタナでは、それほど珍しくはありません」と私は答えた。

「ああ、モンタナ。知っていますよ。麗しのモンタナ。カウボーイとインディアンの国ですね」

「モンタナへ行かれたことがおありですか？」一緒に外へ歩いて行きながら、私は尋ねた。

「行ったことはありませんが、写真を見たことがあります。15年ばかり前に、モンタナからコパンへやって来た男がいました。ジョニーと呼ばれていました。彼は村に住み、遺跡の研究をしていました。村を立ち去るとき、彼は地元の人々に家財道具をすべて分け与えました。村人たちは、今でも彼のことを話しています。この村の伝説になっているのですよ。彼を友人と呼ぶことができて、光栄に思っています」

「名字は何と言いましたか」と私は尋ねた。

「ジョニーという名前しか知りません。僕は『モンタナのジョニー』と呼んでいました」。ホアキンはパルケ・セントラルまで私に同行し、おじぎをして、いとまを告げた。私は地元のピザ店に立ち寄り、ペットボトルの水を1本買った。そこにはマヤタン・バイリンガルスクールの英語を話す教師が5、6人集まり、1人の教師の誕生日を祝っていた。彼ら以外に客はいなかった。遺跡への入り口として、この町は外国人を歓迎し、彼らが町にもたらすドルを期待するようになっていた。他に旅行者がほとんどいないのは明らかだが、シャーマンが見たビジョンのつじつま合わせのように名指しされるのは重荷だ。そのときもまだ私は、あの予言に心を悩ませていた。結局は住民を落胆させることになるのではないだろうか。この期待をどう扱えばいいのだろう。1時間ほどぶらついてから、ホテルに向かった。辺りにはスパイスの効いた肉と、焼きたてのトルティーヤのにおいが漂っていた。谷の方から、ひんやりしたそよ風が吹いている。日中のうだるような暑さが去り、風が心地よかった。私は部屋へ戻り、日誌を書いた。

真夜中に、テオドロがドアをノックした。ドアを開けると、彼は4本の金歯を光らせてほほ笑んだ。旅の間、男女を問わず、金歯を入れた人をよく見かけた。古代マヤでは金歯は富の象徴だったが、それは今日も同様のようだ。だが、村一番の金持ちは、おそらく歯医者だろう。

「ついてきてください」とテオドロは言った。彼はランタンと懐中電灯を携帯していた。腰にはマチェートが下がっている。少し歩くと町から出て、遺跡へ続く道になる。夜になると辺りは真っ暗だ。町から遠ざかるにつれて、夜は騒々しくなっていった。夜行性の鳥が木々の間をバタバタと飛びまわり、ジャングルの底から聞こえるブンブンという虫の声が夜の空気に共鳴し、薄気味悪さがつのる。テオドロは隠れた通り道を先導していく。私たちはジャングルの茂みの中の通り道を、かがんだり這ったりしながら進んでいった。ジャングルの奥に入ると、道が開けた。テオドロは立ち止まってランタンを灯し、私に懐中電灯を手渡した。道は狭い。川から流れてくる水音が低く聞こえる。スティーブンズとキャザウッドも、ガイドがマチェートで切り開く道を進みながら川の浅瀬を渡ったことを思い出したが、そのとき何かが私の頬をかすったために、2人組の冒険家のことは頭から飛んでしまった。突然、左手に2つの赤い目が輝いているのが目に入った。テオドロが「ジャガー(バラン)だ」とささやいた。近づいていくと、ジャガーは身を翻して森の中へ消えた。テオドロは、ジャガーとの遭遇はめったにないことで、吉兆だと言った。

暗闇の中、前方にかすかな光が見えた。近づいていくと、それは紫色に輝く光だった。最初は誰かが前にいるのかと思ったが、その光はいくつかの小さな光の球に分かれていったので、ランタンではない。

「あの光が祖先です」。テオドロが周囲を見まわしながらスペイン語でささやいた。私は故郷の儀式に現れた正体不明の光のことを考えていた。老人たちは、あの光は祖先の霊だと言っていた。

テオドロは、私たちの他に誰もいないことを確認すると、私を先導して、広場の中央にある神殿の階段を上っていった。そこは漆黒の闇だった。彼はランタンの灯りを消すと、階段に座ってくつろぐように後ろにもたれた。

「ここで待ちましょう」と彼は小さな声で言った。私も同じように後ろにもたれ、天を見上げた。

頭上には、4分の1ほど欠けた月が浮かんでいる。日中の耐えがたい白熱が神秘的な暗黒に姿を変え、その中に何百万もの小さな星がまたたいていた。このきらめく宝石の下に、夜の動物たちが生息している。空ではコウモリが空を旋回したり、急降下したりし、その下には名も知らぬ生き物たちが、古代の建物の間をチョロチョロと動きまわっている。それから3時間ほど、2人とも黙ったまま座っていた。

ついに…祖先が空からやって来た

私がうとうとしていたとき、それは起こった。「来ましたよ」とテオドロがささやいた。そして、私は見た。小さな光の球が、古代の広場のあちこちでチラチラまたたき、前へ後ろへと楽しげにダンスを踊っている。目の前で繰り広げられる光景にくぎづけになって座っていると、楽しげなダンスの輪から抜け出した1つの光が、私の前にやって来た。他の光は、テオドロの後ろで編隊を組んで浮かんでいる。光の球たちは少しの間そこに留まり、そして夜の闇に姿を消した。「あなたはわれわれの仲間だ」とテオドロが言った。

私は口もきけずに座って、たった今見たばかりの光景のことを考えていた。ぼんやりと考えに沈んでいる間に夜が明け、朝の光が広場に降りそそいだ。すると突然、頭上に大きな円形の、車輪のような宇宙船が回転しながら現れた。言葉を発することもできずに見ていると、車輪状の物体は回転しながら東の空へ消えていき、そこへサフラン色のコロナに包まれた太陽が昇ってきた。私は目を細めて太陽の方向を見やったが、もう宇宙船の姿はなかった。朝霧が晴れ、古代都市が姿を現した。だが、回転しながら飛んでいた車輪状の物体は、すでに跡形もなかった。光の球が現れた地点の上空に留まっていたのは、ほんの一瞬にすぎなかった。テオドロの方を見ると、彼はもう帰ろうと言った。私はひたすら彼の後に従い、ジャングルの中を来た道をたどって戻った。気持ちはたかぶっていて、さっき目の前で起こったことが信じられない思いだった。

「テオドロ、あなたも宇宙船を、UFOを見た？」と私は尋ねた。

「ええ。祖先が空からやって来ましたね。もうずいぶん長い間来ていなかったんですよ。あなたには祖先を呼び戻すパワーがあると、司祭は言っていました」

「テオドロ、私にはパワーなんてないわ。ただの大学教授よ」

「司祭は、あなたの訪問によってバランスが回復すると言っていました。北から女性がやって来る。私心がなく、親切で善良な女性だと。まさしくあなたのことです」

「シャーマンが予言した女性が私だなんて、とても思えないわ」と私は言った。

「いいえ、あなたです。そうでなければ、祖先がやって来るはずがありません」

テオドロは私に、真夜中にもう一度遺跡に行ってみたいかと尋ねた。私があと1時間でこの町を離れると告げると、彼は驚いた顔をした。私は、運転手が迎えに来るのだと説明した。コパン遺跡に帰りつくと、テオドロは頭を下げ、私の手を握って言った。「ありがとう、セニョーラ。あなたのおかげで祖先が戻ってきました。これで私の村はふたたび栄えるでしょう」

私は1人でホテルに戻った。すでに暑くなっていた。太陽が怪獣になり、空を飲みこもうとしているところを想像した。空には雲1つなく、照りつける日差しに体中の汗腺から汗が噴き出した。

部屋に閉じこもり、シャワーを浴びて、先ほど見たことを書き留めておきたかったが、ホテルに着くと、ホアキンが近づいてきた。黒のジャケットにカウボーイハットを身に着けた彼が上着の前を開けると、モンタナ州立大学のボブキャットのTシャツが現れた。

「あなたに敬意を表して、これを着てきました、セニョーラ」と彼は言った。「モンタナのジョニーのことをお話ししたのを覚えていますか？　彼は帰るとき、服を地元の人々に与えたと言いましたね。僕にはこのTシャツをくれたんです。あなたはモンタナ大学から来られたと伺っていたので、これを着てきました」。私は訂正しなかった。モンタナ州立大学をモンタナ大学と言われるのはこれが初めてではない。アメフトチームのキャッツとグリズリーズは認めないだろうが、この2つの大学は州外ではしょっちゅう混同される（モンタナ大学のフットボールチームの名称がグリズリーズで、モンタナ州立大学がキャッツ）。

「私の家にも似たようなTシャツがあるわ」。ホテルのフロントの前を通りながら、私は言った。

「ところで、セニョーラ、あなたの運転手が待っていますよ」。彼は白いカウボーイハットとジーンズを身に着けた男性に、こっちへ来いと身ぶりで示した。運転手は、これまで見たことがないほど白い歯を見せて、にっこりほほ笑んだ。まっすぐな黒い髪が、糊のきいた白い半袖シャツの襟にかかっている。紹介されると、彼は軽く頭を下げた。シナモンのにおいがした。「マテオ・ウェルタ・リオスです。彼はホンジュラスとグアテマラで最高の運転手兼ガイドです。僕は彼なら安心して妹を任せられます。母だって任せます。グアテマラでは、あなたの面倒をよく見てくれるでしょう。実を言うと、彼はホンジュラス生まれなんですが、今はグアテマラに住んでいます。完璧な英語を話しますし、とても賢明です。ドクトーラ、あなたと同じように」。私は手を差し伸べ、今後２週間私のガイド、教師、運転手を務めてくれる男性に挨拶した。彼もＥメールと電話で前もって選んでいた。

「お会いできてうれしいわ、マテオ」。そう言うと、彼は軽くおじぎをした。想像していた人とは感じが違う。耳の辺りに白髪が混じっていることを除けば、彼はうんと若く見えるが、考古学と歴史学で修士号を取得しており、ジョン・Ｆ・ケネディが大統領に選出された年に生まれたという。修士号を持っているため、グアテマラで中学校の校長と教師の職に就いている。夏の間と休日は、副収入を得るために旅行客の運転手をしているのだ。すでに結婚している２人の子供と、まだ大学生の２人の子供がいて、今年じゅうに孫が生まれるらしい。白いカウボーイハットとウェスタンブーツを身に着けていて、身長は１８０センチ近くある。肩幅が広いため、白い半袖シャツにしわが寄って、インテリというより現役のカウボーイに見えた。私が彼を選んだのは、スティーブンズとキャザウッド、それに彼らのグアテマラとホンジュラスへの旅に関する知識があることと、何度もＵＦＯとの遭遇体験があるからだ。電話で話したあと、何度かＥメールのやりとりをして、彼が私の探検にとって最高の運転手だと判断した。彼は私の同伴者になることを、大変喜んでいた。

「大変光栄に思っています、ドクトーラ」

私はちょっと失礼して、急いで自分の部屋へ行き、最後まで残していた荷物をまとめた。もう一度部屋を見まわして確認すると、荷物を押してホテルのフロントへ向かった。そして、手元に残ったレンピラ紙幣（ホンジュラスの通貨）にアメリカドル20ドルを足して封筒に入れ、客室係に渡してくれるよう頼んだ。マテオのあとを追って車に乗ろうと振り向くと、ホアキンが腕を差し伸べてきて、私を自分に引き寄せ、両頬にキスをした。

「今度来られるとき、あなたは最高の待遇を受けることになるでしょう」

「ありがとう、ホアキン。きっと来させていただくわ」。もう一度辺りを見まわすと、客室係が大きなヤシの木の陰に半分身を隠してこちらを見ているのが目に入った。彼女は私を見てうなずき、ほほ笑んだ。私は手を振った。ホテルを出ると、道の向かいの建物の入り口にテオドロが立っていた。私はちょっと立ち止まり、それから車に乗りこんだ。車が出発すると、テオドロは「あなたは私たちの仲間です」とスペイン語で叫んだ。私はレバーを回して窓を開け、「いろいろありがとう」とスペイン語で呼びかけた。彼に届いたようだ。私は近いうちにこの町に戻ってこようと思った。

町の境界線を越えると、マテオは軽い調子で、「昨夜ＵＦＯを見ましたか、セニョーラ」と尋ねた。「今朝テレビでＵＦＯが現れたと言っていましたよ。上空に現れて、コパンの方角へ消えていったそうです」

私はマテオの質問には答えなかった。コパンでテオドロとともに味わった遭遇体験の余韻に浸っていたかった。そのときは、ＵＦＯに対する自分の考えは、胸の内に秘めておいた方がいいと思っ

たのだ。だが後に、私はその判断を後悔することになる。

第3部

2016年、マヤ人たちを導いたスカイピープルがふたたび地球に戻ってくる!?

～グアテマラ、インタビュー編～

グアテマラ共和国

面積	10万8889平方キロメートル（北海道と四国を合わせた広さよりやや大きい）
人口	約1547万人（2013年　世界銀行）
首都	グアテマラシティ
民族	マヤ系先住民46％、メスティーソ（欧州系と先住民の混血）・欧州系30％、その他（ガリフナ族、シンカ族等）24％（2011年国立統計院〈推計〉）
言語	スペイン語（公用語）、その他に22のマヤ系言語他あり。
宗教	カトリック、プロテスタント等（信教の自由を憲法上保障）

（外務省ホームページより）

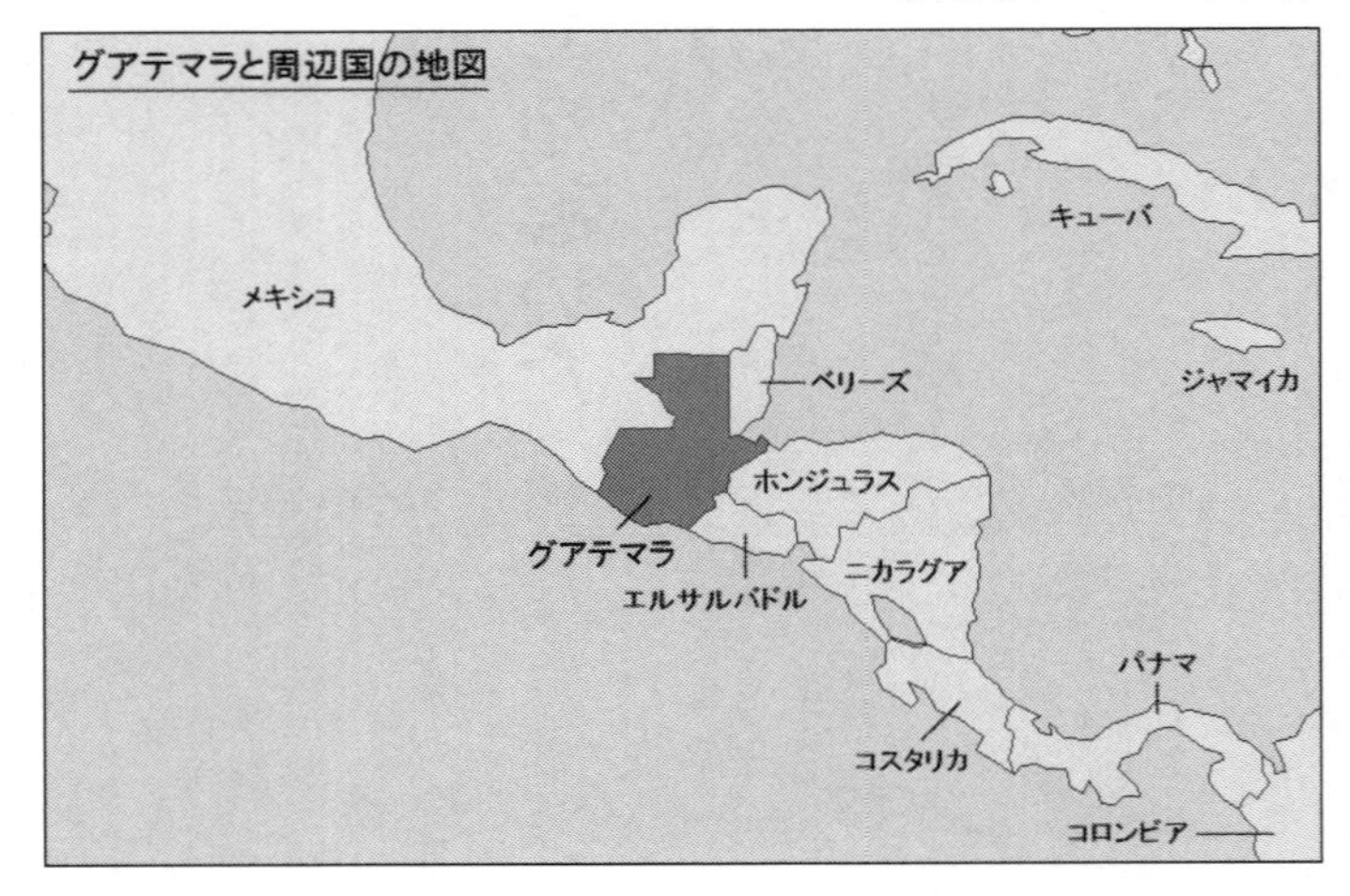

他では聞けない、グアテマラで集めた驚きの体験談

スティーブンズがグアテマラシティで政府の役人を探している間、キャザウッドは3週間コパン遺跡で絵を描いて過ごしたが、その後マラリア原虫を運ぶ蚊の餌食（えじき）になる。病気が快方に向かった短い期間に、彼はスティーブンズと合流するため、グアテマラシティに向けて出発した。その途中、キャザウッドは1人の男と出会い、キリグアと呼ばれる場所の森の中に遺跡があることを知る。病身ではあったが、キャザウッドは矢も楯もたまらず、その謎めいた都市に向けて出発した。そこにはマヤ人が建立した中で最大の石碑（ステラ）があり、彼は2本のステラの絵が完成するまで滞在した。そして1839年のクリスマスにグアテマラシティに到着し、スティーブンズと再会する。

その後数週間、2人は森林に覆われた山中を旅して回り、小さな村に立ち寄っては遺跡について尋ねた。私はコパンを発ってから、運転手のマテオと共に、スティーブンズとキャザウッドの跡をたどって旅を続けた。バディの場合と同様、マテオともEメールや電話でインタビューを重ねてから契約を交わした。私たちはグアテマラシティを基点に、スティーブンズとキャザウッドの足跡をたどり、2人が訪れた小さな村に立ち寄りながら、彼らがめざした遺跡を探した。2人のマヤ探検家にとっては苦難の旅だったが、私にとってこの旅は、きわめて快適で楽しいものとなった。2週間近くにわたって古代遺跡を訪れ、UFOとの遭遇体験談を集めてから、メキシコ国境へと向かい、

チチカステナンゴという村で1泊した。

翌日も私たちは旅を続け、マヤの大都市ケツァルテナンゴに到着した。キャザウッドはこの都市にひどく心を惹かれ、この都市の全景をパノラマ式の水彩画で描いている。ケツァルテナンゴを出たあとウェウェテナンゴに向かい、そこで1泊した。そして、私をメキシコへ連れていってくれる運転手、エミリアーノと出会った。マテオは「旅行客」をメキシコへガイドする免許を持っていなかったので、私を車でメキシコへ連れていけるエミリアーノと契約したのだ。1日遅れで到着した私は、自分の選択は間違っていたのではないかと思った。彼が自己紹介したときも、私の不安は晴れなかった。それでも、サン・クリストバル・デ・ラス・カサスまでドライブしているうちに、彼が楽しい道連れであることがわかった。

翌日、私はマテオに別れを告げ、新しい運転手のエミリアーノと共にラ・メシヤで国境を越え、メキシコに入った。ラ・メシヤはスティーブンズの時代の国境の町とはまったく様相を異にしていた。そこには何百という掘立小屋が立ち並び、道沿いを先住民が品物を行商して歩いていた。通りはごみだらけで、人と車が行き交っている。まったく気の滅入るような光景で、忘れようにも忘れられない。スティーブンズはより直線的なルートをとってメキシコに入り、3000メートルを超える山岳地帯を通ってコミタンの町に着き、そこからパレンケに向かった。それに対し私は、あまり旅行者が取らないルートをとり、メキシコのサン・クリストバル・デ・ラス・カサスへ立ち寄った。そこでは、スカイピープルや異星人の話が多数報告されていた。私をサン・クリストバルまで送り届けると、エミリアーノはグアテマラに戻っていった。

グアテマラを離れたあとも、私は心の一部をそこに残してきた。ホンジュラスの人々は自分の遭遇体験を話すことにあまり積極的ではなかったが、グアテマラで出会った人々は、不安を持ちながらも自分の体験を話してくれた。グアテマラでは、運転手のマテオが私同様ＵＦＯに関心を持っていて、体験を話してくれる人々と引き合わせてくれた。第３部に収めた話には、その中で最も印象に残るものを取り上げている。

証言⑪ 宇宙から悪魔が遣わした男たちがやって来た!

宗教の面では、メソアメリカは数世紀前から今日まで、ローマカトリック教が支配している。その次に大きな勢力を持っているのはプロテスタントである。この100年の間にキリスト教徒が増えたが、その要因としては、とくにペンテコステ派の影響が大きい。メソアメリカの先住民がペンテコステ派に惹かれるのは、ペンテコステ派のスピリチュアルな癒しと先住民の伝統的な心霊治療との間に、神の要素と実体による救済を思い起こさせる共通性があるかからではないかと考えられている。今日のカトリック教会は、昔と比べるとマヤ族の霊的な慣習に対してかなり寛容になっているが、ペンテコステ派の信仰による癒しと迷信への依存は、マヤの人々の精神に浸透しつつある。

ここでは、ペンテコステ派の影響を受けて、人生と世界観が大きく変化した若者が登場する。

(註:ペンテコステ派ではすべての信者は信者になった後、預言、癒しなどの神の賜物を受けるとされている)

宇宙船の出現がテレビでも報道されていた⁉

私とマテオは、グアテマラに到着した翌朝6時、朝食をとるためにホテルのロビーで待ち合わせた。前日午後の遅い時間にグアテマラシティに着き、6室だけの小さなブティックホテルにチェックインした。予約はマテオが入れてくれていた。あとで知ったことだが、このホテルのオーナーは彼の兄ヘルナンドだった。到着が遅れて、私はホテルの様子を見る余裕がなかった。部屋で早めの夕食をとり、支配人言うところの「グアテマラで最も大きなバスタブ」付きの豪華な風呂に入ると、数分のうちに眠りに落ちた。翌朝朝食のテーブルに着いて、私は前夜気づかなかったホテルの素晴らしさに目をみはった。

ホテルは繊細で壮麗な、コロニアル様式の優雅さにあふれていた。見晴らしの良いテラス、ブーゲンビリアに覆われたベランダ、グアテマラの手織りの布がかかったテーブルの上には生花が飾られ、目を楽しませてくれる。4人のウエーターが私たちのテーブルにやって来た。1人目の若者がうやうやしくリネンのナプキンを膝にかけてくれ、2人目は私の前に水のボトルを置くと、おじぎをしてテーブルから下がった。3人目のウエーターが持ってきたバターを見ると、小さなニワトリの形になっていた。4人目はコーヒーのポットをテーブルの上に置いた。

「朝食も、昼食も、夕食も、あなたが召し上がりたいものを料理してお出しします」とマテオ。

「ここにはメニューはありません。ホテル側は、特別なお客様の要望に応えることに誇りを持っています。ゲストが望むどんな料理でも作る用意ができているのです」。そう言って、私がバッグからノートを取り出している間に、2つのカップにコーヒーを注ぎ、1つを私に回してくれた。「私たちにとって、食事は1つの体験なのです。ですから、時間は問題ではありません。要望に合わせて料理を作ると時間はかかりますが、結果は楽しめるものになります。ゲストは美味しい食事と楽しい交流の時間を過ごすことができるのです」

私はノートを脇へよけてからマテオをちらりと見て、グアテマラ・コーヒーをブラックのままひと口飲んだ。そのとき、私はまだ前夜の疲れを引きずっていて、何を食べたいか議論する気になれなかった。私は今後の旅程について相談したかったので、ブラックコーヒー、トースト、それにフルーツがあれば十分だったのだ。マテオは私の無関心に気づいたようだ。私に注意を向けて、「昨夜はよくお休みになれましたか、ドクトーラ」と尋ねた。

「ベッドは快適だったし、ホテルは静かだったわ。でも、まだ疲れが残っているの」

「昨夜お部屋に電話したのですが、お出になりませんでした。ずいぶんお疲れだったのでしょう。昨夜ホテルでは、いろんな出来事がありました」

「何があったの?」

「何人もの客とホテルの従業員が、UFOを見たのです」

「あなたも見たの?」と私は尋ねた。マテオはうなずいた。

電話に出なかったことが悔やまれて言葉も出ないでいると、マテオは続けて言った。「信じられないような光景でした。UFOがホテルの上空に2、3分浮かんでいて、それから西の方角へ消えていったのです。彼は急いでホテルへ戻り、バーにいた人々に話しました。ただちに全員が外に出ました」

「なんてことでしょう、私が見逃すなんて。疲れていたのよ。昨日の朝、あなたが迎えに来てくれたとき、私は徹夜明けだったの。前の夜友人がコパン遺跡へ連れていってくれて。あなたが来てくれたときは、ちょうど帰ってきたところだったの」

「おとといの夜、UFOが目撃されたと報道されていました」とマテオ。彼は話を中断し、コーヒーをひと口飲んだ。「コパンでUFOを見ましたかと私が尋ねたのを覚えていますか」。私はうなずいた。「昨夜現れたのは、その前夜にテレビで報道されたのと同じ宇宙船だと思います」

「どんな宇宙船だった?」と私は尋ねた。

「円形で、明るく輝く車輪のようでした。ホテルの上空でホバリングしていたのです。建物全体を覆うくらい大きかったです。おそらく、円周は15メートルぐらいあったでしょう。町が丸ごと1つ浮かんでいるようでした。少し傾いたとき、飛行船の片側に半透明の部分があり、そこに人間の姿をしたものが見えたと目撃者たちは言っています。私は見ていないのですが。宇宙船のまわりを青い光が旋回していたそうです」

「窓は見えたの?」

「窓ですか？　わかりません。半透明の部分が３カ所ほどありましたが、あれは窓だったのかどうか。ただ、くぼんでいる箇所があって、そこから明かりがもれていました。青い光は、地球にはない青い輝きを放っていました。回転速度が上がるにつれて光は変化し、オレンジ色になりました。東の空へ去っていくときは赤くなりました」。若いマヤ人のウエーターが来て、注文をとった。ウエーターが部屋を出ていくと、マテオは半分に減った私のカップにコーヒーを注ぎ足した。「昨夜UFOを見たのはあの若者です。宇宙船に連れていかれたと言っています」。私はカップを置き、ウエーターが去っていった方向を見た。

「本当？」と私は尋ねた。マテオはうなずいて、ほほ笑んだ。「驚いたわ！　コパンにいたとき、夜に古代都市へ行って、UFOを見たのよ。回転する車輪みたいだった。最初は、夢を見ているのかと思ったわ。あなたが言ったのと同じくらいの大きさだったわ。連れの男性を見たら、トランス状態に入っているみたいだった。それで私は自分の体をつねってから、もう一度宇宙船を見たの。そのとき、私は完全に目覚めている、間違いなく宇宙船を見ているのだと思ったわ」。私はそこでいったん話を止め、マテオの反応をうかがったが、彼は何も言わない。「何か言ってちょうだい」と私は促した。

「あなたのおっしゃることは信じますよ」とマテオは言った。「私もコパンで同じような体験をしています」

「どうやら、あなたの体験を先に話してもらった方がよさそうね」と私は言った。

「まだ何日もありますよ、ドクトーラ。これからおたがい親しくなるにつれて、いろんなことをお話しすることになるでしょう」

「あのウエーターは遭遇体験を私に話してくれるかしら」

「頼んでみますよ」。見ると、あの若いウエーターがカートを押しながら私たちのテーブルに近づいてきていた。ドーム型のふたがかぶせてある皿を慎重に私たちの前に置く。それから、テーブルの中央にオレンジ、バナナ、マンゴーが入ったボウルを置き、コーヒーのポットを新しいものを交換した。

宇宙人はイエス・キリストだった⁉

「エドアルド、ドクトーラがきみのUFO遭遇体験をお聞きになりたいそうだ」。若者はちらりと私を見たが、すぐに顔をそらした。「ここに座って、昨夜見たことを話してくれないか」とマテオ。ウエーターはそわそわと落ち着かない様子でキッチンの方を見た。「心配いらないよ。ヘルナンドには、こちらからきみに話してくれと頼んだと言っておくから」。そう言うと、マテオは手を伸ばして、彼のそばに椅子を引き寄せた。「さあ、座りなさい。朝食は食べたかい?」とマテオ。エドアルドはうなずき、不安げに両手をズボンでこすった。「そうか」。マテオは自分の皿の前に置いてあるしぼりたてのオレンジジュースを手に取ると、エドアルドの前に置いた。「さあ、ドクトーラに、今朝私に話してくれたことを話してあげてくれ。ゆっくりでいいからね」

「昨日の夜、僕はホテルから家に向かって歩いていました。ここから2キロほど離れたところに住んでいるんです」

「それは何時ごろでしたか」と私は尋ねた。

「かなり遅かったです。僕はバーが閉まるまで働いていました。それからグラスを全部洗い、お客が帰ったあとの片づけをしました」

「エドアルドはお母さんと一緒に暮らしていて、ホテルが忙しいときはここに泊まるんです」とマテオが説明した。「ホテル側は彼のために1部屋取っていますが、満室のときはその部屋にも客を入れるので、彼はお母さんの家に帰るのです。昨夜もそうでした」

「どこでUFOを見たのですか」と私は尋ねた。

「最初はホテルの上空に浮かんでいるのを見ました。お客様のテーブルに飲み物を運んで、バーテンダーに通す注文をとっていたら、ホセ（別のウエーター）がやって来て、外にUFOが来ていると言ったんです。あっという間に、バーは空っぽになりました」。そう言って、マテオを見た。「あなたもそこにいらっしゃったでしょう。何が起こったか、ご存じですね」。マテオはうなずいた。

「ああ。でもセニョーラはご存じない。きみが見たことを話してくれないか」

「仕事を終えて、僕は家に向かいました。夜空はくっきりと晴れわたっていました。突然、西の空から宇宙船がやって来たんです。オレンジ色の大きな物体で、自転車の車輪のような形でした。ぐるぐると回転していました。僕に催眠術をかけたんだと思います。最初は町から離れようとしているのだと思いました。ところが、宇宙船は母の家の上空に留まっているのです。僕は母が心配になり、家に向かって駆け出しました。ちょうど曲がり角を曲がったとき、僕はそれを見、それは僕を見たんです」。そこで彼は話を中断し、オレンジジュースを飲んだ。マテオがねぎらうようにその肩に手を置いた。

「その調子でいいよ。続けてくれ」とマテオが励ますように言った。

「宇宙船の下から、鮮やかな青い光が発せられていました。それは美しい光景で、僕はとても幸せな気持ちになりました。この訪問者を、何も怖がることはないと思ったんです。奇妙な気分でした。ホテルを出たときはとても疲れていたのに、そのときはまったく疲れを感じなくて、頭もはっきりしていました。まるで何時間もぐっすり眠ったあとみたいに。彼らは僕に、おとなしくしていろと告げました」

「どうやって告げたのですか。話しかけたのですか」。私は彼の話をさえぎって尋ねた。

「彼らの声が聞こえたような気がするのですが、よくわかりません。でも、すぐにまた不安になりました。そのとき、青い光が白に変わり、僕は恐ろしくなりました。動くことができないのです。体が凍りついたように動きませんでした。すると、地面から足が離れたんです。足をバタつかせ、腕を振り回しましたが、強力な力が僕を上空へ引き上げました。どうすることもできませんでした」

「光がUFOから出ていると気づいていましたか」と私は尋ねた。

「最初はわかりませんでした。青い光を見たときは、『イエスの奇跡』だと思いました」

「『イエスの奇跡』ですって?」と私は言った。

「はい。これまでに『イエスの奇跡』がいくつも起こっているんです。僕の村では、たくさんの人が体験しています」とエドアルド。私は説明を求めて、マテオを見た。

「『イエスの奇跡』は、原理主義的な宗教運動の結果として、この地域で起こってきました。ペンテコステ派の牧師がこの地域に移り住んできたのです。その後、地元のカトリック教会の司祭にとって残念なことに、地元育ちの福音伝道者のグループが、地元民を福音派のキリスト教に転向させていきました。彼らは合衆国のテレビに出てくる伝道者のような、まがいもののヒーラーで、『イエスの奇跡』について語るのです。彼らは、手を使って癒しができると言います。地元民は無学で迷信を信じやすく、神が奇跡と癒しを行うことができると信じたがっているのです」

「でも、ほとんどの人はカトリック教徒でしょう?」と私は言った。

「それは、福音伝道師のグループが地元民に接触する以前のことです。彼らは食品の見本や料理を並べ、地元民が料理を食べに行くと、そこで『イエスの奇跡』のような異なったキリストの教えを吹きこむのです。あなたや私ならばかげたことだと思いますが、信心深くて無学なここら辺の村の人々にとっては、この新しい宗教が人生に大きな影響をおよぼすようになったのです。ときには安らぎを与えることもあり、それを奇跡と呼ぶ者がいます。それに、ペンテコステ派の信者になると、カトリック教徒でいるより安くつきます。ミサのたびにお金を払わなくてすみますから。伝道師に何かしてもらったときだけ、お金を払えばいいのです」

「では、エドアルド、光が白に変わったあと、何が起こったか話してくれますか」と私は尋ねた。

「僕は宇宙船に連れていかれたんです。彼らは宇宙船の中を案内してくれて、自分たちはマヤ人を愛していると言いました。僕が選ばれたのは、マヤ人としての地位のためだそうです。よその星から伝えられた知識は、マヤのヒエログリフの中に隠されていますが、正確には解読されていないそうです。それで、マヤ人の男を選んで、世界に知識を教えようと決意したそうです」

「きみは自分が選ばれたのだと思っているのかい？」とマテオが尋ねた。

「僕はメッセンジャーだと言ってました。地球は変化の時を迎えていて、まもなく新しい世界が始まるだろう。もうすぐ戦争が起こり、地球は揺れるだろう。地球が燃えるので、人々は飢えるだろう。今は4番目の世界だが、もうすぐ5番目の世界が始まる。もう止める時期は過ぎてしまったと。僕の務めは、人々に準備をするよう伝えることだと言うのです。まず馬に乗った4人の男が現れる。白、赤、黒、黄色の馬だ。それは世界の4つの色と、世界の人々の色である。この男たちが現れたとき、4番目の世界は終わりを迎え、5番目の世界が始まるのだと」

私はマテオを見た。彼が私と同じことを考えていたかどうかわからないが、私にはエドアルドが異星人の言葉と聖書の啓示を混同したように思えた。

「異星人は馬に乗った4人の男のことを話したのですね」と私は尋ねた。

「はい。他にもいろいろ話しました」とエドアルドは答えた。

「他にどんなことを話したのですか」

「覚えていません。頭がぼんやりしてしまって。他の人にこのことを知られたくないのです。母親に話したら、呪いをかけられたんだと言いました。ペンテコステ派の伝道師が僕の頭にたわごとを詰めこんだのだと。母はペンテコステ派は悪魔で、スカイマンではないと言うのです」

「スカイマンはどんな姿をしていましたか」と私は尋ねた。

「僕より小さかったです」。エドアルドは腕を120センチぐらいの高さに上げた。「白いスーツを着て、仮面をつけていました」

「仮面をつけていたとは、どういうことでしょう」

「頭にはヘルメットをかぶっていました。バイクに乗るときにかぶるようなやつです。でも、顔には大きなゴーグルがついた仮面をつけていました。顔は隠していたので、どんな顔をしていたのかわかりません。もし顔が見えていたら、もっと恐ろしかったと思います」

「悪魔に呪いをかけられたから宇宙人が見えるのです」

「彼らは恐かったですか」

「はい」

「エドアルド、きみは村の『神の教会』へ行ったことがあるのか?」とマテオが尋ねた。

「はい」

「彼らはUFOについて何か言ってたかい?」

「村ではUFOが何度も目撃されています。神父は、UFOは悪魔が遣わしたものだと言っていました。僕たちを惑わすためにやって来るんだと」

「異星人に連れていかれたのは、今回が初めてですか」と私は尋ねた。

「はい」

「宇宙船について、もっと話してくれますか」

「宇宙船は2つ来ていました。大きい方は自転車のタイヤのような丸い形をしていました。中心は空洞になっていて、クルクル回転していました。小さい方は円盤型で、大きい方から出てきました」。彼は私の空のコーヒーカップを持ち上げ、ソーサーの上に逆さまに置いた。「こんな形です」

「宇宙船に、異星人は何人乗っていましたか」と私は尋ねた。

「小柄なのが3人と、背の高いのが1人いて、背の高い方は小柄なやつとは別の種族のようでした。でも、他にもっといたと思います」。マテオがエドアルドにマヤ語で何か話しかけ、エドアルドが答えた。「他の部屋に通じる通路がありました。宇宙船の中は、このホテルのロビーほどの大きさで、背の高い方は、足に車輪がついているように、部屋の中をすいすいと移動していました。すごく痩(や)せていて、髪の毛は白くて細かったです。笑いもしなければ、顔をしかめることもありませんでしたし、僕を見もしませんでした。ずっと道具のようなものを使って、何かしていました。何をしていたのかはわかりません」

「異星人に拉致されたことで、他に何か覚えていることはありませんか」と私は尋ねた。

「彼らはまた来ると言いました。僕を迎えに来ると。母親は、悪魔が僕に呪いをかけたと思っています。僕は村の人たちに、悪魔に呪いをかけられたとか、取りつかれたとか思われたくないのです」

「きみは悪魔に取りつかれてなんかいないよ」とマテオは言い、若者の肩に腕を回した。「それに、確信を持って言えるが、UFOはよその星からやって来た訪問者だ。悪魔じゃない。だから、心配しなくていい。『神の教会』の神父が間違ってるんだ。神父の言うことを信じちゃだめだ。いいかい、カトリックの教会へ戻りなさい。パブロ司祭が助けてくださるだろう」。エドアルドは気まずそうにマテオを見た。

「パブロ司祭に合わす顔がありません」とエドアルド。

「私が司祭のところへ連れていってあげるよ。何も心配しなくていい。パブロ司祭はいい方だ。きみの相談にのってくださるだろう」

「そうすれば、母も喜びます」。私はエドアルドのほっとした顔を初めて見た。「エドアルドをパブロ司祭のところへ連れていっていいでしょうか、ドクトーラ」とマテオが尋ねた。

「もちろんよ」。私は朝食用のオレンジを取ってバッグに入れると、マテオと一緒に歩き出した。

車まで歩いていく途中、マテオはホテルのフロントデスクの前で立ち止まると、兄のヘルナンドに伝言を頼んだ。「エドアルドをパブロ司祭のところへ連れていくと伝えてくれ。エドアルドは2、3時間で戻ってくる」

私たちは駐車場へ歩いていった。車に乗りこむ前に、私はホテルを振り返った。ホテルの上空にUFOが浮かんでいたら、さぞ壮観だったことだろう。今夜はUFOの出現に備えて、しっかり目を覚ましておかなければ。交代で起きていようとマテオを説得できれば、さらにいいのだが。

証言⑫ スカイピープルが使う「宇宙の星座マップ」の存在が明らかになった!

南北アメリカ大陸の先住民によって行われてきた天文学は、さまざまな言語集団や文化集団の持つ伝統や伝説が大きく異なるため、とても簡単に説明することはできないが、明らかなのは、チャコ・キャニオンのアナサジ族、ニューメキシコ州のプエブロ族、カリフォルニア州のチュマシュ族(すべてアメリカ合衆国)や、ペルーのインカ人、そして、とりわけメソアメリカのマヤ人は、星々に関するとてつもなく深い知識を持ち、星図を所有していたということだ。

コロンブスが航海に出発した時代、地球は平らであるというのが一般的な認識だったが、マヤ人は地球が丸いことを知っていた。また、西洋の天文学者よりずっと早くから、金星、天王星、海王星の存在に気づいていた。

ここでは、マヤ人の長老が登場する。彼は私に、彼の民族をグアテマラへ導いた星図について話してくれた。

スカイピープルが地球に戻ってくる！

私は運転手のマテオを通して彼に会った。マテオの古い友人で、村の若者に進んで自分の知識を教えているという。背が低く、痩せているが、とても元気だ。はき古したジーンズとぼろぼろの黒いTシャツを身に着け、サンダルを履き、つばの広い麦わら帽子をかぶっている。その手は、おそらく重労働と関節炎のために節くれだち、傷だらけで、左手の親指が欠けていた。彼は尊敬され、称えられている。その人生の基盤を物質的財産ではなく、彼が受け継ぎ、次の世代へ伝えようとしている知識に置いているのだ。彼は私に、これまでマチェート以外の武器は手にしたことがないと言った。警察や軍部に呼び止められても、無害な人間に見えるようにということらしい。私とマテオは、マテオの従兄弟のサルバドールが経営する町はずれの小さなオープンカフェで、コーヒーを飲みながら彼と話をした。サルバドールは住居のテラスを改装して、アウトドアのレストランを開いていた。

「大昔の物語によると、マヤ人はスカイピープルに導かれてこの地にやって来たそうだ」と長老は言った。「だが、マヤの人々は、この話を侵略者には教えなかった」。彼はラミロと名乗った。しかし、夜が更けるころには、正体を隠すためにこの名前を選んだことを認めた。「部外者にわれわれの知恵を教えるべきではないと考える人もおる。でも、あんたはインディオだ。だから、わしは話した。あんたもこの話を他の人に伝えればいい。われわれの起源を、そして、地球のすべての人々の起源を知る人が増えれば増えるほど、スカイピープルが戻ってきたとき、準備を整えていられるだろう。とは言っても、わしはやっぱりラミロと名乗らせてもらうぞ」。彼は話を中断すると、グアテマラ・コーヒーをひと口飲み、マテオにスイート・ロール（ナッツやレーズンが入った甘いパン）を所望した。マテオはカウンターに置かれていたパンを1つ取り、長老のところへ持ってきた。

「マテオから聞いたが、あんたはそのうちマヤでの探検を本に書くつもりだそうだな。わしの話も入れてもらってかまわんよ。伝えるべき話だからな」。彼がスイート・ロールを半分食べたのを見て、私は最初の質問をし、マテオが通訳するのを待った。

「あなたはどうして、スカイピープルがマヤ人の住む土地としてグアテマラを選んだと信じておられるのですか」

「スカイピープルはグアテマラと呼ばれるこの地を選んだのではない。われわれが最初にやって来たのは、侵略者がメキシコと呼ぶ地だ。だが、侵略者から逃れるためにグアテマラへやって来て、山岳地帯のジャングルへ隠れたんだ。古代マヤ人は自分たちをマヤブの子、または、選ばれた地の民と呼んだ。この土地には、われわれが生き残るために必要なものがすべてあった。気候は農耕をするために適していたし、食用にする動物や、身を守るための動物もいた。高度や地形も故郷とよく似ていた。われわれにとって、完璧な土地だった」

「つまり、グアテマラのジャングルの気候は、あなた方の故郷の星とよく似ていたということですね」と私は尋ねた。マテオが通訳すると、ラミロはうなずき、もうひとロスイート・ロールを食べた。

「ホンジュラスの長老から、マヤ人は、宇宙を旅するための星図を持っていたと聞きました。もしあなたも星図をお持ちなら、それについて話していただけないでしょうか」と私は尋ね、マテオが通訳するのを待った。

宇宙の星図がマヤ人を導いた

「そのとおりだ。わが民族は星図を持っていた。宇宙の地理に詳しかった」と彼は言った。「星図がわれわれを導いてくれた。それで、ここにたどり着くことができたのだ」

「星図はどうなったのですか」と私は尋ねた。

「侵略者(スパニアード)やカトリックの司祭たちが紛失したり、燃やしたり、破壊したりした。侵略者やその司祭たちは、宇宙やマヤ人の起源に関するわれわれの知識を恐れていた。われわれの知識は邪悪なもので、悪魔の所業だと拒絶したのだ。やつらは野蛮人で、マヤのような進化した文化を評価することも、理解することもできなかったのだ」。彼はここで言葉を切ると、マテオに伝統的なマヤ語方言で話しかけ、それからこう続けた。「人間はつねに、自分が理解できないものを破壊する。これはどこの世界でも同じだ」

「では、今はすべて失われてしまったのですか。それとも、過去の知識はいくらかは残っているのでしょうか」

「今でも、天へ捧げるチャントを唱えれば、スカイピープルに話しかけることができる。スカイピープルと話ができるマヤ人はまだいる。だが、これは古代の儀式で、グアテマラとメキシコにしか残っていない」

「言うまでもなく、マヤ人が偉大な天文学者だということは、考古学者や歴史学者などマヤ研究家の間では広く知られています。あなた方の宇宙に関する知識のうち、現代の天文学者によって証明されたものはありますか」

「われわれの伝説には、宇宙の誕生についての話もある。古代の知識の多くは、現代の天文学者によって証明されつつある」と彼は言った。

「マヤの若者たちはそうした物語を知っているのですか」と私は尋ねた。

「ごく少数だが、知っておる。古代のやり方を学ぶ賢明な若者を選んで教えるのだ。古いやり方を大切に守る若者は少ない。ばあさん連中は、本当に知りたいと願う者たちのために物語を守ってきた。メキシコのラカンドン族は、マヤの知識の真の保護者だ。ラカンドンの若者たちは老人の話をよく聞くが、その分われわれの子供たちより世間から切り離されておる」

「あなたが祈り、チャントを捧げたら、スカイピープルは今でもやって来ると信じておられますか」と私は尋ねた。

「スカイピープルは、信じる者のところへやって来る。スカイピープルがわれわれの人生に果たす役割をわしは知っている。だから、彼らはわしのところへやって来て、遠い宇宙へ連れていき、さまざまなことを教えてくれるのだ」

「どんなことを教えるのですか」と私は尋ねた。

「チャントを捧げ、聞く耳を持つ者に知識を伝えよと教える。この地球に、まもなく次々と悲しい出来事が起こる。そうすればスカイピープルはわれわれを思い出してやって来ると教える。われわれがチャントを唱えよ、チャントを唱えれば、彼らは聞きとめてくれるのだ」

「彼らから教えられたことで、とくに重要なことを1つ教えていただけますか」

「彼らはこう言っておる。ある日海の底で巨大な噴火口が開き、南北アメリカ大陸をつなぐ土地はすべて海底に引きずりこまれる。土地が沈みはじめても、この地域の住民はどこへ行けばいいか知らない。ただ水に飲みこまれていくだけだ。だがマヤ人は、スカイピープルが天に連れていくだろう」

「そんなことが起こると、信じておられるのですか」と私は尋ねた。

「まもなく起こるだろう。だが、人々は耳を貸そうとはしない。２０１２年は世界の終わりではなく、困難な時代の始まりなのだ。その後10年間は、地球の人々にとって大変な苦難の時代になるだろう。時間をとって空を見上げれば、天に兆候が出ているのがわかるのだが、ほとんどの人にはそんな暇はない。そして、兆候を見逃してしまう」

「あなた方が星の世界へ連れていかれて、この地が沈んだとします。破壊が終わったら、あなた方は地球に戻ってこられるのですか」と私は尋ねた。

「戻ってくる者もいるだろうが、それ以外は他の星へ行って、新しい世界を始めるだろう。スカイピープルはそう言っておった」とラミロは言った。

その夜遅く、ラミロは私を祈りの儀式に招待してくれた。マテオと私が村はずれの山の中へ分け入っていくと、ラミロの祈りの場所があった。台の上にトウモロコシの粒とボウルが置いてある。彼は天にチャントを捧げ、祖先に語りかけた。

その夜、私は宇宙へ旅をしたわけではないが、私もマヤの人々が言う宇宙(コスモス)の一部なのだと感じた。

証言 ⑬ 異星人はヒッチハイカーのフリをして人をさらう？

グアテマラには、最も驚くべきＵＦＯ遭遇体験の記録がいくつか残っている。特筆すべきは、その目撃話のバラエティの豊富さで、単なる空飛ぶ物体の目撃から、拉致（アブダクション）、宇宙船の着陸、牛の虐殺（キャトル・ミューティレーション）、さらには奇妙な形の飛行船から現れた得体の知れない存在と接触（コンタクティ）した人の証言にまで及んでいる。

ここでは、ヒッチハイカーを車に乗せた４人の若者――３兄弟と１人のいとこ――の話を紹介する。なんと、ヒッチハイカーが異星人だったというのだ。

ヒッチハイカー風の宇宙人に騙された！

私はエリセオとハビエル、その弟のホセと、オープンカフェで会った。段取りをしてくれたのはマテオで、私を小さなレストランまで送ると、また話を聞けそうな相手を探しに行ってくれた。マテオから３人組の特徴は聞いていたので、ひと目でわかった。一卵性三つ子でも通りそうなくらいよく似ていた。背が低く、がっちりした体型で、髪は直毛で黒い。つねに笑みを浮かべていて、頬にえくぼができる。ノースリーブのTシャツからたくましい腕が出ていた。私が戸外のテーブルに近づいていくと、3人は立ち上がり、カウボーイハットを脱いで、ピクニック用みたいなテーブルの上にマチェートを置いた。私が椅子に座ると、ホセがカウンターへ行き、ボトル入りミネラルウォーターを4人分注文した。それぞれの横に古いライフル銃が置かれているのがいやでも目に入るが、この3人組と一緒にいると、なぜかリラックスできた。一瞬山岳ゲリラに囲まれたような錯覚に陥ったが、陽気で、笑いの絶えない様子を見ていると、そんな考えは吹き飛んでしまい、心がなごんできた。あらかじめマテオから、彼らは全員大学生で、完璧な英語を話すから大丈夫だと聞かされていた。

この面談を手配してくれたのは、長男のエリセオだった。

「僕らはグアテマラシティに住む姉の結婚披露宴から帰るところでした。僕と、ホセ、ハビエル、それにいとこのミゲルが一緒でした。僕たちは出席者全員が帰ったあと、会場を後にしました。姉が披露宴のために借りていた椅子やテーブルを返しに行く役目を引き受けていたんです。バンの後部座席に荷物を積みこんでいると、見知らぬ男が近づいてきて、車に乗せてくれないかと頼むんです。新郎側の客だと思い、乗せていくことにしました」

「運転は僕がしました」とホセが言った。「幹線道路を使わずに、町を迂回する側道を通りました。奇妙なことでした。僕はその道を通ったことがなかったからです。でも、その道を通らなければならない気がしたんです。住宅街を離れて数キロ進んだとき、突然前のタイヤがぐらつきはじめました。僕は織物工場の前の路肩に車を止めました。辺りは真っ暗でした。月も出ていなければ、明かりもありません。これも奇妙なことでした。織物工場にはいつも明かりがついているのに、この夜は真っ暗だったんです。何の明かりもありませんでした」

「では、少し話を戻して、あなたはなぜ、グアテマラシティの町はずれの、通ったことがない道を走ったのですか。誰か勧めたのかしら」と私は尋ねた。

「誰かに勧められたわけじゃないんです。どういうわけか、この道を走らなければならないと思ったんです。理由はわかりません」とホセ。

「そのとき、ヒッチハイカーはどうしていましたか」

「これも奇妙な話で、僕たち——僕と兄弟といとこ——は、タイヤを修理するのに必要な道具箱を取り出そうと、バンの後部座席から椅子やテーブルを降ろしはじめました。そのとき、男がいないことに気づいたんです。彼は姿を消していました」

「そのときは奇妙だと思わなかったの?」

「それもまた、あのクレイジーな夜の奇妙な出来事の1つです。あの夜はすべてがおかしかった。そして、さらにクレイジーなことが起こったんです」

「話を進める前に、そのヒッチハイカーのことを話してもらえますか」

「僕はその男に、あまり注意を払っていなかったんです。車に乗せてくれと頼まれたときも、ちょっと振り返って見ただけでした。結婚式の他の出席者と同じような服装でしたよ。ジーンズに白いシャツを着て、カウボーイハットを目深にかぶっていました。背は僕より高く、痩せていました。この男は肉体労働とは縁がないなと、僕は心の中でつぶやきました。僕たちには筋肉がついてますから」。それが合図だったかのように、3人はボディービルダーの集団みたく腕を曲げて筋肉を見せつけた。だが、すぐにきまり悪げに我に返ると、まるでクッキーの缶に手を入れたところを見つかった小さな子供のような目で私を見た。

「他に何かありませんか」と私は尋ねた。

「これで全部です。でも、ミゲルの家に行ってみましょうか。僕たちのいとこです。あのとき、僕たちと一緒にいました。あの夜何が起こったか、きっと話してくれますよ。彼はあなたに会いたそうにしていたんです。ただし、彼の妻は嫉妬するかもしれません。ミゲルがよその女と話をするのが嫌なんです」とエリセオが言った。「僕たちは独り者だから、嫉妬深い女の機嫌を取らなくていいけど」

「ああ、独り者は気楽でいいよ」とホセ。彼らはまたティーンエイジャーのように笑い、たがいにうんうんとうなずき合った。

「マテオが戻ってきたら、おいとこさんの家を訪ねることを話してみるわね。でも、今は、バンから荷物を降ろして道具箱を見つけたあと、何が起こったか話してくださる?」

「明かりをつけるためにランタンを取り出しました。ランタンを灯して、道具類を取り出し、僕がタイヤを外しはじめました。ミゲルはナットを外すのを手伝ってくれ、ホセはスペアタイヤを持ってきました。ハビエルが、1キロほど向こうから明るいヘッドライトをつけた車が近づいてきたから気をつけろと大声で怒鳴りました。僕はその警告には注意を払わずに作業を続けました。早くタイヤを交換して、家に帰りたかったのです。パンクしたタイヤをスペアタイヤと交換し終えたまさにそのとき、突然織物工場の駐車場の上空に光が出現したんです。その光は、とてもヘッドライトには見えませんでした。青い光に色を変え、夜の闇を照らすほど明るく輝いていました。僕は必死でナットを締め、ホセ、ハビエル、ミゲルは椅子とテーブルを車に戻しました。そして僕は運転席に、ハビエルは助手席に、ホセとミゲルは後ろのドアを開けて、中へ飛びこんだんです」とエリセオ。

「そのときはそれがUFOだとわかっていましたか」と私は尋ねた。

「声に出して言ったかどうかわかりませんが、UFOだとわかっていました。でも、4人とも何も言いませんでした。恐ろしかったのです。車のキーを差しこんだのですが、エンジンがかかりませんでした」

「それでどうしたのですか」

「ホセが車のドアを開け、外に出ようとしました。しかし突然、彼は凍りついたように動かなくなったんです。4人とも、身動きできなくなってしまいました。そのとき、ヒッチハイカーがふたたび姿を現しました。そのときはもう、僕たちと同じような服装ではありませんでした」とエリセオが言った。

「白いワンピース型のスーツを着ていたんです。でも、まったく奇妙なことに、カウボーイハットはまだかぶっていました。彼は車のドアを開けて、助手席に乗りこんできました。そして、僕たちに怖がらなくていいと言い、ドアを閉めました。すると、バンが宇宙船の方へ動き出したんです。まばゆい白い光が目の前の道路を照らしていて、僕は車が浮き上がったように感じました。その男は、怖がらなくていいと言いつづけていました」と、ハビエルがエリセオをさえぎって言った。

「宇宙船の外見はどんなでしたか」

「僕は宇宙船をまったく見ていません。4人とも見ていないのです。光に目がくらんでしまって」とエリセオ。

「彼らはあなた方4人とも、宇宙船に連れていったのですか」と私は尋ねた。

「僕たち4人とヒッチハイカーを、車ごと乗せました。宇宙船に乗ると、車のドアが開いて、4人の見知らぬ男に取り囲まれました。彼らは人間に似た姿をしていましたが、人間ではありませんでした。奇妙な青い目をしていました。彼らは僕たちをバンの外へ引っぱり出しました。片手で抱え上げて足を地面から浮かせると、長い廊下を進んでいきました。ライトがまぶしくて目が痛くなりました。目を開けているとひどく痛むので、目を閉じました。明かりが強すぎると文句を言うと、彼らはライトを少し落としましたが、それでも状況はあまり変わりませんでした」

「その男たちのことを教えてください」

「彼らは背が高く、青い目をしていて、とても力が強かったです。片手で僕たちを抱え上げることができたんです。目が青いことを除けば、人間のように見えましたが、表情はまったくありませんでした。僕たちに話しかけることもありませんでした。ホセは抵抗しましたが、無駄でした。彼らは薄い色のスーツ、たぶんライトブルーのスーツを着ていたと思うのですが、さだかではありません。ライトがまぶしくて、目が痛かったのです。もう一度文句を言うと、彼らはライトを緑色の光に変えました」

ヒッチハイカーの正体はやはり宇宙人だった⁉

「あなたたちを拉致した男は、どんな外見をしていましたか」

「薄茶色の髪と、大きくて丸い、鮮やかなブルーの目をしていました。あんな青い目は見たことがありません」。エリセオが言うと、他の3人がうなずいた。

「宇宙船の中には、他にも人間がいましたか？」

「部屋に入れられたあと、ヒッチハイカーと、それまで会ったことがないやつが2人入ってきました。あの奇妙なヒッチハイカーは静かな声で、僕たちに危害を加えるつもりはないと断言しました。2人のうち1人は女性だったと思います。3人のうちで彼女が一番背が高く、ブロンドの長い髪をしていました。彼女は前に進み出ると、僕の指をチクリと刺し、血液を採りました。他の3人の血も採り、彼女は部屋を出ていきました。数分後、別の2人が部屋に入ってきて、僕たちを先導して、さっきとは違う廊下を進んでいきました。これが僕が覚えている最後の光景です。次に目が覚めると、僕は車の運転席に座っていました。数時間が経っていました」とハビエルが言った。

「目が覚めると朝でした。地平線に一筋の光が見えました。後ろの席にはホセとミゲルがいたのですが、僕には誰だかわかりませんでした。記憶をなくしてしまっていたのです。自分が誰かもわかりませんでした。自分がどこにいるのか、誰なのか、どこへ行こうとしているのか、まったくわからないのです。後ろの2人を起そうとしましたが、意識を失っていました。ハビエルはバンの外で、地面に横たわっていました。そこへ、1台の車が近づいてくるのが見えました。僕は車から飛び降り、手を振って止めました。そして運転手に、僕は自分が誰だかわからない、助けてほしいと言いました。でも、彼は行ってしまいました。バンへ戻るとき、ハビエルを抱え上げて運転席に座らせ、自分は助手席に座りました。ハビエルが他の車に轢(ひ)かれたら大変だと思ったのです」とエリセオ。

「あなたたちはどうやって家に帰ったのですか」

「警官がやって来て、僕たち4人を警察署へ連れていきました。警察官は僕たちの書類を調べて、名前と住所を見つけ、家へ連れて帰ってくれたのです。家に帰ると、母親は僕をベッドに寝かしつけました。自分が誰であるか思い出したのは、数日経ってからです。ホセが最初に思い出しました。母彼は、僕たちは宇宙人に拉致されたんだと言いました。それから徐々に記憶が戻ってきました。母親は、悪魔崇拝者に捕まったか、悪霊に取りつかれたんだと思っています。でも、そうではありません。僕たちは宇宙船に乗せられたんです。ヒッチハイカーが連れていったんです」

「ミゲルはどうなりましたか？」

「そのときはわかりませんでした。でも、記憶が戻ってからわかったことですが、警官が妻のいる家に連れていったそうです。僕たちは、妻に暴力を振るわれているのではないかと案じました。家の外へ蹴り出されたんじゃないかと」

「でも、大丈夫だったのですね」

「はい。でも、妻は口をきかなかったそうです。僕たちが夜通し女性と一緒に酒を飲んでいたと思ったんじゃないかな」。彼らはその考えに大笑いしたが、たがいに交わしている表情から、いとこに同情しているのがわかった。

宇宙人につけられた傷跡は一生消えない

「宇宙船に乗っているときのことで、他に何か覚えていることはありませんか」

「覚えているのは、ライトがまぶしかったことだけです。そのせいで、宇宙船の中がどうなっていたのか、うまく説明できないんです。あんなに明るいライトをつけていることから考えると、あの宇宙人たちは目がよく見えないんじゃないでしょうか。僕の祖父は、太陽が輝いているときの方が、目がよく見えると言ってました。日が当たっているところでしか読めないんです。目が悪くて」とホセ。

「他に何か覚えていることはありませんか。においとか、音とか。何か覚えていませんか」

ホセが「音も、においもしませんでした。ただライトがまぶしかった」と言った。

「部屋の中に冷たい霧がかかっていました」とハビエル。「雨が静かに降っているのかと思ったり、雨のようなにおいがしたりしたけど、雨ではありませんでした。それから、触ると何でも冷たかったんです。あまりに冷たくて、触るとヒリヒリしました。それまで感じたことがない感触で、ゾッとしました」

「ブーンというような音がしました」とエリセオ。「高い音です。それまで聞いたことがないような音でした」。全員の目がホセに向けられた。彼は何も覚えていないと言った。それから半時間、3人はそれまでに話した情報を繰り返すだけだった。私は彼らにランチをご馳走すると言った。話をしてくれたお礼のしるしだとほのめかすと、やっと同意してくれた。食事の間、彼らはアメリカ合衆国について質問した。モンタナ州では、先住民族がどのような待遇を受けているのか知りたがった。3人とも、不可能だと思いながらも、合衆国へ移住したいという強い思いがあるようだ。マテオが戻ってきたとき、エリセオは、いとこのミゲルと話したいのなら、まずマテオから彼の妻に頼んでみてはどうかと言った。その方が妻の嫉妬を和らげることができるというのだ。

ミゲルの家に着き、車を降りた。5人の子供たちが出迎えてくれた。一番上の子でも、まだ6、7歳だろう。私は車の後部座席から、ハックルベリー・タフィー（紫色のヌガーのようなお菓子）

の袋を取り出し、クレヨンやぬり絵の本と一緒に子供たちに差し出した。一番上の子はプレゼントを受け取ると、家の裏手へ姿を消した。残りの子たちも後を追った。あとで様子を見ると、お兄ちゃんは中身を1個1個慎重に数えて、弟や妹に平等に分けたようだ。ミゲルの妻のサセリーは私たちを家の中へ迎え入れてくれた。エリセオとマテオが、私がここにやって来た理由を説明した。サセリーがうなずいてほほ笑んだとき、私は親しみやすい女性だと思った。私たちは小さなワンルームの家を通り、裏庭にいたミゲルと合流した。エリセオが私を紹介した。

「僕は何を話せばいいんでしょう。もういとこたちがすっかり話してしまったと思うのですが」

「私はあなたからお話を伺いたいのです。もし、気持ちよく話していただけるならですが」。ミゲルは戸口の方を見た。そこにサセリーが立っていた。

「やつらは友好的ではありませんでした。邪悪な生き物です。悪魔が遣わしたんです。何の断りもなく、僕らを連れていったんですから。そして、僕たちが何もかも忘れてしまうように、脳に何かしたんです。でも、僕たちは覚えていた。そういうことだと思います。マヤの男を見くびるなと言いたいです」

「その夜のことで覚えていることがあれば、どんなことでも話していただきたいのですが」と私は言った。ミゲルは話しはじめたが、それはいとこたちから聞いたことと完全に一致していた。だが、4人が離ればなれになったところからは、違う話になった。

「1人の女性が血を採取して、その後別のグループが部屋に入ってきました。彼らは僕たちを1人ずつ連れて長い廊下を歩かせ、別々の部屋に入れました。廊下はあまり明るくなく、壁が殺風景だったのを覚えています。壁にライトが反射していましたが、壁に触れると冷たいのです。僕は1人で部屋に入れられました。そして、服を脱げと言われましたが、拒否しました。そのとき、背の高い男たちが現れたのです。そのうちの1人が僕を抱えこみ、残りの男たちが服を脱がせました。僕は抵抗しましたが、ただ体力を消耗しただけでした。服を脱がされると、2人の女と1人の男が入ってきました。ものすごく恥ずかしい思いをしました。見知らぬ女性の前に裸でいるのは、居心地のいいものではありません。彼らは僕が身動きできないように、首と足首に金属の輪のようなものをはめました。1人の女がすぐそばに来て、痛くないかと尋ねたのは覚えています。でも、それがいつ終わったかは覚えていません。おそらく、その瞬間に意識を失ったのだと思います。それから、警官が家に送り届けてくれるまで、何も覚えていないのです。サセリーは、僕は3日間眠りつづけていたと言います。目が覚めたあとも、何も思い出さないのです。その後サセリーが数日間看病してくれて、やっと記憶が戻りました。覚えていることは、これで全部です」

「あなたのいとこさんたちは、4人が離ればなれになったとは言いませんでした」と私は言った。

「誰も覚えていないのですよ」とミゲルは言った。「でも、彼らは確かに僕たちを離ればなれにしました。そして、いろんなことをしたのです」。着古したTシャツをまくり上げると、左のわき腹にクオーター硬貨ほどの丸いくぼみがあった。「その夜以前に、こんな傷はありませんでした。彼らが切り取ったんですよ」

ミゲルの家を出る前、私はサセリーに裁縫セット、ハンドクリーム、口紅を渡した。裁縫セットの中に、20ドル紙幣をたたんで入れておいた。家を出る前、彼女はオレンジジュースを出してくれ、マテオは彼女とマヤ語で話し、ときどき話を止めては通訳してくれた。

体験談を話してくれたこの4人の若者のことを、私はよく思い出す。彼らの遭遇体験を眉つばものだと考える懐疑的な人もいるだろうが、車ごと宇宙船に連れていかれた話を聞いたのは、これが初めてではない。拉致されたあと、身動きできなくなったという話は何度も耳にしたが、ヒッチハイカーが実は異星人で、アブダクションに加担したという話を聞いたのは3回だけだ。この手口は、私が把握している以上によくあることなのかもしれない。私は車を運転していてヒッチハイカーを見かけると、いつもエリセオ、ホセ、ハビエル、そしてミゲルを思い出す。止まってあげたいのは山々だけど、いつも通り過ぎている。

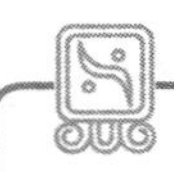

証言⑭ スカイマンが造った古代都市が存在していた⁉

グアテマラの古代都市キリグアでは、近隣の村の老人たちが、この町は昔からずっとスカイマンと接触があったと断言している。実際、この古代都市は「空王朝（スカイ）」によって支配されてきたのだ。キリグア遺跡の歴史を綿密に調べてみると、この町の最初の支配者として、「燃える空・雷の神」とも呼ばれたカウアク空（スカイ）（正式名「カック・ティリウ・チャン・ヨアート」）が登場する。カウアクのあとは空（スカイ）シュルが、そのあとはヒスイ空（ジェイド・スカイ）が王位を継いだ。

ここでは、運転手のマテオが、スカイゴッドに対する自分の考えを吐露する。

キリグア、そこは異星人が造った町だった

スティーブンズとキャザウッドの足跡をたどりながら、私は古代の宇宙飛行士が、実際にマヤ人の世界に与えた影響を示すどんな証拠も見逃すまいとしてきた。キリグアに近づくころには、遺跡の歴史と、この古代都市を支配した空王朝の歴史は頭に入っていた。しかし、地元民の多くが、こ

の町は空からやって来て住み着いたスカイマンによって造られたと信じているという事実を知る心の準備は、まだできていなかった。

「キリグアは異星人によって造られた町なのです」。突然、鉛筆のような細い口ひげを持つ背の低いグアテマラ人ヒューゴが言い放った。私たちはデルモンテバナナ農園の真ん中にある「バナナ交差点（クロッシング）」に車を停止させられて、ヒューゴの話に耳を傾けていた。ヒューゴはこのバナナ農園の主任（ジェフェ）だと名乗った。ヒューゴもマテオや私と同様に、キリグア遺跡へ通じる未舗装道路のバナナクロッシングで停止を余儀なくされていた。彼がマテオに話していることを懸命に聞き取ろうとしながらも、私は高架式モノレールに吊るされたバナナの房が、ブーンという音をたてながらあとからあとから運ばれていく様子を眺めていた。バナナが農園からコンテナに運びこまれる間、モノレールが道路を封鎖する。何十房ものバナナが吊り下げられた大きなアームの1つ1つにビニール袋がかぶせてあり、それを見ていると、１９５０年代のＳＦ映画『ボディ・スナッチャー／恐怖の街』に出てきたエイリアンのさや（ポッド）を思い出した。

だから、突然ヒューゴが、キリグアの町を造ったのは異星人だと言ったとき、私は改めて注意をすべて彼に向けた。「何の装備もなしに、あのステラを採石場からあそこまで運ぶなんて、人間わざじゃありません。中には60トンの石もあるんです。私の言うことが正しいと、今にわかりますよ。あんな巨大な物体を、地球の人間が動かせるわけがない。現代の科学技術をもってしても難しいでしょう。老人たちは、神様が空を飛んできて、あの石を今ある場所に上空から落としたんだと言います。空を飛んできたのなら、神様は異星人に決まってます」

「スカイゴッドと異星人は同じものだと思いますか」と私は尋ねた。

「はい。同じです。彼らはここへやって来て、ここをとても気に入り、ここに住み着いたんです」

「ドクトーラは、スティーブンズとキャザウッドの足跡をたどっているのです。2人は1800年代半ばにこの遺跡を訪れました」とマテオが説明した。

「それは大変興味深い」とヒューゴ。「ペイエ家の子孫は、今もスティーブンズの話をしてますよ。ツアーガイドの多くは、スティーブンズとキャザウッドはキリグアを訪れたと言ってますが、それは事実ではありません。キリグアへやって来たのはキャザウッドだけです。当時その土地の所有者だったペイエ兄弟の子孫は、今でもキャザウッドの絵を見たスティーブンズがキリグアを買おうとしたてん末を話します。でも、スティーブンズは一度もここへはやって来ていないんです」

スティーブンズに関するヒューゴの意見は正しい。スティーブンズとキャザウッドはグアテマラシティに滞在している間に、コパンを出たあと滞在していたエンクエントロスから3時間の距離にある、深いジャングルに埋もれた遺跡の町の情報を入手した。スティーブンズが連絡のつく政府機関を探している間に、キャザウッドはキリグア遺跡を探検し、見事な彫刻が施されたステラをスケッチしていた。スティーブンズはそれらの絵を見て気持ちをかき立てられ、古代都市がある土地の所有者だったペイエ兄弟と、14の主要な建造物を購入する交渉に入った。ペイエ兄弟は、スティーブンズには合衆国の財的支援があるという間違った情報を信じていたために、スティーブンズが出せる以上の金を頑固に要求した。そのため、交渉の途中でスティーブンズとキャザウッドはグアテマラを離れ、メキシコのパレンケに向かった。

私たちがクロッシングで待たされていると、2人の少年が車に近づいてきた。私は窓を開けて、2人に声をかけた。少年はほほ笑んで、古代マヤの彫刻の破片を差し出し、遺跡から拾ってきたものだと言う。遺跡から物を取ってきてはいけないと言うと、彼らは笑って、旅行者が買うんだよと言い、私に買う気がないのを察すると、離れていった。私は窓を閉め、状況の矛盾について考えた。スティーブンズは遺跡を買おうとした。今日、地元のマヤ人の子供たちは、自分の思いどおりにできるとしたら、遺跡を切り売りすることだろう。

「ここでは、昼も夜も宇宙人が歩きまわっています」

「ヒューゴ、この遺跡で、異星人か宇宙船を見たことがありますか」と私は尋ねた。

「宇宙船は何度も見ましたよ。どうってことありません。昼も夜も現れます。ただし、旅行者がいるときは現れません。私自身は、異星人やスカイゴッドの類は見たことはないですが。でも、労働者たちは、宇宙船がしょっちゅうアクロポリスの近くに着陸し、宇宙人が出てきて、付近を歩きまわっていると言います。夜にチャントを唱えている声を聞いたこともあるそうです」

「彼らは宇宙人の外見について、何か言ってませんか」

「ときには光の球としてやって来て、自分によく似た人間に姿を変えるそうです。また、人間によく似た姿をしたのもいますが、人間ではないと言ってます」

「どういうことでしょう」

「実際のところ、宇宙人を見た者は何も話さんのです。恐れているんですよ。ただ、異星人は人間によく似た姿をしているけれども、人間ではないとは言ってます。それだけしかわかりません」

「チャントを唱えているのを聞いたというのは、どういうことですか」

「彼らにはそう聞こえたということです」

「それは労働者たちには聞きおぼえのあるものだったのかしら」

「はい。村の長老たちが唱える古いチャントだそうです。宇宙人を長老と呼ぶ者もいれば、親戚だと言う者もいます。悪魔だと言う者もいます。私は何の意見も持っていません。ただ、彼らの話を聞くだけです。彼らは迷信深いのです」

突然、モノレールがきしみながら止まると、ヒューゴは挨拶をして、自転車で走り去った。マテオがギアをローに入れると、車はゆっくり未舗装の道を進みはじめた。だが、ヒューゴの言葉は私の頭の中にいつまでも残った。スティーブンズがその画期的な本でキリグアについて書いてから、150年以上が過ぎた。1910年、ユナイテッド・フルーツ・カンパニーは、キリグア遺跡を含むモタグア渓谷の広大な土地を購入し、バナナ農園を建設した。幸運にも、同社は遺跡の重要性を認識しており、周囲に遺跡公園を造って、遺跡荒らしから守るために多大な尽力をした。現在はユネスコによって世界遺産に認定され、保護されている。スティーブンズの時代には、訪問者はマラリア蚊が横行する荒野を歩いた。今日でも、キリグアは決して気軽に訪問できる場所ではない。観光バスもここまではやって来ない。

古代のマヤ人はよその星からやって来た

ヒューゴと別れてから、私たちは果てしなく続くバナナ農園の未舗装の道を走りつづけ、やっと駐車場にたどり着いた。駐車券発給機の向こうに、大きなジャングルの木々の間を曲がりくねって続く道が見えた。その先に、広大な緑色の草深い広場があり、入り口には、マヤ世界で最大のものも含めて9体の巨大なステラが、ヤシぶき屋根の囲いの中に立っていた。ステラは3メートルから10メートルぐらいの高さで、赤みがかった砂岩に、豪華な頭飾りをつけた支配者の肖像が精巧に彫られている。

ここのステラに彫られた肖像の多くは全身像で、上下に彫刻が施された儀仗を持っている。片方の端にはマヤの水の神チャクが、もう片方には偉大なる宇宙のヘビの頭が彫られている。どれを見ても畏敬の念を覚えた。私は彫刻を1つ1つ丹念に調べて、あらゆる角度から写真を撮った。

周囲には、かつてこの古代都市の一部だった巨大な石が散乱し、修復されないまま積み重なり、ジャングルに覆われていた。巨大なドーム型の石の祭壇の多くには、グロテスクではあるが美しい精巧な彫刻が施され、この孤立した都市の偉大さを物語るように立っている。マヤ人にとって重要な意味を持つ、実在の動物と神話上の動物の彫刻が、遺跡のあちこちに散在している。

おそらく、ヒューゴが言ったとおり、キリグア遺跡の最も顕著な特徴は、中央広場に立つ石像のどれも、採石場では彫刻を施されたものではないということだろう。1つ1つのステラは遺跡に運ばれ、垂直に立てられたのちに彫刻を施されたのだ。最大のものは高さ約10メートル、幅約1メートル半、厚みは約1メートル20センチで、約60トンの重さがある。

「ヒューゴが言っていたように、異星人がこのステラを今の場所に移動したのかしら」と、私はマテオに尋ねた。

「60トンのステラをここへ運ぶには、途方もない力と装備を持つ、途方もない人々が必要だったでしょうね」とマテオは答えた。

「つまり、ヒューゴの言うとおりだと?」

「支配者のほとんどが空王朝（スカイ）の血筋だというのは、興味深いと思いませんか」とマテオは尋ねた。

「あなたが質問に質問で答えたのは興味深いわ」と私。

「私は、古代人は、途方もない力を持つスカイゴッド以上の存在だったと思います。よその星から

キリグア遺跡の祭壇

来たスタートラベラーだったのではないでしょうか。名前を考えてみてください。カウアク空（スカイ）は、「燃える空・雷の神」とも呼ばれていました。カウアクのあとが空（スカイ）シュル、そのあとがヒスイ空（ジェイド・スカイ）です」

「そのことは、ずっと考えていたわ」と私は答えた。「でも、だからと言って異星人だとは言い切れないと思うの」

「空（スカイ）というのは、マヤ人にとって重要な名前なのです。『空（スカイ）』と名づけられた子供は、宇宙と地球の間のメッセンジャーになることを運命づけられていました。それは今日でも同じです。名前には、単なる言葉以上の意味があるんです」

「多くの先住民の文化でも同じね。名前は単に名前というだけではなく、重要な意味を持っている。名前によって運命が決まるのね」

「多くの長老が、原初マヤ人は星からやって来たと言い、宇宙はプレイアデス星団から生じたと信じています。しかし、マヤ人はプレイアデス星団から来たと主張する作家もいますが、長老たちは一度もそうは言っていません」

「先住民の中には、プレイアデス星団からやって来たと信じている人たちもいるわ」と私は答えた。「もちろん、彼らはプレイアデスという名前では呼んでいないけれど。これはギリシャ人がつけた名前ですものね。でも、彼らにとって、空とはつねにプレイアデスの方向を指すの。私は最近まであまりそのことに注意を払わなかったけれど、現代の科学者がハッブル望遠鏡で、プレイアデス星団付近で生じる大きな渦の中に、星々が誕生する場所があることを発見したという記事を読んだの。その渦の外側には何もなくて、ただ完全な無の空間が広がっているんですって」

「長老たちは真実を語っていると、私は信じています」とマテオは言った。「私たちは星からやって来たのです。古代のマヤ人が、どうしてこれほど天文学的な正確さや洞察を確立できたのか、誰にもわかりません。天文観測所もありませんし、ハッブル望遠鏡も、人工衛星もありませんでした。そして、今日まで六分儀や四分儀の残骸も発見されていません。彼らはただ仰向けに寝ころんで、星や惑星の移動を観察していただけなのでしょうか」。マテオは階段で背伸びをしながら空を見上げて尋ねた。そして、「私はそうは思いません」と自分で答えた。「スカイピープルが地球にやって来て、知識をもたらしたのです。現在のマヤ人は、スペーストラベラーの末裔なのです」

「では、どうして彼らは、自分たちの子供にその知識を伝えなかったのかしら」

「多くの社会では、リーダーだけが知識を持っていたのです。そのリーダーの身に何か起こったに違いありません。おそらく、病気で亡くなったりしたんでしょう。あるいは、故郷の星へ帰り、後に残るごくわずかの者にだけ、また地球に戻ってくると伝えていたのです。ところが何かが起こり、戻ることができなくなってしまった。それで、この選ばれた集団が守っていた知識は、彼らがいなくなると失われてしまったのです」

「興味深い前提だわ」と私は言った。

「キリグアにとって、金星と月が主な道標でした」とマテオは言い、立ち上がって1つのステラに向かって歩いていった。彼はそれが金星の動きと月食を示していることを指摘した。「この彫刻を見ればわかるように、月、星々、惑星の回転が細かに記されています。カウアク空(スカイ)は、金星との密接なつながりがあったことがわかります。長老たちが言うには、カウアクが死んだ日、日没になっても西の地平線に金星が現れなかったそうです。ステラDには、金星はカウアク空の道連れとして描かれています。祭壇Lでは、支配者は星座の付いた頭飾りを着けています」

「エーリッヒ・フォン・デニケンら作家が、異星人が地球にやって来て、このような偉大な都市を建設したという考えを広めるのは、不愉快ですか」と私は尋ねた。

「明らかに利己的利用ですね。しかし、白人は何世紀にもわたって、われわれの知識を利己的に利用してきました。彼らはアメリカ合衆国で、アメリンディアンに対しても同じことをしています。デニケンはわれわれに、自分の理論をどう思うかとは尋ねませんでした。いいですか、ドクトーラ、私はスカイピープルとマヤ人は同じ種族だと思っています。私たちは、地球にやって来て、これらの偉大な都市を建設したスタートラベラーの末裔なのです。私たちの祖先は、よその星からやって来たのだと信じています。彼らは偉大な科学的・工学的知識をもたらしました。ここへやって来てすぐに、彼らはここに留まることを決意したのです」

「それは、基本的にはデニケンの主張と一致するのではありませんか」

「まったく違います。デニケンの著作は、今はやりの自民族中心主義の最たるものです。彼は、きわめて知的な種族が地球にやって来て、無知で野蛮なマヤ人に命じて都市を建設させたと考えたのです。そのきわめて知的な種族が、私たちの祖先だとは認めていません。われわれは同じものなのです。彼はごう慢にも、スペースゴッドが都市を建設し、その後去っていったと決めつけたのです。もちろん、もしマヤ人はスペースゴッドと同一であり、われわれがスペースゴッドの末裔だと認めたら、白人が先住民より優れているわけではないと認めざるを得ませんでしたから。しかし、マヤ人は真実を知っています。マヤ人の血にはスカイゴッドのＤＮＡが存在するので、われわれはその結びつきを求めて、つねに空に注意を向けるのです」とマテオは言った。「われわれの言葉は、スカイピープルの言葉です。このことはいつか証明されるでしょう。そのときまで、われわれはこれからも宇宙の謎を守っていきます。デニケンであれ誰であれ、われわれはこうした謎を売ったりしません。自分たちだけの秘密にして、世代から世代へと伝えていきます。誰にも教えません。ご存じだと思いますが、真の知識というものは、誰かれなく教えるにはあまりにも危険です。いつか、そのころにはたぶんもう私たちは生きていないでしょうが、この知識が広く知られる日が来るでしょう。でも、今は一般の人々にはまだその準備ができていないのです」

「フォン・デニケンが古代の宇宙飛行士説によって名声を博したと思うと、腹が立ちますか。非難の声を上げたくなりますか」

「いいえ。ご存じのように、私たちは、因果はめぐると信じています。彼はメソアメリカや南アメリカの先住民を利用して本を書き、大金を稼ぎました。しかし、先住民たちは今も貧しい暮らしをしています。いつの日か、宇宙のグレートゴッドが解決してくれるでしょう」

「マヤ人は今も宇宙の謎を守っているけれど、それを明らかにするのは危険だと言いましたね。それはどういうことですか」

「今の時代、人々は自分の世界の中で生きています。たとえ異星人は存在すると断言する人がいても、いざ現実に存在すると知ったら、冷静な反応はできないでしょう。まず好奇心にかられ、次に恐怖におびえ、そして攻撃的になります。人間はつねに、自分が理解できないものを破壊しようとしますから」

「同じことを他の人から言われたことがあるわ」と私は言った。「でもあなたは、さまざまな異星人の集団が、地球のさまざまな地域に定住したと信じているのね」

「はい。でも、長老たちはこのことを口にしません。アメリカであれ、オーストラリアであれ、あるいは太平洋の孤島であれ、世界の先住民の大部分はよその星から来た人々だと、私は信じています。私たち先住民の信念や世界観は、それ以外の世界の人々のものとはまったく異なります。それに多くの面で私たちはつながっていて、多くの信念を共有しています。でも、非先住民の代弁をすることはできません。つながっていないからです」

私はマテオの話に注意深く耳を傾けた。彼はこの遺跡の歴史について豊富な知識を持っているだけでなく、長老の話もよく知っている。そのため、私が1人で遺跡をまわるより、はるかに深い理解を得られるのだ。彼はこれまでに教師、文化に関する専門家、学校の校長などの職に就き、その後「特別な旅行者のグループ」、つまり、彼によると「おもしろく、親しみやすく、好奇心にあふれ、偏見のない人々」のために、プロのガイド兼運転手の役割を引き受けてきた。
キリグア遺跡のその場に座り、マテオの話に耳を傾けていると、多面的なマヤ暦をタイムマシンのように使って、シャーマンやマヤの指導者のビジョンを呼び起こし、遠い過去や未来を自由自在に行き来することが簡単にできそうに思えてきた。なぜ作家たちが古代マヤ人には宇宙を旅する能力があると考えたのかも理解できるような気がした。しばらくの間、あなたも彼らと一緒に想像の翼を広げてみてほしい。

キリグアは比類ない遺跡だ。スティーブンズとキャザウッドの足跡をたどる人も、UFO研究家として答えを探す人も、ここは見逃すべきでない。失望することはないだろう。もしたまたまマテオに出会い、彼の話を聞くことができたなら、スカイゴッドは他の世界から地球へやって来たトラベラーで、この土地を気に入り、ここに住み着き、マヤ人として知られるようになったという説を、きっと信じてしまうだろう。

証言⑮ 一家全員連れ去り事件。黒幕はＵＦＯ⁉

いつの時代にも、青い肌の異星人の存在は報告されてきた。ミズーリ州とアーカンソー州にまたがるオザーク高原の地下の大洞窟で、２メートル余りの青い肌の男と遭遇した人がいる。南部諸州では、いくつかの情報源から、青い肌の種族との遭遇体験が報告されている。チェロキー・インディアンの伝説によると、大きな目をした青い肌の男たちは地下に住み、夜間だけ地表に出てくるという。ホピ・インディアンにも、青い肌の星から来た戦士（スターウォーリア）の話が伝わっている。スティーブンズとキャザウッドの足跡をたどる間にも、空からやって来た青い肌の人々の話を数多く耳にした。ここでは、青い肌の男たちを目撃した男性の話を紹介する。

青い肌の男が一家全員を拉致した

「私はここ数年で、異星人によるアブダクションの話を多数耳にしましたが、最も興味深いのは、ここから数キロのところに住む男性から聞いた話です」と、キリグアを出るときにマテオが言った。

「その男性が少年だったときの話ですが、今も詳しく話してくれるので、彼がそういう体験をしたことに、何の疑いも感じません。これから彼の住む村の近くを通りますから、立ち寄って、話してくれるかどうか聞いてみましょう。彼は昔ながらの老人で、アメリカ人女性(グリンガ)の訪問には慣れていません。ですから、まず私が話をしてみます」

「運転手兼ガイドがあなたで、ほんとにラッキーだわ」と私は言った。

「あなたからスティーブンズとキャザウッドの足跡をたどりたいというメールをもらったときは、本当に胸が高鳴りました。それから彼らの旅について学び、旅行記を何度も読みました。だが、あなたがUFOの話を集めていると言ったときは、こんな人と旅をしてみたかったのだと思ったんです。私はいつも人々にUFOの話をしていますし、ご存じのとおり、自分でも体験しています。あなたとは共通の関心を持っているのです。この地域で、大いにあなたのお役に立ちたいと思っています」。小さな村に入ると、彼は車のスピードを落とした。「彼の家は右側にあります。彼はワク・チャンと呼ばれています。近隣の集落との戦いに何度も勝って民衆を守った、伝説のマヤの戦士にちなんで名づけられたそうです。といっても、政府はいまだにそうした集落を発掘していませんが。彼はマヤ語しか話さないので、私が通訳しましょう」

「その老人は独り暮らしなのですか」

「奥さんが亡くなって、今は独り暮らしですが、村のほとんどの人とは縁つづきです。非常に知恵のある人物で、この地域でとても尊敬されています。村人は、彼の手には病気を治すパワーがあると言います。そばにいるだけで、彼のパワーを感じることができるでしょう」。マテオは伝統的な1部屋だけの小屋のそばに車を止めた。合衆国だと典型的なバスルームぐらいの広さだ。その家は道路からほんの1メートルほど引っこんだところにあった。西隣の小さな小屋との間に、広い空き地がある。道路に沿って立つ家は、その家が最後だった。私は車の中から、路上で遊ぶ子供の集団を見ていた。数匹の犬が起き上がり、バンに近づいてきた。1匹が前へ進み出て、後ろ足で立って窓からのぞきこんだ。マテオが戻ってきて、犬を追い払うと、ドアを開けてくれた。私が手を伸ばして犬をなでようとすると、マテオに止められた。彼は「ノミがいますよ。それにどんな病気を持っているかわかったもんじゃありません」と警告する。「ワク・チャンはあなたに会おうと言いました。でも、タバコが欲しいそうです」

「車の後ろに置いたバッグの中に何箱かあるわ」。マテオが車の後ろへ回り、両開きのドアを開ける。マヤ人は、アメリカの野球選手のように、未乾燥タバコを嗅ぎタバコとして使う。未乾燥タバコはきついので、ニコチンが血液中に吸収されやすいのだ。現代のマヤ人は、タバコをさまざまな病気の治療に使う。また、タバコは魔除けになると信じられている。私は未乾燥タバコの箱を1つ取り出し、マテオに渡すと、彼についてワク・チャンの家の、門の付いた前庭へ入っていった。

マテオについて家の裏へ行くと、老人は美しい手彫りのマホガニー製のベンチに座っていた。小柄な男性で、銀色のコンチョの飾りがついた麦わら帽子をかぶっている。白髪がいく筋も耳のまわりに垂れていて、日に焼けた顔をいっそう際立たせていた。私が自己紹介をする間、彼は目をそらしていた。近づいてよく見ると、彼の目は光に弱いのだとわかった。片目は、おそらく白内障のせいで白く濁っていた。「わが息子、マテオよ、星からの訪問者の話を聞きたいそうだな」と彼が話の口を切った。「この前話してから何年も経ったが、わしはまだ昨日のことのように覚えている」

「この方はあなたのお父様なの？」と私はマテオに尋ねた。

「いいえ。私の父の、子供時代からの友人です。この地域では伝統的に、このように呼ぶのです。村の子供たちは村人全員の子供なのです。ですから、私にはたくさんの父親や祖父がいます」とマテオ。

「わしは生まれてからずっと、この家に住んでいる」とワク・チャンが言った。「かつてこの畑は土が肥えていて、1年に何度もトウモロコシや豆を収穫でき、たくさんの恵みを与えてくれた」。そう言って、家の横の空き地を指さした。「だが、もう死んでしまった。長い間——正確に言うと72年間だ——何も育っていない。父親は何が起こったのか知らなかったし、わしも話さなかった」。

彼はそこで口を閉じ、マテオが通訳するのを待ってから続けた。

「ある夜のこと、もうすぐ太陽が空に姿を現すというとき、雷のような音がして、わしと弟は目を覚ました。様子を見に外へ出てみると、皿のような形をした物体が畑の地面の上に降りてきていた。ほこりが舞い上がり、美しいトウモロコシ畑は押しつぶされていた。わしらは懸命に働いてトウモロコシを育てていたんだ。わしと弟は恐ろしくて、父親を起こすことができなかった。父は短気で大酒のみでな、起こしたりしたらぶたれるかもしれないと思ったんだ」。彼はふたたび話を中断すると、タバコの箱を開けて、タバコの葉を1つまみ取り出し、頬の内側へ入れた。

「宇宙船はどんな外見をしていましたか」と私は尋ねた。

「皿をひっくり返したような形だった。外周には、小さな明かりが円を描くようについていて、その光が村じゅうを照らしていた。なぜ他の人は起きてこないのだろうと思ったのを覚えている。あの時代、この村には明かりがなかった。電気が来ていなかったんだ。わしらは暗くなると寝て、太陽が昇ると起きたんだ」

「円盤は着陸したのですか」

「ああ。着陸して、どこからともなく4人の男が現れた。ひどく奇妙な歩き方をしていた」。彼は立ち上がり、年のせいで腰は曲がっていたが、ロボットのような歩き方をまねた。「それから、さらに2人の男が現れた。1人がわしらの隠れている場所のすぐそばまで来た。そのとき、やつらは人間ではないとわかった。肌が青く、とても背が高かった。わしの倍くらいあった。やつらは畑の向こうの家まで歩いていくと、壁を通り抜けて姿を消した。ドアは使わず、壁を通り抜けたんだ」。彼はそこでいったん口を閉じ、そのときの様子を思い出すようにその家の方を見つめた。「わしはその家に住んでいる家族を知っていた。だが、その家には行ってはいかんと言われていた。青い男たちが姿を消したとき、わしと弟は震えあがったが、怖がっている暇はなかった。すぐにその家から、やつらが夫婦と小さな女の子2人を連れて現れたんだ。わしらは恐ろしくて、身動きもできずにそこに座っていた。駆け寄って止めたかったが、壁を通り抜けるようなやつらには、とても太刀打ちできんと弟に言った」。マテオが通訳した。

「それで、どうされましたか」

「何もできなかった。スカイマンがその家族を宇宙船に乗せるのを見ていただけだ。そして、やつらは行ってしまった。その物体が発する光がぱっと明るくなり、辺りを真昼のように照らし出した。物体はゆっくりと木の上まで上昇したかと思うと、矢のように夜の闇に消えていった。わしと弟は恐ろしさのあまり口もきけずに、その場に座っていた。わしらはこの目で見たことを、マテオの父親以外、誰にも話さなかった。彼はわしらの兄弟みたいなものだっただからな」。そう言って、マテオの方を見た。「おまえのお父さんがいなくなって、本当に寂しいよ」とワク・チャンは言った。

「私も寂しいです」とマテオは言った。ワク・チャンは後ろポケットからハンカチを取り出すと、涙にぬれた目をぬぐい、話を続けた。

「村が暗闇に包まれると、わしはよく弟のホセ、それにマテオの父親と一緒に外で寝ころんで、星を見つめ、あの大きな青い男たちはどうしているだろうと想像したものだ。やつらは空の上にいて、たぶんまた他の家族を誘拐しているのだと思った。わしらを連れていってくれないかなと思ったこともある。好奇心旺盛な子供だったから、やつらのことや、家族をどこへ連れていったかを知りたいと思ったんだ」

「スカイピープルは神様？　いや、絶対に違う」

「その夜以降、拉致された家族をふたたび見かけたのはいつでしたか」

「翌日の午後だ。何事もなかったような様子だった。わしと弟は隣の家族に青い肌の男たちのことを尋ねるのが恐ろしかったので、マテオの父親に聞いてみてくれと頼んだ。彼はわしや弟より勇敢だったんだ。彼はあの家へ歩いていった。2人の少女はフェンスで囲まれた庭にいた。彼が大きな青い男たちを見なかったかと尋ねると、少女たちは悲鳴を上げて家の中へ駆けこんだ」。ワク・チャンは話を中断して笑った。「伝道者である父親が家から出てきて、マテオの父親のヘルナンドに、娘たちに近づくなと言った。それを聞いて、わしらは笑った。あの父親が娘たちをわしらと遊ばせたくないと思っているのは知っていた。わしらはうす汚い村のガキだったからな。父親は娘たちを、わしらから遠ざけていた。娘たちは、村の女の子とも遊んではいけないと言われていたので、孤立していた」

「どうして娘を村の子供たちから遠ざけたんでしょう。私には理解できません」

「彼らは白人のメキシコ人だった。わしらはマヤ人だ。うす汚いガキだったんだよ」

「あなたはご自分をうす汚いと思っておられたのですか」と私は尋ねた。

「とんでもない。わしらは自分が何者か知っていた。ヘルナンドは、自分たちは高貴な血筋の者で、神なる王の末裔だ、わが民族が偉大なる都市を建設していたとき、スペイン人は洞窟に住んでいたと言った。だから、人がどう言おうが、わしらは真実を知っていたんだ。マテオの父親は聡明な男だった」

「あなたの弟さんとマテオのお父さんは、今どこにおられますか」と、私は2人に目を向けながら尋ねた。

「弟は10年前に死んだ。ヘルナンドは2年前に亡くなった。わしらは最後まで仲良しだった」。彼は話を中断し、直接マテオに話しかけた。それから、マテオが私に言った。

「ワク・チャンは、青い肌の男たちに拉致された家族の話を他にも聞いたことがあるかと言っています」

「彼に伝えてください。アブダクションの話はいくつも聞いたことがあるけれど、その現場を目撃した人から直接話を聞いたのは1度だけだと。でも、その話では、宇宙人は壁を通り抜けたりしなかったわ。ここがワク・チャンの話のユニークなところね」。マテオはほほ笑んで、うなずいた。

「その家族は今も村に住んでいるのですか」

「いいや、出ていったよ。村に住んでいたのは短い間だった。父親は伝道師で、イエス・キリストについて教えるためにやって来たんだ。あのころは、イエスの話は好きだったが、わしらにはわしらのやり方があった。イエスという方がおられたとしても、わしらの味方はしてくださらなかっただろう。伝道師の名前はラルフ・ロペスといった。少女たちの父親だ。教会の名前は忘れた。ある日、村の男たちがラルフに向かって、よその村へ引っ越せと言ったんだ。彼は荷物をまとめて出ていったよ」。彼は村で暮らしていた伝道師を思い出して、顔に笑みを浮かべた。「マテオの父親とわしはその日のことを話した。伝道師はおびえていた。村人を恐れていたんだ」

「なぜ村の男たちは、その家族に出ていけと言ったのですか」

「わしらは伝統的な民族だ」とワク・チャン。「わしらにはわしらの神様がいる。他の神様はいらないんだ」

私たちはほとんど午前中いっぱいをワク・チャンと共に過ごした。昼が近づいてきたとき、彼の孫娘が食べ物を持ってやって来た。私たちは豆とチキンがたくさん入ったトルティーヤをご馳走になった。家を辞去する前、私はワク・チャンに未乾燥タバコを数箱と、好物のコカ・コーラを贈った。彼は私に、今度グアテマラに来ることがあったら、必ず立ち寄ると約束しろと言った。私は約束した。


私はよくワク・チャンのことを思い出す。彼は自分の村を離れて旅をしたことはなく、行ってみたいとも思っていなかった。だが、よその星から来た青い肌の巨人が近所の家族を拉致するのを目撃し、その体験を人に話すのを生きがいにしていた。その訪問者を神だとは思っていなかったし、白人の神を受け入れようともしなかった。なぜなら、彼がいみじくも言ったように、彼には彼自身の神が存在し、それ以外の神は必要なかったからだ。

証言⑯ 異星人も連れ去りに失敗することがある!?

ごくわずかだが、赤い目をした異星人の訪問者の記録がある。何人かの研究者は、トカゲのような肌をした巨大な異星人や、黄色や赤い目の異星人について報告している。ここでは、4人のスタートラベラーと遭遇した、4人の若い女性の遭遇体験を紹介する。異星人は彼女たちのアブダクションを企てていたのかもしれないが、彼女たちが悲鳴を上げたために、宇宙船へ引き上げたという。彼女たちは、異星人は赤い目をしていたと断言した。

「異星人は実在することを人々は知るべきだ」

キリグアを訪れたあと、私は1日休みを取って、休養したり、日誌を書いたり、メモを書き直したりして過ごすことに決めた。午後の遅い時間に、マテオから電話があった。グアテマラシティ郊外の小さな村に住む彼の姉が、マテオと私を夕食に招待したいと言っているという。「姉は英語教師で、あなたに会いたがっています。英語を話す人とおしゃべりするのが好きなのです。姉に、あなたを説得して連れていくと言ってしまいました」

「喜んでお伺いするわ」

「よかった。グアテマラの家庭料理を食べ、私の姪たちに会ってください。最近異星人と遭遇したらしいのです。あの子たちの話は楽しめると思いますよ。姉は最初は姪たちがあなたにその件を話すのを嫌がっていましたが、あなたは信頼できる人だし、あなたに会うことは、姪たちにとってもプラスになると説得しました」

　夕食のとき、私はマテオの姪たちに会った。イトゼル、エメ、イクシェルの3姉妹だ。彼女たちが住む村には、何軒かの昔ながらの小さな家、雑貨店、ファミリーレストラン、それにデニムのジーンズや家庭で缶詰にした食品からハンマーやスコップまで、何でも売っているホームセンターがあった。彼女たちの家は、現代的なれんが造りのランチ様式家屋（アメリカ西部の大牧場主の質素な家屋をヒントに考案された、平屋で屋根の傾斜が緩い家）で、隣は学校だ。マテオの姉は高校で英語とスペイン語を教えている。宇宙人と遭遇したとき、3人の娘と一緒にいた従妹のアクナも、この家で共に暮らし、学校に通っている。若い娘たちの年齢は17歳から19歳。イトゼルとエメは一卵性双生児で、双子らしくおそろいのジーンズとタイトなピンクのセーターを着ていた。アクナが一番年下で17歳。髪を2本の3つ編みのおさげにしている。そのシミひとつない肌は、ハリウッドスターもうらやむことだろう。イクシェルが一番年長で19歳。髪は肩までの長さでカールしている。身のこなしが洗練されていて、自分は妹たちとは違ってもう子供ではない、大人の女性なのだと主張していた。３人とも夢は教師になることで、イクシェルはすでに大学に入学していた。双子は次の学期に入学することになっていて、アクナも後に続いて、その次の年に入学する予定にしている。

「マテオ叔父さんは、私たちを大学に行かせたがってるんです。両親も同じで、ママは私たちに、ホテルのメイドやウエートレスになってほしくないんです。女性も教育を受けるべきだと言ってます」。とイクシェル。姉妹たちが床の上にクッションを円形に並べ、私は娘たちの間に座った。「母は教師です。グアテマラでは、教師は女性にとって良い職業なんです。大学教授にお目にかかれて光栄ですわ。合衆国の大学では、どのように授業が行われるのか、お尋ねしたいことが山ほどあります。来てくださって本当にうれしいです」

「本当のことを言うと、ドクトーラ、私たち、ファッションや、男の子や、メイクアップのことが知りたいの。でも、まずＵＦＯの話をしなきゃだめね」とエメが言うと、４人の少女はにぎやかな声を上げて笑った。しかし私は、彼女の発言の中には真実があると思った。

「あなたたちが知りたいことは、何でも話しますよ」と私は言った。私たちは居間の床に座り、少女たちは自分たちの文化、伝統に対する誇り、両親の夢を実現させたいという希望について話した。

アクナが最も社交的で、一番年下だけれど、25歳でも通りそうだ。デニムの短パンとキッスのＴシャツを身に着けた姿は、モンタナのティーンエイジャーと何ら変わらない。アクナによると、「ママは、頭がおかしいと思われるから、あの体験は人には話さない方がいいと思っている」そうだ。

「ママは話しちゃだめと言ったんじゃないわ。言いふらすべきではないと言ったんです。私たちはママに、あなたにあの体験について話したいと言いました。だって、マテオ叔父さんも大丈夫だよって言ってたし。叔父さんは、あなたは私たちのことを知らないから、私たちの身元はバレないって言ったんです」とエメ。

「約束するわ。誰にもあなたたちだとわからないようにします。私たちだけの秘密にしましょう」

「私は人から変人だと思われても、別にかまわないわ」とエメが言った。「起こったことは事実なんだもの。作り話なんかじゃない。本当に起きたことなの。異星人は実在するって、人は知るべきなのよ」

「私もそう思うわ」とイトゼル。「あんなことが起きているとみんなが知っていれば、もし異星人がやって来て姿を現しても、あまり驚かなくてすむもの」

体験を公表すべきかどうか、それから、それまでにその出来事を話した限られた相手について彼女らが議論しているのを聞いているうちに、彼女らの両親や身近な親戚は、彼女らが精神的に不安定であるとか、最悪の場合、魔女（ブルージャ）だと思われるのを案じていることがわかった。かなりの時間をかけて、遭遇体験を話すことのメリットとデメリットを話し合ったあと、娘たちは口を閉じてアクナを見た。

「回転する宇宙船から降りてきたのは、赤い目の悪魔でした」

「その出来事が起こったのは、３週間前のことです」とアクナが口を切った。「家族で広場へ行きました。私たち、ダンスが好きなんです」

「土曜日の夜だったわ」とエメが口をはさんだ。

「12時ごろまで広場にいました」とアクナが続けた。

「ここから数ブロックのところよ」とエメ。

「目の端に、何かが動くのが見えたんです」とイクシェルが言った。「それで、アクナにそう言いました」

「そのとき、彼らを見たんです。４人いました」とアクナ。

「最初は地元の少年たちが、私たちをからかっているのかと思ったの」とエメ。「私は彼らに向かって、誰なのって叫びました。でも、何の反応も返ってこなかった」

「４人とも何も答えないので、私たちはふたたび歩き出しました。すると突然、エメが悲鳴を上げたんです。私は誰かが襲ってきたのかと思いました。そして、エメの方へ駆け寄ろうとしたんだけど、体が動かないんです」とアクナ。その出来事を思い出すにつれ、アクナの声が活気を帯びてきた。

「私もエメのそばへ行こうとしました」とイクシェル。「でも、体が動かないのです」

「私は『誰なの？　何か言いなさい』と叫びました」とアクナ。

「そのとき、彼らの姿がはっきり見えたんです。人間でないことは明らかでした」とイクシェル。

「でも、人間によく似ていたわ。４人いました。小さくて、痩せていて、ガリガリの長い手がついていたの」とエメが付け加えた。

「どう見ても地元の少年ではありませんでした。彼らなら、筋肉モリモリだもの」とイクシェルが笑った。

「目が赤かったわよね」とアクナが３人の少女を見まわしながら言った。少女たちは同意してうなずいた。「赤い目を見たとき、私は悪魔だと思いました。それで、ありったけの声を上げて叫びました」

「それで、私たちは同時に悲鳴を上げたんです。誰かに気づいてもらおうと思って。そしたら、体が動くようになったんです。私はエメに駆け寄り、立ち上がらせました」とアクナ。

「そして、みんなで走って帰りました」とイクシェル。「グズグズしてたら、逃げそこなうと思ったんです」

「そのとき、宇宙船が見えたんです」とアクナ。「回転する物体が見えました。底から白い光が、円を描くように出ていました。私たちの頭上を飛んでいって、もう一度道の上へ降りました。そして、私たちの前で止まったんです」

「それから、突然上昇したと思うと、あっという間に見えなくなったの」とエメが付け加えた。

「宇宙船が行ってしまうと、私たちは抱き合って悲鳴を上げ、家に向かって駆け出しました」とイクシェル。

「ずっと考えているんですけど、もし私たちの身に何かあったら、ママはどうしたかしら。娘を3人とも失うなんて、とても耐えられなかったでしょうね」とエメ。

「それに、姪もね」とアクナが口をはさむと、娘たちはうなずき合いながら、くすくす笑った。

「あなた方の遭遇体験について、他に何かありませんか。彼らがあなた方の1人、もしくは全員を拉致しようとしたということ以外に」

「一番恐ろしかったのは、体が動かなくなったことです」と、イクシェル。

「本当に怖かったわ」とエメ。「彼らは私を家族からさらっていくつもりなんだと思った。テレビで異星人に拉致される話を見てたから、怖かったわ」

「テレビで見たことが、その出来事に関するあなた方の記憶に影響を与えたとは思いませんか」と私は尋ねた。

「つまり、私たちが恐ろしさのあまり、想像しただけではないかということ？　それは違うわ。彼らは本当にいたんです。彼らは人間ではなかった。赤い目をしていました。赤い目をした人間なんて、見たこともないもの」とエメが答えた。

「確かに、この辺りでは、みんな小さいときからＵＦＯや異星人に関する映画を観て育ちます」とイクシェル。「でも、これは映画ではありませんし、想像でもありません。今でもあの赤い目を忘れることができません。目を閉じると、まるで彼らが目の前に立っているみたいに、ありありと目に浮かぶんです」

「彼らについて、他に覚えていることはありませんか」と私は尋ねた。

「4人とも同じ服装をしていました。光の当たるところへ出ると、スーツは輝いていました。光を放っていたんです。青く輝いていました。光が当たらないところでは、スーツは輝きません。光が当たったときだけ輝くんです。彼らは光の当たらない場所に留まろうとしていました。姿を見られたくなかったのではないかしら。私はそう思うわ。彼らの姿を見たら、この辺りの人間ではないとわかってしまうもの」とアクナが答えた。

「彼らの目も光っていたわ。頭は人間より大きかった」とエメ。

「頭は人間より大きくて、下半身は小さかったです」とイクシェル。

「ベルトのようなものを着けていたわ」とエメ。「でも、武器は目につかなかった。何か持っていたという記憶はありません」

「宇宙人は人間の心をもてあそぶのです」

「彼らの武器は、心(マインド)よ」とイクシェル。

「私もそう思います」とアクナ。「彼らは私たちの心をもてあそんでいました。どう説明すればいいのかわからないけど。でも、ほんの一瞬だけど、彼らはエンリケ、ホワン、アルトゥーロとサンチャゴじゃないかと思ったわ」

「それは誰ですか」と私は尋ねた。

「地元の少年たちです。私たちのことが好きなの」。娘たちはくすくす笑い、頬を赤らめた。

「彼らがどのようにあなた方の心をもてあそんだのか、話してくれますか」と私。

「友人の声が呼んでいるのが聞こえた気がしたんです。『散歩に出かけよう。ダンスをしようよ』——そんな感じです。友達が呼んだのかと思ったけれど、異星人の仕業ですね。私たちの心を思いのままに操ることができるんだわ」とアクナ。

「奇妙なことだけど、一瞬、4人の異星人が友人に見えたの。それで、私たちから隠れようとするなんて、おかしなことだと思ったのを覚えています」とエメ。

「彼らが私たちの脳をコントロールしていたと思われますか」とイクシェルが私に尋ねた。

「あなた方はどう思うの?」と私は言った。

「私たちをコントロールしようとしていたと思います。でも、私たちが悲鳴を上げたので、コントロールが解けたんじゃないかしら。だって、私たちが悲鳴を上げたとたん、自由に動けるようになったんだもの」とエメ。

「その体験を、誰かに話しましたか」と私は尋ねた。

「UFOが飛び去った直後、兄が道をこちらへ歩いてくるのと出会ったので、この出来事を話しました。兄はUFOを見たことがあるので、私たちを家まで送ってくれ、家の中に入っていなさい、カギをかけておくんだよと言いました」とエメが答えた。

「ママとパパには話しました。おじやおばたちにも話しました。みんな心配しなくていいと言ってくれました」とイクシェルが付け加えた。「パパはこの20年ほどの間に、何度かUFOを見ています。パパは心配していたけれど、私たちに心配していることを悟られないようにしていたみたいです。私たちがベッドに入ったあと、パパが家から出ていく音が聞こえたので、窓から外を見たんです。パパは近所の男の人を何人か呼んで、夜通し起きて家を見張っていました。彼らが戻ってくるのではないかと心配したんだと思います」

「私はママ以外には誰にも話していません」とアクナ。「でも、しばらく経つと、なぜか村じゅうの人が知っていました。村では、どんなことも長い間秘密にしておけないんです」

私は夜遅くまで彼女たちと話した。あの夜の記憶に揺さぶりをかけようと、さまざまな質問を投げかけてみたが、彼女たちの話がぶれることはなかった。あの夜の出来事が真実であることを、さらに裏付けただけだった。


この数年、私は4人の娘たちと連絡を取りつづけている。3人は大学を卒業して、教師になる夢を実現させた。最初に会って以来、3姉妹とは2度会った。長いランチを取りながら、あるいは暑

くて湿気の多い夕方に広場で、彼女たちの人生、キャリア、将来の夢について語り合った。３姉妹はその後も両親と一緒に暮らし、双子は卒業式の翌日に結婚した。相手も兄弟同士なのだそうだ。最近の報告によると、イクシェルはグアテマラで仕事をしているアメリカ人考古学者とつき合っているそうで、結婚後は合衆国へ来ることになるかもしれないと話した。彼女は合衆国で暮らすことに不安を感じているようだ。合衆国でも教師としてやっていけるだろうか、大学の環境に適応していけるだろうかと案じている。彼女たちからは定期的にEメールが来るが、その中で心躍る出来事を報告したり、やる気のない生徒をどう指導すればいいかアドバイスを求めたりする。今のところ、さらなる遭遇体験の報告はない。

証言⑰ スターピープルは猛毒を持っている⁉

南北アメリカ大陸に住む他の先住民と同様に、マヤ人の活力源は主要生産物であるマイゼ（トウモロコシ）だ。このことは、神話の伝承を見ても明らかだ。マヤの天地創造神話によると、人間自体がトウモロコシから創られたとされている。多くのマヤの絵画は、マイゼにまつわる神話が数多くあることを裏付けている。

ここでは、奇妙な小人に遭遇したマヤ人の農民の話を紹介する。その小人も、マイゼに関心を持っていたという。

異星人はなぜトウモロコシを採っていたのか⁉

数時間にわたり、私は4人の娘たちが異星人との遭遇体験や自分の夢を語るのを聞き、合衆国についての質問に答えた。その後、マテオの姉のマリアが、泊まっていきませんかと勧めてくれた。

「地元の農民が、毎朝新鮮な野菜を家まで届けてくれるの。彼も驚くべき遭遇体験を持っているんです。ひと晩泊まっていかれるなら、あなたを紹介して、話をしてくれるよう頼んでみますよ」。喜んで泊めていただきますと言うと、手彫りのマホガニー製のベッドと、専用のバスルーム付きの部屋に案内された。「パパが母親のためにこの部屋を建て増ししたんだけど、おばあちゃんは完成する前に亡くなってしまったの。あなたはこの部屋を使う初めてのお客様よ」とエメが言い、4人の娘たちは私と一緒に大きな手造りのベッドに上がってきた。その後1時間ほど、ファッション、男女交際、合衆国の男の子のことについて質問を受けた。マリアがドアをノックし、もう寝る時間だと告げると、娘たちはしぶしぶ部屋を出ていった。

翌朝、アクナが起こしに来てくれた。白いブラウスに紺のスカートを身に着けている。「学校の制服なんです」とアクナ。「大嫌いなんだけど、これを着てるとみんな同じなのはいいですね。お金持ちも貧乏人もなく、みんな平等。あと10分で朝食の用意ができます」。そう言って、アクナはしぼりたてのオレンジジュースが入ったグラスを渡してくれた。「合衆国ふうに言うと、ウェイクアップコールかしら」。私はベッドから這い出ると、数分で身支度を整えた。新鮮なフルーツとゆで卵の朝食を終えたとき、ヘクターという名の農民がキッチンのドアをノックした。紹介が終わると、彼はキッチンのテーブルに着き、出されたコーヒーを礼儀正しく受け取った。マリアと娘たちは1列に並ぶと、私とマテオにさよならを言い、家を出て学校に向かった。マテオはトルティーヤと卵が載った皿を持ってきて、ヘクターに勧めた。ヘクターはうれしそうにほほ笑むと、トルティーヤに卵と豆入りのサルサソースをたっぷり載せて、貪るように食べた。小柄な男で、麦わら帽子をかぶり、切りっぱなしにしたズボンの裾からサンダルがのぞいている。手織りの布に頭が入る穴を開けただけの、膝まであるシャツを着ていた。

「マリアから、あなたは異星人と遭遇した体験がおありだと聞きました」。ヘクターがトルティーヤを食べ終えると、私は口を切った。マテオがマヤ語に通訳する。ヘクターは私を見て、うなずいた。

「2年ほど前のことだ。おれは弟と畑仕事をしていた。午後2時ごろ、おれたちは仕事を終えて、家に帰ることにした。いつもに増して暑い日だったから。その辺の道具をまとめて、家に向かって歩きはじめたとき、弟が木のてっぺんぐらいの高さに、奇妙な物体があるのに気づいた。それは木や枝を折りながら、まっすぐ下りてきた」。そこで彼は話を止め、マテオが翻訳するのを待った。

「その物体は着陸はしなかったが、地面すれすれのところに浮かんでいた。そんなもの、それまで見たこともなかった」とヘクターは言った。

「その物体の外見はどんなでしたか」と私は尋ねた。

「円くて、2枚の皿を合わせてひっくり返したような形をしていたよ。色は茶色で、錆びた金属みたいな、くすんだこげ茶色だった」

「何か生き物はいましたか」。ふたたびマテオが通訳する。

ヘクターはうなずいた。「その物体から、奇妙な小人が1人出てきたんだ。地面から浮き上がっているように見えた。歩幅が狭く、ひどくぎくしゃくと歩いていた。おれは悪魔に違いないと思ったよ」。ヘクターは話を中断し、もう1つトルティーヤを食べた。

「体の特徴について話してもらえますか」

「つなぎの服を着ていたね。色は茶色で、頭も同じ素材で覆われていた。手も覆われていた。靴はつなぎ服と一体になっていて、同じ色だった。ここら辺りの人間ではないなと思ったよ。この辺にあんな恰好をした男はいないからな」

「その奇妙な男はあなたの方を見ましたか」と私は尋ねた。

「最初は見なかった。おれのトウモロコシ畑に入っていって、トウモロコシの穂を調べていた。そして、トウモロコシをいくつか採った」。私はヘクターが言ったことが間違いなく理解できているか、マテオに確認した。

「ヘクターは、異星人がトウモロコシ畑へ入っていって、トウモロコシのサンプルを採ったと言っています。異星人はそれを、つなぎ服についているバッグに入れたそうです」とマテオ。

「異星人がトウモロコシを採るのを見たとき、あなたはどう思いましたか」と私は尋ねた。マテオは通訳しながら、ヘクターにもう1つトルティーヤを勧めた。ヘクターは受け取って、食べ終わってから話を再開した。

「やつが何をしているのか、理解できなかった。トウモロコシが欲しいなら、そう頼めばいいのにな。くれと言われたら、やるのにさ」

「異星人は、何らかの方法であなたとコミュニケーションを取りましたか」

「いや。こっちを向かなかった。おれたちを見ていなかったと思う。だが、そのとき、弟が飛び上がって、やつを脅して、追い払おうとしたんだ。それでもやつが動かないから、弟はやつの方へ近づいていった。そしたら、やつは木の上に留まっていた茶色の物体に向かって浮かび上がったんだ。弟はやつを追いかけたが、やつは空高く上がってしまった。そして物体は飛び立ち、まっすぐ上昇していった。底にあるドアが閉まるのが見えたよ」

「弟さんは大丈夫でしたか」と私は尋ねた。

「おれたちはしばらくじっとしていた。体を動かすことができなかったんだ。1時間ぐらい経って、やっと家へ帰るだけの力が出てきた。翌日は2人とも、ずっとベッドにいた。体を起こすこともできなかった。おれは何度か吐いて、何も食べられなかった。弟はもっと重症だった。顔と首に発疹が出て、何日も治らなくて、ヒーラーに治してもらったんだよ。そして、おれたちは誓いを立てた。金輪際、空からやって来た奇妙な男にかまうのはやめようと。やつらは害毒だよ」

「異星人に会って以来、体に異変が起きました」

「他に何か覚えていることはありませんか」と私は尋ねた。

「歩き方がおかしかったね。ぎくしゃくと、まるで足が痛む人のように歩いていた。だが、その理由はわかってるんだ」とヘクター。

「どんな理由ですか」と私は尋ねた。

「足が丸いからだ」

「足が丸い？」

「小さな体のくせに足が大きすぎる。その上足が円形なんだ。おれと弟はそのことについて話し合った。足が丸いということは、ここら辺りの人間のわけがない。どこかよそからやって来たに決まってるってね」。マテオは彼のコーヒーカップにおかわりを注いでやり、通訳した。

「身長はどれくらいでしたか」と私は尋ねた。ヘクターは立ち上がって、これぐらいと手で異星人の身長を示した。1メートルちょっとぐらいだろうか。「どんな顔をしていたか、話してもらえますか」と私。ふたたびマテオが通訳した。

「顔の上に何かかぶっていた。だから、顔は見えなかった」

「その体験について、他に何かありませんか」

「あの異星人は、おれたちの体に何かしたに決まってるよ。2年経っても、弟は発疹に悩まされている。おれもときどき体がだるくて、動けない日があるんだ。あの異星人は間違いなく害毒だよ」

ヘクターがさらにトルティーヤを2つ貪るように食べるのを見ていると、彼は私に、弟に効きそうな薬を知らないかと尋ねた。医者に診せたらどうかと言うと、彼はマテオに、地元のシャーマン以外、医者は信用できないと言った。医者代は払いますよと言っても、彼は丁重に断った。

ヘクターは、自分と弟を苦しめている痛みに対し、異星人の害毒にやられたと言い切った。ＵＦ

O同好会なら、彼の意見は却下されただろう。だが私としては、彼の言うことには一理あると思う。放射能中毒にせよ、未知の化学物質のせいにせよ、その痛みは兄弟の人生を変えたのだ。ヘクターは体の具合が悪いにもかかわらず、同じ体験をするかもしれない人々のために、自分の体験談が役立てばいいと思っている。「世の中に伝えてくれ。もしあんな奇妙な小人に出会うことがあったら、決して近づいてはいけないと。やつらは害毒なんだ」

ヘクターに会って以後も、私はマテオの姉のマリアとは何度か話をした。ヘクターは今も体調不良に苦しんでいるが、毎朝マリアの家へ野菜の配達は続けているそうだ。「ヘクターは今でもあなたのことを尋ねるんですよ」とマリアは言った。「彼はあなたのことを、二心のない女性（ワン・ハーテイッド・ウーマン）と呼んでいます」。マヤの人々の間では、それは信頼できる人という意味だ。これに勝る褒め言葉はないと思っている。

証言⑱ 爬虫類タイプの異星人／目撃証言多数！

さまざまなタイプの異星人の存在が報告されている。多くは人間に似た姿をしているが、動物のような姿のものもいる。その中で一番目撃情報が多いのが、爬虫類タイプだ。背の高さは1メートル50センチぐらいから、3メートル近いものまである。報告によると、緑がかった茶色のうろこ状の肌、唇のない大きな口、それに赤い目をしているという。目撃者が、手と足にはかぎ爪がついていたと報告している例も多い。

ここには、12歳のとき爬虫類のような異星人に遭遇したマヤ人の老人、チャク・トックが登場する。

異臭…そして現れたうろこのある生物

私たちの車はほこりっぽい未舗装の道を走り、マテオの姉の雑用を請け負っているという1人の老人の家に向かっていた。道の両側には、背の高いトウモロコシ畑が広がっている。畑の端に、6

軒の昔ながらの小さな家屋が身を寄せ合うように建っていた。私たちは最初の家の前に車を止めた。マテオがチャク・トックはどこにいますかと尋ねる。少年のときに遭遇体験をしたという老人だ。

チャク・トックは自宅の裏庭で、木からオレンジを採って食べていた。ぼろぼろのズボンをはき、すり切れた格子柄のシャツを、ボタンをかけ違えて着ている。その姿を見て、この旅の間に出会った多くの老人たちを思い出した。彼は麦わら帽子を脱ぐと、私に向かって丁寧におじぎをし、温かく迎え入れてくれた。にっこり笑うと、前歯が1本しかなかった。オレンジの木の方へ歩いていって私に木を示すと、2個目のオレンジの皮をむき、私に出してくれた。マテオが地元のマヤ語方言で彼に話しかけ、私たちの訪問の目的を伝えた。老人は私に目を向け、小さな声でマテオに何か言った。老人がうなずくのを見て、体験を話してくれる気になったのがわかった。もう1個オレンジをむいてマテオに出してから、彼は私たちを大きな木の下に置いたベンチに誘った。そして奥さんを呼ぶと、食べ物を持ってくるように言った。トルティーヤと卵と豆の入ったソースが出されてから、チャク・トックは話を始めた。

「最初にUFOを見たのは1957年で、わしは12歳だった。静かな夜だった。わしは裏庭のハンモックで寝ていた。暑い夜だった。村は暗闇の中に沈んでいた」。彼はソースをトルティーヤで包み、マテオが通訳するのを待った。マテオが口を閉じると、彼は続けた。「突然、月ぐらいの大きさの明るい光の球が夜の空から、ジャングルの中へ落ちていった。わしはおやじを呼んだ。おやじはもう眠っていたが、わしがさっき見たことを話すと、マチェートをつかんだ。わしらはひんやりした夜の中に走り出て、光の落下点に向かった」。彼は話を中断すると、指で差し示した。「あの方向だ。今でもあの光が木々の中へ落ちていったのが目に浮かぶよ」。すでにトルティーヤを食べ終わっていたマテオが通訳した。

「他にその光を見た人はいましたか」と私は尋ねた。

「いいや。だが、光の球を探しに出かけたのはわしら2人だけではなかった。わしとおやじが村から出て歩いていると、2人の男が光を見たと言って、一緒に探しに行くことになったんだ。その夜はいたって普通の夜だったが、ジャングルの奥へ入っていくと、奇妙なにおいがしてきた。それまであんなにおいは嗅いだことがなく、気分が悪くなってきた」。そこで彼は話を止めて、胃の辺りを押さえた。「ものすごく具合が悪くなってきたんだ」。彼はオレンジをもう1個むいて、まず私に、それからマテオに勧めた。マテオが受け取った。「男の1人が、空から流れ星が落ちてきたんじゃないかと言った。わしは以前に流れ星を見たことがあるから、よく知っていた。それは星ではなかった。だが、年長者は敬わねばならないと教えられていたので、黙っていた。そう、流れ星が落ちるときは、長く尾を引くんだ。だから、あれは流れ星ではなかった。丸くて、月ほどの大きさだった」

「光の球が落ちた場所まで行くのに、どれくらいかかりましたか」

「1時間ほどだったと思う。その場所に着いたとき、わしらは地面に穴が開いているか、落下物の残骸があるだろうと思っていた。ところが、何もなかったんだ。がっかりして、帰ろうと後ろを向いたとき、ジャングルのさらに奥から光が近づいてくるのが見えた」。マテオはふたたび通訳してから、トルティーヤをもう1つ取った。

「わしらは光の方へ足を踏み出した。そのとき、木々の間から、赤いギラギラした目がわしらを見下ろしていたんだ。そして、確かにシューシューという音が聞こえた。わしは背筋が寒くなったが、他の3人には聞こえなかったらしい」

「それは、何かの動物ですか」

「いや。動物の目なら見ればわかる。動物ではなかった。村人の1人がランタンを持っていて、それを赤い目の方向へ掲げた。その生き物は恐ろしい姿をしていた。顔はトカゲに似ていた。皮膚は緑色というより茶色に近く、ざらざらしていた。ジャングルにうまく溶けこんでいたので、太陽が出ていたら、見つけられなかったかもしれない。ランタンの光が当たると、そいつは木から飛び降りた」。チャク・トックは話を中断し、マテオが通訳する間、ボトルの水を飲んでいた。

「『ざらざらした皮膚』とはどんなものか、説明していただけますか」と私は頼んだ。マテオが通訳している間、私も自分のボトルから水を飲みながら、2人のやりとりを見ていた。

「その生き物には、魚のようにうろこがあったと言っています」

「それはどれくらいの大きさでしたか」

「彼の倍ぐらいの大きさで、とても頑丈だったと言っています。身長の5倍ぐらいの高さの木の枝から飛び降りたそうです。着地したとき、地面が揺れたそうです」とマテオが通訳した。

「木の枝はあれくらいの高さだった」とチャク・トックは言って、庭の木の枝を指さした。その高さは10メートルほどもあって、そんな高いところから、3メートルの生き物がどうやってケガもせずに飛び降りられたのだろうと思った。

「木から飛び降りたあとはどうなりましたか」と私は尋ねた。

「深い茂みの中を、光の方向へ姿を消した」とチャク・トック。「そのときから、わしらはめまいがして、気分が悪くなった。先ほどわしが気づいた嫌なにおいに、みんなやられてしまったんだ。生き物を追いかけようという気も、光の球を探し出そうという気も失せてしまった。わしらは家に帰り、翌朝になるとその出来事について話しさえしなかった。実際、何ごともなかったかのようだった」

「何も覚えていなかったということですか」

「覚えていたよ。ただ、その出来事について話さなかったということだ。話をしたら、またあいつが現れるんじゃないかと恐れたんだ。わしらはとても幸運だと思った。あいつはわしらを殺して、食べることもできたはずだ。ただ、午前中に4人とも具合が悪くなり、何週間も治らなかった。高い熱と発疹が出て、歩くこともできなかった。村のシャーマンたちがそれぞれ違う薬を処方してくれて、それで最終的には回復した」

「4人の間では、その話をすることはありましたか」と私は尋ねた。

「一度もない」。彼は首を振った。

「あなたがUFOと遭遇したのは、それが最後でしたか」

「75年の人生で、ジャングルの中で光は何度も見たよ。だが、それが何か、調べてみたことはない。ここではよくあることなんだ。それに、わしはそんなものを追いかけることに興味はないからな。あの赤い目をした悪魔と出会っただけでたくさんだ」

インタビューのあと、チャク・トックは裏庭を案内してくれた。敷地内のさまざまな果樹や、コーヒー缶に植えた薬草を指さして教えてくれた。それぞれに違う用途があるそうだ。敷地の裏では、軽量コンクリートブロックの檻の中を4匹のブタがうろついていた。彼が近づくと、ブタたちは後ろ足で立ち上がった。彼は愛おしげに軽く頭を叩いた。マテオはあとで私に、チャク・トックはブタに政治家の名前をつけていると教えてくれた。

チャク・トックとの別れはとてもつらかった。彼は車まで見送りに来てくれた。マテオは2ケースの水と1ケースのコカ・コーラを降ろした。彼と握手をしたとき、私は20アメリカドルに相当する紙幣を彼の手の中にすべり込ませた。彼はほほ笑み、マテオに何か言った。あとでマテオが、彼はこれだけの金があれば、1年間孫の学費が払えると言っていたと教えてくれた。


私はしばしばチャク・トックのことを思い出す。爬虫類のような異星人との遭遇体験を持つ人と会ったのは彼が初めてだった。以前、人間の姿はしているが、目が赤く、うろこのような肌をした異星人に遭遇した人には何度か会った。だが、チャク・トックは特別な存在だ。彼は私のような見

ず知らずの人間を家に迎え入れてくれ、めったに聞けない話をしてくれた。彼はマテオに、この話は２人の人間にしかしていないと言ったそうだ。マテオの姉と私である。私は感謝するとともに、光栄に思った。

証言⑲ 赤い手の輝く人々（シャイニングピープル）

世界中の岩絵のそばや建築現場で、手形のようなものが見つかっているが、科学者はつねにこう問いかける。これは何を意味するのだろう。絵を描いた人の署名なのか。それとも、シャーマンが霊界を表現しているのか。スティーブンズとキャザウッドも、旅の途中で見た赤い手の謎を記録している。古代マヤ人の間にイメージが存在し、それが現代の建築家によって、その建築物に対する貢献の印として使われているのであれば、古代マヤ人にとっての「赤い手」の意味を、よそ者は誤解しているのかもしれない。

ここでは、1人のマヤ人の老人が登場し、先人から教えられた赤い手形の意味を説明してくれる。

輝く人々（シャイニングピープル）が残した赤い手形

私はマテオの姉の家に2晩泊めてもらった。村でカトリックの聖人を称える祭事があり、マテオは私も参加したら楽しめるのではないかと考えたのだ。マテオの姉は、自分の客として滞在してほしいと言った。彼女は地元の学校で英語の教師をしており、英語を話す人間と英語でおしゃべりする機会を楽しんでいた。祭事とダンスを楽しみ、ご馳走をたらふく食べた翌日、マテオと私はグアテマラシティへ戻る旅に出発した。その道中で、マテオはちょっと回り道をして、ジャングルの中に埋もれている小さなマヤ遺跡をいくつか訪れてみたらどうかと提案した。私はもろ手を挙げて同意した。

マテオと私はグアテマラのジャングルの中にある小さな遺跡で、マヤ人の老人、ヨックに会った。80歳という年齢よりは若く見える。その遺跡は観光地図には（さらに言うと、どんな地図にも）載っていないが、そこは遺跡というより、むしろ木で覆われた小山のような場所だった。そこで休憩して、マテオの姉マリアが持たせてくれたお弁当を食べることにした。ハイウェイの路肩に車を止めた直後、ヨックが声をかけてきた。彼はこの名もなき小さなマヤ遺跡の、自ら決めた保護者だった。彼によると、20年前、政府がこの遺跡の大規模な修復計画を立てた。管理人小屋も建てたが、その後何の説明もなくその計画を破棄した。政府が遺跡に対する関心を失ったことが明らかになると、ヨックはその任を引き受け、小さな管理人小屋へ移り住み、管理人の任務を担うことにした。これまで誰も彼の権限に異を唱えなかった。無断占拠のお返しに、彼は遺跡の番をして、略奪者を寄せつけなかった。若いころ、ヨックはアメリカ合衆国へ旅をして、カリフォルニア州やワシントン州で働いたことがあると言い、英語が上手だった。彼は合衆国が大好きだったが、危険を感じながら暮らすことは負担だったそうだ。母親ときょうだいのために家を建てる金が貯まると、彼はグアテマラへ帰り、農民の生活に戻った。古代遺跡を守る役目に給料は出なかったが、家と菜園があるし、気まぐれな旅行者がチップをくれることもあった。彼は私を小屋の中へ案内し、ハンモックのそばの棚を指さして、「わしの図書館だ」と言った。「アメリカ人旅行者がいらない本をくれるんだ。それでわしは読書をして、英語の勉強をしているんだ」。棚をざっと見ると、スティーブン・キングからダニエル・スティールまでさまざまな本が並び、英西辞典まであった。

「これらの本を読まれるのですか」と私は尋ねた。

「毎晩読むよ」とヨックは答えた。

マテオと私は、ヨックとお弁当を分け合って食べた。その間、彼は巨人や小人、毛深い種族の話で楽しませてくれた。帰り支度をしながら、私たちは彼のために1ケースの水と、道端のスタンドで買った果物を置いた。私はペーパーバックを数冊、彼の図書館に加えた。トニイ・ヒラーマンのナバホ・インディアンの警官の小説を2冊と、クレイグ・ジョンソンのワイオミングの保安官を主人公にした最新作、それにアガサ・クリスティのフランス人探偵ポワロの小説を1冊だ。ヨックはお返しに、遺跡を案内させてくれと申し出た。慎重に彼のあとを1歩1歩ついていきながら、私は小さな寺院の遺構を見た。3面が残っている。木造の建物の前の木のベンチに、3人で並んで座った。この遺跡の多くの建築物は、粗石が小山のように盛り上がっているだけだが、この寺院は、入り口の上部のなめらかなアーチが残っていて、その正面に赤い手が描かれていた。「わしがこのベンチを造った。朝早くここへ来て、こうして座っているのが好きなんだ。これは輝く人々(シャイニングピープル)の祭壇だ」と彼は言った。

『シャイニングピープル』とは誰のことですか」と私は尋ねた。

「スペースピープル、スカイゴッド、スターピープル、地球外生命体、異星人――どれでも好きな名で呼べばいい」と彼は言った。「彼らがこの手形を残していったんだ」

輝く人々（シャイニングピープル）が2016年にやって来る

「スターピープルについて、何かご存じですか」と私は尋ねた。

「スターピープルと言っても、いろんな種類がある。いろんな場所からやって来るんだ。マヤ人と関係があるのは、その中の1つだ。スターピープルのいくつかは太陽系から来ているが、全部がそうではない。シャイニングピープルによると、宇宙には67の太陽系があり、毎日何千もの宇宙船が地球を訪れているらしい。わが国の政府には、それを見るためのテクノロジーがない。シャイニングピープルは地球のあらゆる場所に住み、人々を観察し、助けていると言っている」

「では、あなたはスターピープルと接触したことがあるということですか」と私は尋ねた。

「わしは月ごとに、彼らと接触している」

「毎月ということですか」

「いや、数カ月に1度だ」

「地球で暮らしているスターピープルについて、話していただけますか」

「彼らには特別な任務がある。永久に地球で暮らすわけではない。科学者が人々の生活を向上させるのを助けたり、平和のために働く指導者を助けたりしている。わしが知っているだけでも、たくさんの仕事をしている。人間の友人には、自分の正体を決して明かさない。今は宇宙に帰っている。16年周期でやって来るんだ。もうすぐまたやって来る。２０００年に帰っていったから、２０１６年に戻ってきて、地球に16年間留まるだろう。そして、また16年間いなくなるんだ」

「なぜ16年周期なのか、ご存じですか」

「わしが理解しているのは、地球へやって来るのに16年かかるということだ。彼らが戻ると、別のグループがやって来る。それで、地球に16年いて、それから16年後に別のグループがやって来るんだ」

「彼らはどんな姿をしているのですか」と私は尋ねた。

「われわれと同じような姿をしている。自分がなりたいと思えば、どんな姿にでもなれるんだ。地球では人間のような姿をしている。別の星では、そこに住む種族と同じような姿になる」

「あなたはなぜシャイニングピープルと呼ぶのですか」

「彼らの本当の姿は、光の球だからだ。人間の目に見えるのは、人間の姿をしているときだけだ。それ以外は、彼らが人間の目をくらましている。だから、多くの人は彼らに出会っていることを知らない。ただ光の球を見ているだけで、生き物だと認識していないのだ」

「赤い手についてお話しいただけますか」

「あんたもいろんな場所で赤い手形を見たことがあるはずだ」とヨック。私はうなずいた。

「『赤い手の兄弟たち』についてはいろんな話がある。スカイピープルの1つのグループで、知識を集めながら宇宙じゅうを旅していた。それで、地球のあらゆる民族の起源の秘密を知っていたんだ。宇宙じゅうの生物の住む惑星についても知っていた」

「それで、赤い手の兄弟たちは、自分たちが訪れた場所に、手形を残していったのですか」

「そうだ。兄弟たちはシャイニングピープルの一族として生まれた。そして、世界の初めから地球に住んでいたんだ。考古学者は行く先々で赤い手形を目にする。科学者は、赤い手形は建築者の署名だと言うが、それは事実ではない。知る人ぞ知るだが、赤い手は知識を表しているんだ」

「シャイニングピープルから他にどんなことを教えられましたか」

「彼らの寿命は800年だそうだ。彼らは言うには、この太陽系で戦争をしている惑星は地球だけだそうだ。他にも戦争をする惑星はあるが、太陽系ではない。彼らはあらゆる病気を治す知恵を地球の科学者に授けたのに、それを使っていないと言っている。宇宙には、住民がまだ暗黒時代に生き、車輪も知らない惑星もあれば、住民が年を取らない惑星もある。他の惑星よりはるかに進歩していて、そこに住む存在は、頭を働かせるだけで、自分が選ぶどんな姿にもなれるという星があるとも聞いた。ある星にはクリスタルでできた都市があり、この星には他に光源がないので、夜になると月のように輝くそうだ」

「シャイニングピープルの宇宙船はどんなものですか」と私は尋ねた。

「大きなつばの付いた帽子のような形をしている。そう言うのが一番わかりやすいだろう。金属のように見える。実際は違うんだが、人間の目には銀に見える。音は立てないが、稲妻のように飛ぶことができる」

「シャイニングピープルと初めて会ったのは、何歳のときでしたか」

「幼いころから祖母にスターピープルの話を聞かされていたが、ある夜、空から光の帯が降りてくるのを見たんだ。わしはその光線を追っていった。すると、光の球が現れ、そこから男が1人出てきた。彼はわしの手を握り、わしの名前を呼んだ。そのときは12歳ぐらいだったが、その日から今まで、わしはずっとシャイニングピープルと会っている。合衆国にいたときもな」

午後のほとんどの時間、私たちはずっとヨックと一緒にいたが、赤い手とシャイニングピープルに関して、彼の話がぶれることはなかった。私はしばしば、この親切で優しかった老人のことを思い出す。彼は地球の科学者や指導者を助けているという赤い手の兄弟たちやシャイニングピープルについて、冷静かつ明快に話してくれた。うまくいけば、２０１６年にシャイニングピープルが地球に戻ってきたとき、私たちはその影響をこの目で見ることになるだろう。

証言⑳ UFOとの遭遇体験が人生を変えた！

退任したローマカトリック司祭モンシニョール・コラド・バルドゥッチ氏は、近年イタリアのテレビで、UFOや異星人によるアブダクションについて何度も驚くべき発言をしている。バチカンや教皇の代理として話しているわけではないと断言しながらも、UFOとアブダクションは調査の対象として興味深く、価値あるものであることは間違いないと言ったのだ。アメリカのUFO研究家ホイットリー・ストリーバーのウェブサイトで発表されたインタビューで、彼は以下のような発言をした。

「地球外生命体が存在することを信じ、支持することは理にかなっている。その存在はもはや否定できない。なぜなら、UFO研究による調査報告によって、地球外生命体と空飛ぶ円盤の存在を裏付ける証拠が十分すぎるほど集まっているからだ。錯覚か幻影だ、あるいは目撃者の証言記事は信頼できないと断固として主張することは間違いである……こういう態度はキリスト教に深刻な影響を与えるだろう。なぜならキリスト教自体、イエス・キリストの誕生という歴史的事件に基盤を置いているのだから……」

ここでは、UFOおよびスターマンとの遭遇体験を持つローマカトリックの神父が登場する。この出来事によって、彼は地球外生命体の存在を固く信じるようになった。

「なぜ宇宙人は僕を追跡するのだろう」

日曜日の朝、マテオは私を見ると、満面の笑みを浮かべて挨拶した。「急いでください、ドクトーラ。朝食をすませて、ミサに行かねばなりません。あなたに特別なサプライズがあるのです」。マテオのサプライズには慣れっこになっていた私だが、何であれ彼が私のために用意してくれたイベントに遅れないよう、彼の指図に従い、早く食べられるスクランブルエッグとトーストを選んだ。ミサのあと、マテオは教区民たちが教会から出ていくまで、席に座ったままでいてくれと言った。フェリペ神父がドアを閉めたときも、私たちは座ったままだった。神父は私たちの方へ歩いてきて、目の前の信者席に座った。

「神父、こちらがお話ししたドクトーラです。大学教授で、ＵＦＯとスカイピープルに関する話を集めています」。フェリペ神父はうなずいて、私に手を差し出した。「フェリペ神父と私は、子供時代を共に過ごしたんです」とマテオ。「同じ村で育ち、同じ学校へ通いました。私たちはまったく別の道を歩みましたが、それでも、天国でつながっていると思うと、心が休まります」。そう言ってマテオはちょっと笑った。「私の最も古く、最も大切な友人であるフェリペ神父は、ＵＦＯとの遭遇体験を持っています。私は彼に連絡を取り、あなたのことを話しました。彼の話をお聞きになりたいだろうと思ったのです」。神父はマテオにほほ笑みかけ、うなずいた。黒の長い法服を着て、首には浮き彫りのヒスイ玉がついた大きな銀の十字架をかけている。赤道色の肌に白髪がよく似合っていた。スペイン系だが、明らかにメスティーソ（先住民とスペイン人の混血）だ。

「1982年、私は13歳でした。私はマテオと同じ村に住んでいました。あれは7月、正確に言うと7月15日のことでした。なぜ覚えているかというと、私の誕生日だったからです。私のためにパーティが開かれ、村じゅうが祝ってくれました。マテオもいました。私は夜中の12時ごろ眠りにつきました。私の家は村の端にありました。家のそばに小さな原っぱがあり、私たちはそこでサッカーをして遊んだのです。校庭の一部みたいなものでした」。彼は確認するようにマテオを見た。

「私の記憶では、そこは学校の遊び場でした」とマテオが言った。神父はうなずいた。

「真夜中に目が覚めました。外で閃光が走ったのです。おかしなことだと思いました。村には電気がなかったので、電気の光は1、2度しか見たことがなかったからです。目を閉じていても、光が点滅するのがわかりました。最初、私はとても興奮しました。あんなにきれいなものは見たことがありませんでした。同じ部屋で寝ている3人の兄弟を起こそうとしましたが、どんなに懸命に起こしても、誰も起きませんでした」

「僕のことも話してくれないか」とマテオが言った。

「もう少し待ってくれ、マテオ。起きた順序どおりに話そうとしてるんだ。すると心の中で、寝室の窓から外に出るようにという声が聞こえたのです。私は言われたとおり、窓から這い出しました。外に出ると、色とりどりの光の球が見えました。空に浮かんでいるものもあれば、地面に落ちているものもあります。地面に当たると、人間の姿に変わりました。私は1人の男のところへ行き、空飛ぶ円盤について尋ねました。学校で読んだ漫画の本の絵のようなものを期待していたのです。でも、彼のマシンはそれとは違いました。彼は私の問いには答えず、代わりに手に持った道具で、私を撃ったのです。肩にチクッとかすかな痛みを感じました。すると彼は、これで私が世界中どこへ行こうと、追跡できると言ったのです。私は『この奇妙な男が宇宙からやって来たとしたらなぜ僕を追跡したがるのだろう』と思ったのを覚えています」

「彼はどんな姿をしていましたか」と私は尋ねた。

「どんな姿だったかは覚えていません。でも、怖くはありませんでした。私には、彼はとても親切だったという感覚がありました」

「撃たれた箇所はどうなりましたか。まだ跡が残っていますか」

「若いころは、小さな線の跡がうっすら残っていましたが、時が経つとともに薄れていき、今はもう残っていません。体重もずいぶん増えましたからね」。彼は話を止め、笑いながら自分の腹をなでた。「この村の女性たちは、とても料理がうまいのです」

「その夜のことについて、他に何かお話しいただくことがありますか」

「スカイマンと話したあと、とても奇妙な光景を見ました。原っぱには近所の人、親戚、親友のマテオがぼうぜんと立っていたのですが、1人ずつ宇宙船に乗せられていき、半時間くらい経つと、原っぱへ戻ってきたのです。私はマテオに駆け寄り、そこから動かそうと引っぱりましたが、びくともしません。まるで石像のようでした。私の方を見ようともしませんでした。呪文をかけられていたのです。私にはどうすることもできず、ただ石の上に座って泣いていました。すると、あの男がふたたび近づいてきて、泣くのはやめなさいと言いました。明日の朝になれば、この夜に起こったことは何も覚えていないからと言ったのです」

「でも、あなたは覚えていたのですね」と私は言った。

「そう、覚えていたのです。スカイマンにも、僕は忘れないと言いました。何が起こったか、決して忘れないと。すると彼は、夢として思い出すだけだと言いました」

「忘れていた時期もあったのですか」と私は尋ねた。

「いいえ。その夜私は石を拾って、家に持って帰りました。そして、その石を床の上のサンダルの横に置いたのです。翌朝目覚めて、石がそこにあったら、自分は夢を見ていたのではないことになります。目が覚めたとき、石はそこにありました。だから、実際に起こったことだとわかりました」

「翌朝、彼から昨夜起きたことを聞きましたが、私はまったく覚えていませんでした。彼が覚えていて、私が覚えていないなんて、かつがれているような気がしたものです」とマテオ。

「私が聖職者になろうと決めたのは、その夜だったと思います。あのスカイマンは私に、とてつもない信頼、思いやり、愛を与えてくれました。私はそれを人に伝えたいと思ったのです」

それ以来、私はフェリペ神父には会っていない。スカイマンがあの辺ぴな小さな村を訪れた運命の夜の出来事が、明らかに彼の人生の方向性に影響を与えた。彼の人生に大きな影響を与えたと知っても、私は驚かなかった。それまでにも何人もの人から、遭遇体験が人生を変えた話を聞いていたからだ。宇宙に存在するのはわれわれだけではないと知ることは、人生を大きく変えるようだ。

証言㉑ マヤの古代都市はやはり宇宙とつながっていた！

後古典期のキチェ・マヤ王国の歴史書『ポポル・ヴフ』によると、偉大な能力を持った王グクマッツは、強力な霊の助けを受けて、グアテマラの都市クマルカイを創建したと言われている。そこにはかつて9代にわたって王朝が繁栄し、23の宮殿があった。16世紀初めにスペイン人がその地にやって来たとき、クマルカイは最強のマヤ都市の1つだった。グクマッツが実在の人物か、伝説上の人物かに関しては意見が分かれている。いずれにせよ、この都市の創設者は、その時代に並ぶもののない天才であったことは間違いない。

このクマルカイの街で、運転手のマテオはよその星からやって来た男たちとの遭遇体験を語ってくれた。

私の旅はスカイゴッドに見守られていた

日曜日の朝、次の運転手がやって来ないと知ると、マテオはクマルカイに戻ろうと私を説得した。

「あなたに見せたいものがあるんです」と彼は言った。「前に寄ったときにお見せするべきだったのかもしれませんが、今こそ見るべきときなのでしょう。現代のマヤ人は、クマルカイを聖なる場所と考えています。日曜なので、村の人々が儀式を執り行うのを見られるでしょう」

古代遺跡へ向かいながら、私はスティーブンズとキャザウッドがこの道をラバに乗って旅したことを思い出していた。エアコンの効いたバンでの旅が比べものにならないほど楽なのは言うまでもない。

遺跡の近くまで行ったとき、アルベルトと名乗る老人が私たちを呼び止めた。彼はマテオに手短に話しかけた。マテオは私に、この老人は現役のシャーマンで、近づいてくる私を見たとき、特別なつながりを感じたと言っていると説明した。老人は、私の「ナワイ」について話したいと言った。ナワイとは、人生における使命、あるいは運命を表すと言われ、それを知った人（この場合は私）は、どうすれば人生で最高の満足を得られるかについて、知恵を得るという。私は不安を感じながらも、老人の後について、小さな丘の頂上へと歩いていった。マテオによると、このシャーマンはここにいるとあたかも創造主のそばにいるように感じられるので、この場所を選んだのだそうだ。私はアルベルトが輪の中に火を灯すのを見ていた。それはよく使われる道具のようだ。儀式に火は欠かせないものらしい。火は空へ向かって高く燃え上がると、祈りを通してメッセージを受け取り、アルベルトに伝えた。事前に何も話していなかったのに、アルベルトが、私の使命はスティーブンズとキャザウッドの足跡をたどることだと言ったのには驚いた。当然、私は感銘を受けた。「あなたは長生きして、世界を良くするたくさんの機会を与えられるでしょう。あなたがたどる道は実り多い道です。障害も多いでしょうが、人々はあなたを気持ちよく受け入れてくれます。あなたは求めているものを手に入れるでしょう。スカイゴッドはあなたにほほ笑みかけています。安全に旅をすることができるでしょう」。儀式のあと、私は彼に謝礼を申し出たが、彼は受け取らなかった。

「ドクトーラ、あなたに出会えたことは私の喜びです。それで十分です」

スカイピープルの身長は3メートル、歩幅は人間の3倍⁉

老シャーマンに別れを告げ、私たちは遺跡へと旅を続けた。古代都市は、険しい峡谷に囲まれた丘の頂上にあった。この地形が、スペイン人との戦いにおいて有利に働いたのだ。

「素晴らしい場所ね」。トヒ神殿にカメラを向けながら、私は言った。

「去年の夏、私は週末を過ごしに家族を連れてここへ来ました。チチカステナンゴに部屋を借りました。日曜日、妻と子供たちは町の市場へ出かける計画を立てていたので、1人でここへ来ることにしたのです。夜が明ける少し前に宿を出ました。木々の上に霧がかかるのを見るのが好きなんです。ここに——今座っているまさにこの場所です——座ると、宇宙船が雲の中から降りてきて、広場の上空でホバリングするのが見えました」。彼が指さす方を見ると、小さな子供を連れた夫婦が、個人で儀式を執り行っていた。「ここに座って見ていると、2人の宇宙人が宇宙船から降りてきました。宇宙船から地面に降りてくるのに、何らかの機械装置を使ったのだと思います。その装置は背中に固定されていました。ずいぶん長い時間、私は彼らを見ていました。彼らはこの辺りの写真を撮っていたのです。手袋をはめた手を前に伸ばしていました。すると、突然3人目の宇宙人が現れ、地面を掘りはじめました。少なくとも、私にはそう見えたのです。3人はその場にひざまずいていましたが、立ち上がるとき、1人が私を見ました。他の2人に私の存在を指さして教えると、彼らは振り向いてこちらを見ました。そしてあっという間に宇宙船が浮かんでいる場所まで戻り、その下に立つと、ホバリングしている宇宙船の底から中へ入っていきました」

「彼らは何か言ってましたか。話し声を聞きましたか。どんな姿をしていたの？」

「驚きましたよ（ディオス・ミオ）！　とても背が高いのです。あんなに背の高い人間は見たことがありません。2メートル50センチから3メートルぐらいあったでしょう。ワンピース型のスーツを着ていて、背中に筒のようなものが2本付いていて、1本から蒸気のような物質が噴き出していました。宇宙船に出入りする際の推進システムではないかと思います。もう1本はおそらく呼吸装置でしょう。頭と上半身を覆っているヘルメットを、一度もはずしませんでしたから。かなり離れていたので、顔はよく見えませんでした。でも、人間によく似ていて、背はとても高かったです。それは間違いありません」

「他に何か身体的特徴はありませんか」

「1つだけ。歩き方がとても変わっていました」

「説明してちょうだい」と私は言った。

「歩幅がとても大きいのです。普通の人間の3倍ぐらいです。しかしそれ以上に、歩くとき、足を地面につけないのです。足をつけるのは、立ち止まるときだけでした」

「どんな服装をしていましたか」

「さっき言ったとおり、ヘルメットのような装置で頭と肩を覆っていました。スーツはワンピース型で、ブーツもつながっていたように思います。左肩に記章のようなものが付いていましたが、何だかわかりませんでした。スーツはシルバーグレイで、ほとんど灰色に近かったです。手袋は、人間がはめる手袋というよりは器具のようでした。手袋の中にカメラが組みこまれていたと思います」と、マテオは遠くを見つめながら言った。

「彼らは何かを掘り出していたようだと言いましたね」

「はっきり見たわけではありません。3人目の宇宙人が現れたとき、何か掘る道具のようなものを持っていたのですが、彼らが去ったあと、土を掘った痕跡は残っていませんでした。実際、私も少し土を掘ってみたのですが、何も見つかりませんでした」

「彼らが宇宙船に戻ってからどうなりましたか」と私。

「飛行船は飛び去りましたが、その後お昼までに、ふたたび彼らを見たのです。山のふもとの辺りです。同じ3人の宇宙人がいて、このときは宇宙船は着陸していました。3人はある場所にひざまずいていました。間違いなく、何かを掘っていました。私はしばらくそこにたたずんでいましたが、彼らは気づきませんでした。それから、私が見ている前で、彼らは空へ飛び上がりました。そして、宇宙船は古代都市の方向へ姿を消しました。そこまで見てから、私は車でチチカステナンゴへ戻り、マヤ・インで妻と子供たちを待ちました」

「興味深い話だわ。彼らが何をしていたかについて、あなたの説は？」

「彼らが何をしていたか考えるたびに幸運を呼ぶ鳥ケツァールが現れていたら、私は大金持ちになっていたでしょうが、まったく見当がつきません。聖なる儀式を執り行っていたのではないことは確かです。儀式ならこの辺りではよく見られる風景です」

「それと、マヤ人はスカイゴッドの末裔だと、あなたは信じているの？」と私は尋ねた。

「以前も言ったとおり、宇宙人、あるいはスカイゴッドが地球を植民地化するためにここへやって来たということは信じています。私たちマヤ人はスカイピープルの末裔だということも信じています。彼らはこの惑星に定住するためにやって来たのであり、私たちはその子孫なのです」。彼は少し話を中断し、それから弁解するように、「これは私個人の意見にすぎません」と付け加えてほほ笑んだ。「あなたはこの町をどう思われますか。何か特別なものを感じますか」とマテオが尋ねた。

「この街が遺跡の中にあるせいかもしれないけど、この場所には強い霊力を感じるわ」

「私の客の中でこのパワーを感じ取った人は、あなたが初めてです」と彼は言った。「私たちにはきっと何か特別なつながりがあるのでしょう」

私はマテオから離れ、屋根のない宮殿の中に足を踏み入れた。立ち止まり、かつてこの壮大な町を支配した人々の末裔が置いていったろうそくや、供え物の果物、お酒、豆、トウモロコシを眺めた。広場の真ん中に立って、私は小さな声で四方に祈りを捧げた。そして宮殿の床の上に、他の供え物と並べて、小さなタバコと、モンタナの川床で見つけた水晶のかけらを供えた。

証言㉒ 宇宙人は地球人女性を狙っている！

16世紀のスペイン人による侵略以前、グアテマラはマヤ世界の中心だった。今日でも、グアテマラ人の大部分は、自分はマヤ人だと思っている。にもかかわらず、ラテン系民族の独裁者に支配され、メソアメリカで最も抑圧された民族になってしまった。１９６０年から１９９６年にかけての内戦で、20万人以上のマヤ人が殺された。大部分は組織的かつ体系的に虐殺されたが、世界はその窮状に対してだんまりを決めこんだ。グアテマラ軍は６２６回の虐殺を行い、山岳地帯に住んでいた5つのマヤ部族が壊滅した。政府の弁明は、マヤ王朝の子孫であるマヤ人はラテン系民族より劣っているという、人種差別主義に基づくものだった。政府は、マヤ人は怠け者で野蛮で、国が貧しいのはマヤ人のせいだと言わんばかりだった。人種差別主義者の主張によると、最も劣っているのは「山岳地帯の住人」だという。

私は山岳地帯の住人の国にいる。この地では、アメリカ人はしばしば疑念と侮蔑の目で見られる。アメリカ企業がこの地の人々から搾取し、アメリカ政府が当時権力の座にあった独裁者を支持したことを考えれば、その態度は当然のことだ。だが、そういう状況にもかかわらず、グアテマラの先住民にはかすかな希望がある。とくに女性たちは、レジスタンスの役割を担ってきた。この雰囲気の中で、私はそうしたはつらつとしたマヤ人の女性に何人も出会った。彼女たちは、メソアメリカじゅうの男性と同じように、ＵＦＯとのユニークな遭遇体験を持っていた。ここでは、そのような女性たちの体験談を紹介する。

グアテマラの旅は危険がいっぱい

キチェの古代マヤ都市クマルカイを訪れたあと、私たちはホテルに戻って昼食をとった。その後マテオは私を市内観光に連れていってくれた。チチカステナンゴは山の頂上に広がる、白いしっくい壁の続く小さな町だ。住民のほとんどはキチェ・マヤ人で、同じ名前の方言を話す。地元の人がチチと呼ぶこの町は、４００年の歴史を持つサント・トマス教会や、グアテマラ最大の中央市場が開かれる広場を囲み、狭い通りが続く騒々しい街だ。

「グアテマラでは、女性、とくに外国人女性の1人歩きは標的にされます」。街中を歩きながら、マテオが警告した。「こんなことを言うのは恥ずかしいのですが。私はこの国を愛していますが、グアテマラは危険な場所です。街路や主要な幹線道路にはギャングがうろついています。強盗や殺人は日常茶飯事です。あなたの新しい運転手がまだやって来ないので、私はもう1泊して、運転手が来たのを確認することにしました。もし必要なら、私がメキシコまでお連れします。あなたに1

人旅をさせるわけにはいきません」

「ありがたいとは思うけれど」と私は言った。「あなたにリスクを負わせたくないわ」

「あなたは家族です。リスクではありません」。マテオが1泊してくれると聞いて、私は安堵のため息をついた。グアテマラシティまで車で3時間。彼は夕暮までにグアテマラシティに戻りたかったのだが、私の安全を考えて、もう1泊することにしてくれた。

その夜、私はマテオと夕食を共にした。彼のテーブルに近づいていくと、彼はほほ笑んだ。「あなたに特別なサプライズがあります」。私が席に着くと、彼は言った。「午後にバーへ行ったら、私と妻が何年も前から知っている女性が、そこで働いていたのです。彼女のご主人が入院していると きは、グアテマラシティの私の家に泊まっていました。それで、あなたのことと、なぜこの町にいるのかを話すと、彼女はUFOと遭遇したことがあると言うのです。もう何年も前のことですが、あなたに話してもいいと言ってくれました。食事を始める前に、彼女に会いに行ってもいいでしょうか」。答えるまでもなかった。私はハンドバッグをつかむと、椅子から立ち上がった。そして、マテオについて、車のところまで行った。「彼女は村はずれに住んで、レストランのキッチンで働いています。朝の4時にやって来て、子供のために午後4時に帰ります」

「それじゃ、12時間労働じゃないの」と私は言った。

「でも、このコミュニティの中では、ましな方です。彼女が家計を支えています。夫は体調がとても悪いのです。末期ガンで、もう長くありません」。町を抜け、サンタ・クルス・デル・キチェへ通じる町はずれに着くと、マテオは歩道をまたぐようにして、波形のブリキとコンクリートブロックでできた掘立小屋の前に車を止めた。「彼女がくれた地図によると、ここがその家です」とマテオは言い、バンのドアを開けてくれた。彼がドアをノックする前にドアが開いた。6歳ぐらいの少年がドアを開け、ほほ笑んでいる。少年はうす暗い家の中へ私たちを招き入れた。

「アンジェリーナ」とマテオが言った。「こちらが私の友人で、合衆国から来た旅人だ。この人がUFOに関心を持っていると言ったら、きみは話がしたいと言ったね」

「こちらへどうぞ」。彼女は先に立って2部屋の家を通り抜け、小さな裏庭へ案内した。部屋を通るとき、彼女は夫を指さした。ハンモックに横たわり、白黒のテレビを見ている。その横の木の椅子に、もう1人男性が座っていた。裏庭へ行くと、何人かの女性が輪になって座り、何か食べながら話をしていた。「みんな私の友達と家族です」とアンジェリーナ。「彼女たちにも体験談があるんです」。椅子を勧められて、私は腰を下ろした。アンジェリーナはマテオの方を向いて言った。「通訳はエドナに頼んでいるの。英語の先生よ。話の中には、男性に聞かれたくないものもあるので」。マテオはうなずき、私に状況を説明すると、家の中へ姿を消した。

「私たちは奇妙なタンクの中にさらわれた」

マテオが行ってしまうと、まずアンジェリーナから話を始めた。ほとんどキッチェ・マヤの方言で話したので、エドナが通訳した。「ある日私は娘と一緒に、たきぎを集めていました。道端に沿って歩いて、小さな木の枝を拾っていたんです。すると、大きなガソリンタンクのような細長い物体が空から現れて、地面に落ちたんです。音は立てませんでした。娘も私もびっくりしました。それから怖くなって隠れましたが、ずっとタンクの方を見ていました。2人の大きな男が出てきました。私の倍ぐらいありました」。私はアンジェリーナを見た。彼女の身長は120センチあるかないかだ。「彼らは私たちを見たか、いるのを感じたようで、木々の間を通ってやってきて、私たちをさらっていきました」。そこで話を中断すると、アンジェリーナはビールの缶を開け、私に勧めてくれた。

そこで私は言葉をはさみ、「彼らは木々の間を通ってやってきて、私たちをさらっていった」とはどういうことかとエドナに尋ねた。エドナがアンジェリーナに私の疑問を説明すると、アンジェリーナは、彼らは彼女と娘を人形のように抱き上げると、その奇妙なタンクの中へ運んでいったのだと説明した。

「とても怖かったです」とアンジェリーナは続けた。「でも、彼らは私に、静かにしていなさい、危害は加えないからと言いました。その後のことは何も覚えていません。気がつくと、娘と道端にいて、タンクが地面を離れ、雲の中へ上っていくのを見ていました。その後二度と見たことはありません。私たちは家へ戻り、アルフォンゾに見たことを話しました。でも、おまえたちは日光を浴びすぎたために頭がおかしくなって、そんな作り話をするんだと言われました。作り話なんかじゃありません。人が乗ったガソリンタンクが空から落ちてくるなんて、そうそうあることではありません」

私はエドナを見た。「その人たちがどんな姿をしていたか、聞いてもらえますか」。エドナが通訳すると、アンジェリーナは私を見て答えた。「白人でした。とても色が白かったです。一度も太陽に当たったことがないみたいな。とても背が高く、そのスーツで私の体を傷つけました。逃げようとしてもがいたとき、私はスーツをつかんだのですが、そのとき体中に針でチクチク刺すような痛みが走ったのです。私は逃げるのをあきらめるしかありませんでした。痛みに耐えられなかったのです。娘がここにいたら、同じことを言うでしょう。それから、変なにおいがしました。タンクの中は妙なにおいが充満していました。何も覚えていないのはそのせいだと思います。そのにおいを嗅いで、気を失ってしまったんです」。エドナにどんなにおいか説明してもらえないかと尋ねたら、今まで嗅いだことのないにおいで、言い表す言葉が見つからないという答えが返ってきた。

「どんな顔をしていたか、聞いてもらえますか」と私はエドナに頼んだ。「それから、他に何か覚えていることはないかも」

エドナは通訳した。「目を覆うようなものを着けていたそうですが、顔色は白かったそうです。それ以上のことは覚えていないと言っています」

異星人は祖先の骨を取りに戻ってきた

「あたしも同じタンクを見たよ」。アンジェリーナの向かいに座っていた女性がきっぱりと言った。

「あたしはグロリア。2軒先の家に住んでます。これはクマルカイの遺跡と関わりがあるんだ。だから彼らはここへやって来るんだよ。ここは祖先の故郷で、やつらは祖先が置いていったものを取りに帰ってくるんだ。祖先の骨を取りに来て、空の上の彼らの国へ持って帰るんだ。地面を掘っているのを見た人もいるよ。墓が開けられているのが見つかったことも何度もあった。あたしのじいちゃんは、やつらががい骨を掘り出したのを見たことがあると言ってたよ。すると、がい骨は生き返り、宇宙船まで歩いていって、空のかなたへ飛び去ったんだって」。私がエドナを見ると、彼女は私の質問を察したようで、グロリアにおじいさんの話をもう一度してほしいと頼んでくれた。だが、前に話したのとまったく同じだった。「あたしは子供のときから、巨人たちが遺跡にやって来るのを見てきた。やつらはやって来ると、辺りを見まわして地面を掘り、そして帰っていく。まだ見つかっていない誰かを探しているに違いないよ。そのがい骨を見つけるまで、何度でもやって来るんだ。じいちゃんは、骨を空の上へ連れて帰ると、生き返ると言ってるよ」

「それはどういう意味ですか」と私はエドナに尋ねた。

「つまり、がい骨が生き返るということです。グロリアは、異星人は生き返る能力を持っていると信じています」

「彼らはどんな姿をしていましたか」と私は尋ねた。

「とても大きかったよ。背はホワンの倍ぐらいあった」。グロリアは、隣の部屋でアンジェリーナの夫と一緒にテレビを見ている、ずんぐりしたマヤ人の男性を指さした。「銀色のスーツを着ていた。でも、離れていたからそれ以上のことはわからない。たぶん、やつらの親族が、グクマッツ王が古代都市の建造するのを手伝い、その親族を故郷へ連れて帰るために来てるんだろうよ。地球だと人間は死ぬけど、たぶんやつらは死なないんだと思う。たぶん、本当は天にましますは神なんだと思うよ」。私はグロリアの言ったことを考えてみた。スペースマンが繰り返しこの地に戻ってくる理由は、私に考えられる限りでは、もっともらしく思えた。

「皮膚のサンプルを採られ、宇宙人の子供を妊娠しました」

「スターマンは私を宇宙船に連れていったの」と、グループの中で最も若いロザリーという女性が言った。「そのとき私は16歳で、その夜はボーイフレンドのゲラルドと一緒でした。広場から家へ送ってもらう途中でした。丸い宇宙船が建物の上に浮かんでいるのが見えたと思ったら、突然、私たちは上空へ引っぱり上げられたんです。足が地面から離れて、私は悲鳴を上げました。私たちは身をよじってもがいたけど、上へ引っぱられるのを止めることはできなかった。２人とも、そのときのことはよく覚えていません。私たちは離ればなれになりました。ゲラルドは私と一緒にいようとしたけど、別の場所に連れていかれてしまったの。私は意識を失いました。その2週間後、私は妊娠しているのに気づきました。というか、少なくとも妊娠の兆候がいろいろ現れたんです。ずっと気分が悪かったし、お腹が日毎にふくれていきました。でも、私は誰ともセックスしていません。それなのに、妊娠してしまったんです」

「あなたが妊娠したことを、ゲラルドはどう思っていましたか」と私は尋ねた。

「ゲラルドは私を信じてくれました。聖母マリアのように処女懐胎したのだから、結婚しようって言ってくれました。私と子供の面倒を見る覚悟をしてくれたんです。2カ月後、ふたたびUFOがやって来て、そのあと、私はもう妊娠中ではなくなっていました。知っていたのはゲラルドだけです。宇宙人の子供を妊娠していたのだと、私たちは考えています。そう思うとぞっとします。広場へ行ったら、いつも友人や家族と一緒に帰ってきます。もう絶対に2人だけで行ったりしません」。彼女は話しながらお腹をなで、目に涙を浮かべた。「あれはゲラルドの子供じゃなかった。私はバージンだったんだもの。その後、ゲラルドと私は結婚しました。でも、子供を作ろうと思うのに、できないんです。彼らが私の体に何かしたんだと思います」

「エドナ、グロリアがお腹の子供を失くした夜、宇宙船に乗せられた記憶はないか聞いてみてください」と私は言い、エドナがグロリアに通訳するのを待った。

「宇宙船が遠くに見えたのは覚えています」とグロリア。「でも、このときは連れていかれたのを覚えてないんです。ゲラルドも宇宙船を見たと言ってるわ。私と一緒にいたから」

「あたしはすぐ子供ができたわよ」と、その場に広がった悲しみを和らげるように、カーラが言った。「やつらはあたしを拉致して、宇宙船に連れていったの。あたしは結婚したばかりで、市場まで歩いていって、卵を売ってました。帰り道、急に暗くなってきたと思ったら、光の球が空を横切ったのが見えた。あたしは怖くなって、駆け出したわ。すると突然、光があたしを取り囲み、逃げられなくなったんです。そして、光はあたしを宇宙船へ運んでいきました。空の上から村がはっきり見えたわ。自分の家と庭も見えた。夫が心配するだろうと思ったから、やつらに言ってやったの。あたしを帰してくれないと、夫が心配して怒るわよって。すると、彼らは不思議そうにあたしを見つめました。なぜだかわからないけど、やつらの言うとおりにしていれば、帰してくれると思ったわ。やつらは恐ろしい生き物だった。あたしはやつらの言うとおりにしたわ。そしたら、やつらはあたしの血と皮膚のサンプルを採ったあと、あたしの足を広げたの」。カーラはそこで話を止め、声をひそめてアンジェリーナに何か言った。カーラがその出来事を恥じているのは明らかだった。

アンジェリーナはあとで、カーラは彼らに妊娠させられたと信じていると説明した。その翌日、カーラはお腹に命が宿ったのを感じたが、ほんの数日前に生理が終わったばかりだったので、妊娠するはずがないと思った。2カ月後、ふたたび宇宙船に連れていかれ、その後目を覚ますと、お腹は空っぽになっていたそうだ。

「拉致されたことは誰にも言えませんでした」

「私は拉致はされていません」と、グループの中でまだ話していない最後の1人が言った。「でも、宇宙船は見ました。ある日の朝、たきぎを集めていたら、アンジェリーナが言ったような宇宙船が現れたんです。ガスタンクのように見えました。とても大きかったです。こんなものが森の中にあるなんて、妙なことだと思いました。そして、私が近づくと、それは地面を離れ、空の中へ姿を消しました。宇宙人は見ていません。ただ、細長い銀色のタンクを見ただけです。巨大なタンクでした」

夜が更けるにつれ、女性たちの話も尽きたようだった。彼女たちは、コミュニティで孤立するのを恐れて、ほとんど誰にも話していないと言った。「村の人たちは迷信深いのです」とアンジェリーナは言った。「外の世界とはほとんど接触がありません。接触するのは市場でだけですが、それでも、知らない人とは話をしません。カメラは魂を盗むとまだ信じているので、旅行客から写真を撮らせてくれと頼まれても断ります。だから、この人たちがどんな状況にいるかを察してあげてください」

「私に話してくださったことに、心から感謝します」と私は言った。「どうか、みなさんにも私の感謝の気持ちを伝えてください。みなさんの誠実さに敬意を表します」

去る前に、私は彼女たちに、何か私にできることはないか尋ねた。ロザリーは口紅を持っていないかと尋ねた。「ずっと口紅が欲しかったの」と彼女は言った。私はバッグを開け、口紅、裁縫セット、爪磨き、小さな鏡をいくつか取り出して、テーブルに並べた。彼女たちはそれぞれ欲しい物を取った。他のものも置いていきましょうかと申し出たが、彼女たちはマテオに、もう十分すぎるほどもらったから、残った物は持って帰って、また体験談を語る他の人にあげてほしいと言った。女性たちは立ち上がり、1人ひとり私と握手した。私はそれぞれに50アメリカドルに相当する現地の通貨を渡した。女性の1人が私を抱きしめて泣いた。別の女性は、このお金は歯医者や医者の費用や、靴を買うのに使わせてもらうと言った。

ホテルへ戻る道で、マテオが私に、あなたはとても寛大ですねと言った。「旅をするときは、いつも女性が好きそうな品物をいくつか持っていくの。こんなときのために、いつもバッグに入れているのよ」

「あなたはとても寛大です。相手の時間などおかまいなしの研究者に会ったことがあります。研究者は自分の時間は貴重だと考えますが、村の人々の時間には何の配慮もしません」

「実際のところ、あんなプレゼントやお金など、ほんの感謝の気持ちにすぎないわ。本当に寛大なのは、話をしてくれた女性たちの方よ」

「あなたの言うとおりです、セニョーラ」とマテオ。私たちはその後は何も話さずにホテルへ戻り、夕食をとった。翌朝私たちは、運転手のエミリアーノと会う約束をしていた。エミリアーノは私たちのテーブルにやって来て、自己紹介した。彼とはメキシコ国境を越えて、サン・クリストバル・デ・ラス・カサスまで行く契約をしていた。マテオと別れるのは悲しかった。それまでの2週間で、私たちの間には、ただのクライアントとガイド以上の絆ができていた。共に信じられないような体験をいくつもして、親しい友人になっていたのだ。私たちはこれからも連絡を取り合おうと約束した。

初めてマテオと会ってから10年が過ぎたが、その間私たちは約束を守ってきた。私はこれまでに2度グアテマラに戻り、マテオとその家族を訪問した。彼はもう観光ビジネスはしていないが、しばしば電話をかけてきて、耳にしたスカイピープルに関する話を教えてくれる。

証言㉓　グアテマラのジャングルには巨大なスターマンが潜んでいた

何世紀にもわたって、グアテマラのジャングルには巨人がいるという伝説が存在している。創世神話によると、地球上で最初の種族は巨人だという。メソアメリカの先住民の間では、はるか昔から巨人に関する報告がいくつもある。例えば、フェルディナンド・マゼランの助手アントニオ・ピガフェッタは『マゼラン最初の世界一周航海』で、マゼランの航海でのさまざまな巨人との遭遇体験を詳細に述べている。彼は遭遇した巨人について、非常に背が高くて、マゼラン一行の船員はその腰の高さまでしかなかったと書いている。何度か出会った中で、巨人たちは繰り返し空を指さし、マゼランは空から来たのかと尋ねたという。おそらく、巨人たちはよその星からの訪問者によく出会っていたということだろう。

ここでは、人里離れた小さな先住民の村の老人が、巨大なスターマンの話を語ってくれる。その巨人はしばしば村にやって来て、女性や子供をさらっていったという。

ジャングルには今も巨人が暮らしている

「村人たちによると、スティーブンズとキャザウッドは、この道の近くのジャングルを切り開きながら旅をしたらしいぜ」。メキシコ国境をめざして車を走らせながら、運転手のエミリアーノは言った。

「悲惨な旅だったそうね。本で読んだわ」と私は言った。

「子供のころ、おれのばあさんは、この辺りの山には、巨人がうろついていると言ってたよ。白いジャガーを連れていたそうだ」。彼は話を止めて、車のスピードを落とした。メキシコ国境に向かう険しいグアテマラの山道でヘアピンカーブに差しかかり、巧みに車を操作している。「巨人は人間の頭をねじ切って飲みこむと、スイカの種を吐き出すように魂を吐き出したという話もある。そんな目にあったら、永遠に地をさまようことになっちまう。今でもジャングルでは、巨大な骨が見つかるんだ。農民たちは巨人の骨だって言ってるぜ」

「マストドン(約1万年前に生息していたマンモスに似た大型哺乳類)の骨だとは思わないの?考古学者は、グアテマラでマストドンの化石が発見されたと言ってたわ」

「ウタトランでは、フランス人の考古学者が、大きな骨はマストドンのものだとか言ってたな」とエミリアーノ。「だが、この辺りの人間は、そいつの言うことなんかてんで取り合わないよ。巨人は本当にいると信じてるんだ。自分の目で見たんだからな」

「ということは、巨人は今もジャングルに住んでいるってこと？」と私は尋ねた。

「まだこの辺りにいるよ。ときどき村人が見かけてるもんな。村にやって来て、女をさらって子供をつくるんだ。そして、姿を消しちまう。だから、ずっと姿を見かけるってわけじゃないんだ」

「それは作り話でしょう？」小さな村が見えて、車はスピードを落とした。高い山の中を走っているので、雲の中へ入ったり、出たりしている。

「いや、セニョーラ・ドクトーラ。作り話じゃないぜ。本当の話なんだ」。突然数人の子供が現れてバンに近寄り、「エミリアーノ、エミリアーノ」とはやし立てた。彼はさらに速度を落とし、車の窓からあめ玉や小銭を手渡した。

「あの子たちを知ってるの？」と私。

「ああ。おれの家族はこの下の谷に住んでるんだ」。車を道の脇へ寄せながら、エミリアーノは続けた。「ここからは村は見えないが、おれはその村で生まれた。そして、そこで死ぬんだ」。私は車の窓から下をのぞきこんだが、ジャングルはあまりに深く、何も見えなかった。「おれの村へはハイウェイは通っていない。電気も来ていないし、テレビもない。村人はどこへ行くにも馬に乗るか歩くかだ。だからおれは町でバンに乗ってるんだ。おれの兄貴が村に住んでいる。そうでなければ、おれは町でツアーガイドなんかできなかっただろう」。私が道路脇をのぞきこんでいると、エミリアーノはシートベルトを外し、こう言い放った。「セニョーラ・ドクトーラ、悪いが、村へ行ってこなくちゃならない。ガイドの免許証を家に置いてきちまったんだ。免許証がないと、あんたをメキシコへ連れていけないんでね」。彼はエンジンを切ると、ドアを開けた。

「どれくらいかかるの?」私も外へ出て、運転席側へ回って尋ねた。

「そんなにかからないさ。たぶん、半時間ほどだ」

「私をメキシコへ連れていくことになったとき、どうして免許証を持ち合わせていないと言わなかったの?」

「セニョーラ、おれは仕事が欲しかったんだ。すぐに戻ってくるよ。車のキーはあんたに預けとくから。心配はいらない。この道は誰も通りゃしないさ」

「ここに1人で残るのは不安だわ。あなたと一緒に行ってもいいかしら」

「いや、セニョーラ、それは無理だ。ここを下りるのは危険だし、いったん谷まで下りてしまえば、道路まで上ってくるのがまた大変だ。大丈夫だよ。この道はほとんど人も車も通らないから」。彼は運転席の後ろからマチェートを取り出すと、ドアを閉めた。「すぐ戻ってくるから、ここで待っていてくれ」。彼は私にキーを渡すと、私がさらに異議を申し立てる前に、道路脇から姿を消してしまった。私は無言でその場に立ち、エミリアーノを選んだのは間違いだったかと考えた。彼は私がそれまで契約した運転手たちとは違って、プロの運転手らしくなかった。ツアーガイドというより、反政府主義者の方が似つかわしい。後ろ髪はぼさぼさで、白いシャツはよれよれ、着古した紺色のズボンは何度も洗濯したために、てかてか光っていた。彼は私に本当のことを言っているのだろうか。彼は仕事が欲しかったと言った。彼の村がこれまで通ってきた村と似たようなところなら、住民の暮らしは貧しい。

私は彼が姿を消した道路ぎわまで歩いて、周囲の険しい環境を検分した。目の下には、木々で覆われた谷が、地平線に向かってどこまでも続いている。太陽が南へ移動するにつれて気温がじりじり上昇し、霧が飲みこまれていった。四方からは昆虫の鳴き声が、寄せては返す波のように、リズミカルに高まったり弱まったりしている。このような環境で巨人伝説が生まれたわけが理解できたように思え、一瞬、巨人がジャングルの中に潜んでいる姿が目に浮かんだ。

車に戻って日誌を取り出すと、私は日陰に腰を下ろして記入を始めた。まだ半ページも書かないうちに、耳慣れてきたジャングルの雑音が、路面から聞こえてきた馬のひづめの音にかき消された。身を潜めていた場所からのぞくと、年配のマヤ人男性が馬に乗ってこちらへ向かってきた。肩から弾薬帯を掛け、鞍の突起にライフルを載せている。体の横には長い2本の革紐でマチェートをぶら下げ、いつでも手に取れるようにしてあった。「こんにちは（オラ）、セニョール」と私は声をかけた。

「オラ」と彼は言って、手を挙げて挨拶した。馬から下り、暑さのために苦しげに息をしていた馬を放す。私は冷たい水のボトルをクーラーから取り出し、彼に差し出した。

「スペイン語を話しますか」と私はスペイン語で尋ねた。

「ああ（シ）」と彼は答え、母語はキチェ・マヤ語だと言った。エミリアーノも話す方言だ。話す言葉は違っていたが、私たちはスペイン語と身ぶり手振り、それに英語を混ぜてコミュニケーションを取った。彼は、この下の渓谷には確かに村があると請け合ってくれ、エミリアーノは遠い従弟に当たると打ち明けた。話しているうちに、彼はチュリン・ポップという名だとわかった。「マヤ人の名前さ。スペイン人の血は入っていないんだ」。彼はハンサムな青年だった20歳のとき、国境を越えてメキシコに入り、アメリカ合衆国へ旅をしたが、合衆国は好きになれなかったと言った。ひとりぼっちだったそうで、「とても寂しかったよ」と言いながら首を振った。「従兄弟が合衆国で働いていたので、彼と一緒に仕事をしようと思って行ったんだ。当時北アメリカへ行くのは、今よりずっと簡単だった。だが、従兄弟は見つからなかった。それで家に戻り、それ以来一度も村を離れたことはない。もう45年も前のことだ」

私は彼を見て、若いころはさぞハンサムだっただろうと想像した。だが、寄る年波と厳しい労働で彼は老いた。ガリガリと言っていいほど痩せ、肌はなめし革のような色になっている。白いカウボーイハットをかぶっているが、それが日焼けした肌によく似合っていた。ヘッドバンドには丸く汗じみが付いている。シャツとズボンは着古したものだが、ピカピカの銀のコンチョのついたカウボーイブーツを履いていた。私がカバジェーロ（スペイン語で紳士、より正確には騎士という意味）と呼ぶと、彼はにっこりほほ笑んだ。前歯が欠けている。彼は自分の馬を、１９５０年代に人気があったアメリカのテレビ番組にちなんで、「シスコ・キッド」と名づけたと言った。

「私もテレビで『シスコ・キッド』を見たわ」と私は言った。

「おお、パンチョ」と、彼は人気のあったメキシコ系アメリカ人のカウボーイをまねて言った。

「おお、シスコ」と私もシスコの相棒の返事をまねて言った。

私は彼に、立ち止まってくれて助かったと言った。「ちょっと不安だったの。運転手がジャングルには巨人がいるなんて言うから。あなたも巨人の伝説はご存じ？」と私は尋ねた。別の尋ね方を考えていると、彼が体をこわばらせた。

「ヘビだ！（ウナ・セルピエンテ）」不意に私の腕を取って立たせると、バンから離れたところまで引っぱっていった。彼が路肩を指さすと、私が座っていた場所からほんの数センチのところを、赤、黄、黒のサンゴヘビがスルスルと逃げていくのが見えた。ヘビはジャングルの深い草むらへ消えていった。チュリンは安心させるように私の腕に触れ、私のカウボーイブーツを指さしてほほ笑んだ。彼は地面にいるヘビには注意が必要だと忠告した。木の上にいるものはたいして危険ではないという。そう言われても私は気が休まらず、バンにもたれ、うつむいてTシャツの裾で顔の汗をぬぐった。そして、ゆっくり呼吸をして気持ちを落ち着けた。

よその星から巨人はやって来た⁉

このマヤ人の老人が理解できそうなお礼の言葉を探していると、彼は馬の方へ歩いていき、サドルバッグから見たこともない奇妙な果物を取り出した。それを3つに切り分けると、1つをシスコ・キッドに与え、もう1つを私に差し出した。そして、昔は長老が儀式でこの果物を使っていたと説明した。彼は果物を指さし、「防御（プロテクシオン）」と言った。私はこの苦い果物を食べながら、少しでも防御になればいいがと考えていた。それから2人でバンの陰に座り、ボトルから冷たい水を飲んだ。

「私は巨人やスカイピープルや小人の話を集めているんです」と私は説明した。「何か話をお持ちではありませんか」

　彼はうなずくと、もうひと口水を飲んで言った。「あるよ」

「いつか集めた話を本にまとめたいと思っています。あなたのお話をテープに録音してもいいかしら」。私は小さなテープレコーダーを見せ、それを使ってみせた。彼は自分の声を聞いて笑い、テープレコーダーに手を伸ばして上下をひっくり返し、私に返した。「これに録音しておけば、お話を一字一句忘れないですむんです」と私は説明した。「そうすれば本を書くとき、あなたのお話を正確に再現することができます」

「わかった。その機械を使ってくれ。それに、わしの話を本に載せてくれていい」。彼は話を止め、カウボーイハットを脱ぐと、膝の上に載せた。そして、ポケットからきちんとアイロンのかかったハンカチを取り出して額を拭いた。「巨人はいつもこの辺りにいる。いつもこの辺の山へやって来るんだ。やつらは力が強い。わしらは決して——あんたたちの言葉で何と言えばいいかな、妨害でいいのか？」

「ええ、妨害です」

「そう、わしらは決して妨害しなかった。決して山の上で夜を過ごさなかった。暗くなる前に谷へ下りるようにしていたんだ」

「ということは、巨人は山の頂上で暮らしているのですか」と私は尋ねた。

「イエスとも言えるし、ノーとも言える。やつらは大きな銀色の宇宙船に乗って、よその星からやって来る。ここには1晩だけしかいないこともあれば、1週間以上いることもある。女をさらって、子供を産ませるんだ。指は4本で、親指がない。女を守ろうとした男は具合が悪くなって、何日も治らないんだ。すごいパワーを持っている。言いたいことは伝えるが、言葉はしゃべらない。武器を持っていて、岩とか物を消すことができるんだ」

「その巨人たちはよその星から来ていると言われましたか」

「ああ。巨人はスカイマンで、よその星からやって来るんだ」

「よその星から来た男たちはどんな外見をしていますか」

「巨人だ。背はこのくらいある」。彼は立ち上がって手を上げ、バンを使って背の高さを示した。それからすると、巨人の身長は2メートルから2メートル50ぐらいだろう。

「そのスカイマンを見たことがありますか」と私は尋ねた。

「ああ。何度も見た」

「そのときの様子を話していただけますか」

「ああ。やつらは夜遅くにやって来る。空からやって来て、山の、何て言ったかな、英語がわからんが、テッパン？　に着陸するんだ」

「山のてっぺんに（エン・ラ・シーマ・デ・ラ・モンタナ）」と私はスペイン語で言った。

「そう、山のてっぺんに（シ・エン・ラ・シーマ・デ・ラ・モンタナ）。やつらはよその星から、音を立てない乗り物に乗ってやって来る。わしはその光を、何度も見たことがある。それを見ると、いつも女房や子供たちを家の中へ入れる。昔、やつらは女をさらっていったと聞いたからな。子供もさらっていくんだ。よその村では、去年小さな男の子と女の子がさらわれたそうだ。子供は帰ってきたが、どうも具合が良くないらしい」

「具合が良くないとは、どういうことですか」と私。

「家の外へ行きたがらないそうだ。それに、あまりしゃべらないらしい。きょうだいやいとこたちとも遊ばなくなった。やつらが変えてしまったんだ」

「巨人を近くから見たことがありますか」

彼は私の言ったことが理解できないというような顔で私を見たので、私はスペイン語で同じ質問をした。

彼はうなずいて、まず自分を指さし、それから道路がカーブしているところを指した。その距離は3メートルぐらいだ。

「彼らもあなたを見たのですか」と私は尋ねた。

「ああ見たよ。だが、わしは走って逃げた。一目散にな。巨人たちは光るスーツを着ていた。何と言えばいいかな。月の光を――」

「月の光を受けて輝いていたということですか？」

「そう、輝いていたんだ」

「よその星からやって来た巨人たちのことで、他に何かありませんか」

「わしらは夜は決して山へは行かない。この辺の山の中で夜を過ごす村人はまずいない。夜は危険なんだ」

「宇宙船について、話していただけますか」と私。彼は困ったような顔で私を見た。

「宇宙船（ナーヴェ・エスパシアール）」と私は言った。

彼はわかったというようにうなずいた。「宇宙船は明るい光を放つんだ。赤と白の光で、とても明るく輝いている。円形で、とても大きい。わしの村より大きい。銀色で明るいライトがついている」

「スカイマンについて、他に何かありませんか」

「何もない（ナダ）」と彼は答えて空を見上げ、太陽が西に向かっているから、狩りに行かなければならないと言った。太陽が沈んだら戻ってくる。もしそのとき私がまだここにいたら、妻のいる自分の家に連れていく。山の中で夜を過ごしてはならないと言った。そして、馬にまたがると向きを変え、カウボーイハットを持ち上げて会釈した。馬は前脚を上げ、後ろ脚2本で立った。チュリンは「さよなら（アディオス）」と叫び、ハリウッド映画黄金時代のカウボーイのように去っていった。私はまったく思わぬときに人生に現れたこの素晴らしい男性への畏敬の念に打たれて、立ちつくしていた。彼は間違いなく、これまで会った中で最も興味深い人間の1人だが、おそらくもう二度と会うことはないだろう。

私は腕時計を見た。エミリアーノが私をここに置き去りにしてから、もう2時間以上経過していた。私は日誌を手に取ると、小型のテープレコーダーを巻き戻した。そして、チュリン・ポップの話を何度か聞き直しながら、空からやって来た巨人について交わした会話を、1字1句そのまま文字に起こしていった。私がちょうど書き終えたとき、エミリアーノがジャングルから姿を現した。片手にはマチェートを、もう一方の手にはサンゴヘビの死がいを持っていた。

「オラ、セニョーラ・ドクトーラ、長い間待たせてすまなかった」と彼は言い、私に見せつけるように、誇らしげにヘビを掲げてからジャングルの中へ放り投げた。彼はそれ以上何の説明もせずに運転席に乗りこむと、イグニションキーを回した。私も助手席に乗りこんだ。彼はバックミラーからぶら下がっていた聖母マリアの像のついた鎖に免許証を掛けた。2人とも何も言わなかった。少しの間黙って座って、エアコンから流れてくる冷たい風を心地よく感じていた。この地域で数分と言ったら、半時間から24時間まで、どの長さをも指すのだ。だがこの瞬間、そんなことはどうでもいいと思えた。私はスティーブンズとキャザウッド、それに巨人やスカイマンを追跡しているのだ。何者も私のやる気を削ぐことはできない。

「準備はいいかい」とエミリアーノが尋ねた。

私はカウボーイブーツに目線を落とし、ほほ笑んだ。「ええ、準備オーケイよ」

第4部

太古に地球に降りてきたマヤ人
祖先はスカイピープルだった⁉

～メキシコ、インタビュー編～

メキシコ合衆国

面積	196万平方キロメートル（日本の約5倍）
人口	約1億2233万人（2013年　国連）
首都	メキシコシティ
民族	欧州系（スペイン系等）と先住民の混血（60%）、先住民（30%）、欧州系（スペイン系等）（9%）、その他（1%）
言語	スペイン語
宗教	カトリック（国民の約9割）

（外務省ホームページより）

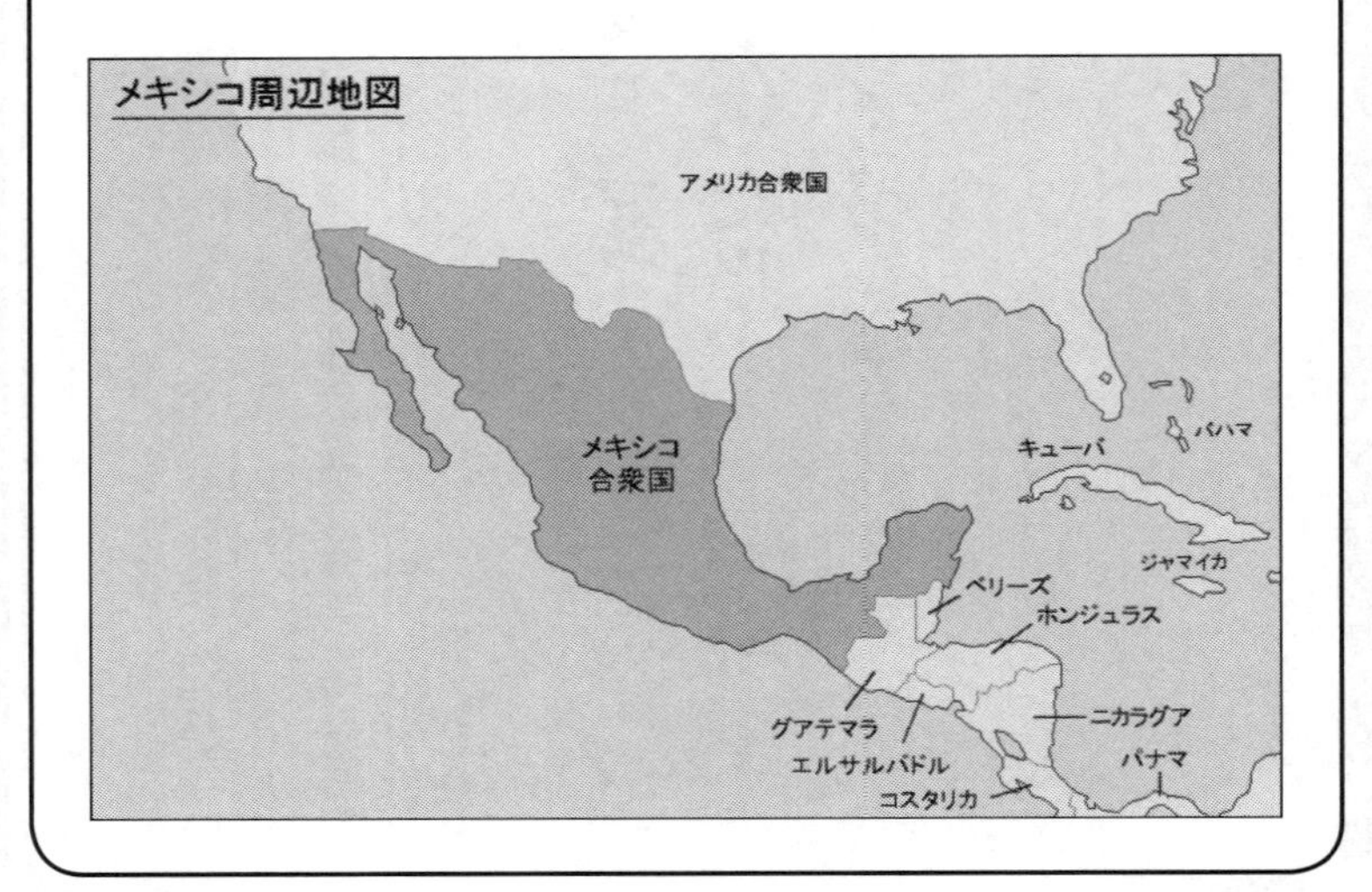

スカイピープルに導かれ、やって来たメキシコ

スティーブンズとキャザウッドは、パレンケへたどり着きたいという思いが強かったため、あえてサン・クリストバルへは足を踏み入れなかった。エミリアーノと私がサン・クリストバルに着いたのは、クリスマスイブだった。その町は、まさにマヤ人の国だった。町中に紫、青、緑、黄、赤の色鮮やかな衣装に身を包んだ先住民たちがあふれ、通りを歩く人の大部分を占めていた。60年代から抜け出たようなアメリカ人ヒッピーたちはオープンカフェでコーヒーを飲み、ヨーロッパ人旅行客は狭い通りに繰り出していた。大気はひんやりとして、モンタナから来た身には、グアテマラの暑さからのひとときの逃避となった。

この町には、植民地時代の豪邸を改修したホテル、コーヒーショップ、インターネット・カフェ、先住民の手工芸品の店、琥珀販売の店、小さなレストランがごた混ぜに並んでいる。私はダウンタウンのホテルに宿泊し、「エル・プレジデンテ・スイート」という部屋を与えられた。このホテルで窓がある唯一の部屋だ。せいぜい1つ星のホテルだが、立地が良く、町の広場と中心地から1ブロック以内にあった。

エミリアーノと私は、小さなオープンカフェでコーヒーを飲んでさよならを言い、それから彼はグアテマラへ戻っていった。クリスマスの朝を家族と共に迎えたいのだそうだ。私は荷を解いて部

屋で夕食をとった後、眠りに落ちた。

サン・クリストバルでは、その後の4日間で3つの遺跡を訪れ、それからオアハカシティへ向かった。9時間のドライブで、14カ所の料金所と12カ所の軍の検問所を通過した。地形は極端に変化し、曲がりくねったハイウェイを走っていると、肥沃な河谷が見えた。丘の斜面にはサワロサボテンとヤシの木が生えている。険しい丘の斜面にはテキーラの原料となるリュウゼツランが栽培されていて、あちこちに小さなテキーラ蒸留所がある。オアハカシティでは元修道院を改修した5つ星ホテルに滞在した。私はここを拠点に、いくつかのザポテク族の遺跡を訪ねた。そして、小さな村から古代都市まで、行く先々で地元の人々からスカイゴッド、異星人、UFOに関する話を集めた。

サン・クリストバルとオアハカシティで2週間過ごしたあと、私は来た道を引き返し、スティーブンズとキャザウッドの足跡をたどるという計画を続行した。サン・クリストバルとパレンケを結ぶハイウェイは狭く、山道には210ものスピードバンプが設置され、200キロ余りの旅はかなり悲惨なものとなった。松林が、まるでスティーブンズの時代からあったかのように現れるが、たちまち風景は一変して、家とトウモロコシ畑が点在する地域になった。畑を作るために林が切り開かれたのだ。車が近づくと、たびたび子供たちが走り出てきて、教会への「寄付」を求めた。その都度車を止め、棒つきキャンディやクッキーやバッファロージャーキーと共に数ペソを「寄付」すると、マヤの子供たちの顔には笑顔が浮かんだが、車の旅はさらに長くなった。

チアパスの山奥へと入っていくほどに、村は貧しくなっていった。この地域は密輸という問題で知られている。麻薬と不法移民がグアテマラ国境を越えてメキシコへ入ってくるのだ。こうした理由があって、この地域には大がかりなメキシコ軍が駐屯している。私たちは数カ所の軍の検問所で止められたが、そこで聞かれたのはどこから来て、どこへ行くかだけだった。中には車を調べられ、スーツケースを開けさせられたところもあった。パスポートの氏名をコピーしたところも1カ所あった。だが、どの検問所でも、若い兵士は非常に礼儀正しく、検問のために不便をかけることを申し訳なく思っているように見えた。

私たちは回り道をしてトニナー遺跡を訪れる途中、オコシンゴに立ち寄った。現代のオコシンゴは、スティーブンズが書いていたような美しい平和な町ではなく、いたるところ道路工事の最中で、ほこりっぽい汚れた町だった。私たちは広場に行ってみた。スティーブンズは広場の真ん中に立つ大きなカッポクの木のことを書いていたが、この木はもうなかった。彼らは１８４０年に、パレンケへ向かう途中にトニナー遺跡を訪れている。私たちは主要幹線道路をはずれてパレンケに通じる道を取り、パレンケの約12キロ手前のトニナーに向かった。トニナー遺跡を訪れたあと、パレンケへの旅を続けたが、滝や小川のあるうっそうとしたジャングルを下ってくる間、何度もスイッチバックを余儀なくされた。それでも、夕暮までにパレンケに到着することができた。その夜私は運転手と夕食を共にした。彼は翌日サン・クリストバルの自宅へ戻る予定になっていた。

スティーブンズはパレンケで28日間過ごしたあと、ユカタン半島へ足を延ばして探検を続けたいと考えていた。彼らはユカタン州のメリダに立ち寄った。現代の人口１００万人の都市とは大きく異なり、当時は約2万人しか住んでいなかった。ここで少し休んだあと、探検家たちはウシュマルに向けて出発した。キャザウッドとスティーブンズは1度だけこの古代都市を訪れたが、翌日キャザウッドが高熱に見舞われた。スティーブンズは彼の健康状態を非常に心配し、即座にメキシコを離れることにした。7月31日、2人はニューヨークに着いた。その3日後に2人の10カ月におよぶ旅が終わった。

スティーブンズの最初の著書『中米・チアパス・ユカタンの旅』が成功を収めると、彼とキャザウッドはユカタン半島を探検したいという思いを抑えられず、メキシコを再訪する決意をした。1841年10月9日、スティーブンズとキャザウッドはニューヨークから出航し、2度目の旅に出た。今回はボストンの外科医でありアマチュア鳥類学者のサミュエル・カボット博士が同行した。10月27日、彼らはメリダの港湾都市シサル沖に錨を下ろす。2度目の探検の旅で、彼らは30近い古代遺跡を訪れている。1842年5月18日にメキシコを発ち、1842年6月17日にニューヨークに到着。これが彼らのメソアメリカへの最後の旅となった。

2003年から2010年にかけて、私は繰り返しメソアメリカを訪れた。全部で14回、滞在期間が1カ月以上におよぶこともしばしばあった。モンタナ州立大学を退職してからは、遺跡を探訪して地元の人々と話をするのに、より自由に時間を使えるようになり、2人の探検家が訪れたすべての遺跡を探訪することができた。第4部におさめた体験談は、第3部までと異なり、8年の年月をかけて集めたものだ。お気づきになると思うが、この8年間、同伴する運転手兼ガイドは何度か入れ替わっている。

メキシコへの旅では、私は何度かに分けてスティーブンズとキャザウッドが訪れた遺跡を訪ねたが、そのたびに新しい発見があり、より多くの体験談を集めることができた。第4部では、体験談は年代順ではなく、地域別にまとめてある。

本書のための体験談の収集は2010年で終わったが、マヤ民族の探究は今も続いている。ティーンエイジャーの夢として始まったものが、生涯を通して情熱を傾ける対象となった。マヤの古代遺跡にある何かが、私の人生を大きく変えた。メキシコでは、旅における最も驚くべきUFO遭遇体験をいくつか聞くことができた。第4部では、そんな話を数多く紹介したい。

証言㉔ 星から来た人々ツホハニが暮らす町

カサ・ナ・ボロムは「ジャガーの家」という意味で、フランス人考古学者フランツ・ブロムと、その妻の記録写真家でジャーナリスト、環境保護の先駆者でもあるガートルードの家だ。この家はサン・クリストバルにあり、今はラカンドン・マヤ族とチアパスの熱帯雨林の保護に取り組む非営利団体ナ・ボロム文化協会によって、ホテル、ミュージアム、リサーチセンターとして運営されている。2人は1943年、メキシコとグアテマラの国境に沿って広がるラカンドン熱帯雨林の中の辺ぴな小空港で偶然出会い、1951年にこの家を購入した。2人はそれぞれ信じる道を、情熱を傾けて追求していた。フランツの情熱の対象は古代マヤ人、ガートルードのそれは人類学と、古代マヤ人の直系の子孫で、辺ぴな地域に住むラカンドン族だった。

ラカンドン族は、マヤ人の中でスペイン人による植民地化から逃れた唯一の種族だった。人里離れたジャングルの奥地に住んでいたため、スペイン人はジャングルの中へ侵攻することができず、彼らを発見できなかったのだ。ラカンドン族は非先住民文化から隔絶されていて、今も昔のままのやり方で生活している。膝と足首の間の長さの白いチュニックのような服を着ている。自然に垂らした長い黒髪が、西洋スタイルの服装を取り入れたメキシコの他の先住民との違いを際立たせている。彼らは今も古代から伝わる儀式を執り行っている。

今日カサ・ナ・ボロムでは、写真、考古学的発見、先住民に寄付された９０００冊の図書、素晴らしい３つの有機菜園など、ブロム夫妻のあらゆる業績を目にすることができる。１９９３年に亡くなったガートルードはラカンドン族の人々の擁護者であり、１９６３年に夫を亡くした後も、長期にわたってラカンドン族とその生活様式の保護活動を続けた。

カサ・ナ・ボロムで、私はたまたま１人のラカンドン族の男性とその息子に出会い、彼らの土地では、今も地球外生命体が自由に歩きまわっていると聞かされた。彼らは地球外生命体をツホハニ(星から来た人々)と呼ぶ。

メキシコには星から来た人々が暮らす町があった

クリスマスの朝、私は朝食の時間にサン・クリストバル・ホテルのレストランで新しい運転手兼ガイドのベニートに会い、これから2週間の旅程について打ち合わせをした。ベニートとはモンタナを発つ前からコンタクトを取っていた。彼はミステク族とメキシコ人のメスティーソだと名乗った。ベニートは大学出の教師だが、副業として休暇や夏の間だけ、旅行者にこの地域を案内していた。前もってEメールで写真を送ってもらっていたので、彼がレストランへ入ってきた瞬間、それとわかった。黒のカウボーイハットをかぶった頭の先から、ヘビ革のウェスタンブーツを履いた足の先まで、小型のカウボーイのようだった。身長はせいぜい150センチちょっとだが、ブーツのせいで実際より高く見える。30代でも通りそうだが、つい3日前に50歳の誕生日を迎えたという。中央で分けたまっすぐな黒髪が褐色の丸い顔を縁どり、口元にはほほ笑みを絶やさない。ブラックジーンズと糊のきいた半袖の白いシャツを身に着け、金色の腕時計をはめているが、その時計は文字盤の目盛りが多すぎて時間が読みづらい。彼は、これは妻からのプレゼントで、もう動かなくなってしまったが、彼女と共に歩んだ人生の象徴としてはめているのだと言った。

ベニートは老いた両親と一緒に暮らしているが、クリスマスの夕方、私を家族の夕食に招いてくれた。息子のハイメと娘のマリアが大学から戻ってきているのだという。マリアは大学で教師になる勉強をしていて、ハイメは工学を学んでいるそうだ。その夜、私はベニートが独り身だと知った。妻はマリアが生まれてまもなく、結核で亡くなった。まだ29歳だったそうだ。キャンドルが灯されたリビングの炉棚の上には、彼女の写真が何枚も飾られていた。彼に初めて会ったときから、私は良い選択をしたと思っていた。ベニートは尊敬に値する良き父親で、私と共通の関心を持ち、教師でもある。その上、彼自身も人生で何度もUFOに遭遇しているのだ。私たちはそれからの2週間、一緒にサン・クリストバルとオアハカを探訪し、その後来た道をたどってパレンケへ戻ることになる。

クリスマスの翌日は、私にとって「ダウン・デー」だった。ノンストップの旅を続けてきて、休息が必要だった。それで、1人で先住民の町をぶらぶらすることにした。2000メートル以上の高地に位置しているサン・クリストバル・デ・ラス・カサスは、チアパス州の宝石のような存在だ。松とオークの森に囲まれたこの町には、さまざまな色合いの淡い黄、オレンジ、ブルー、紫に塗られた建物が並び、植民地時代の雰囲気が漂っていた。狭い石畳の道の両側には白しっくいの壁が続き、木が茂った広場があちこちにあって、ゆったりした気分で町を散策することができる。町の中央広場（ソカロ）は地元の人や旅行者の待ち合わせ場所になっていて、夕方になると、生演奏の音楽、食べ物の屋台、大道芸、手織りのブレスレットやベルト、ショールなどを売る先住民の女性や子供が現れた。

この町を取り巻く山々の奥へと広がる数多くの先住民の村は、商売をしたり外部からの補給品を受け取ったりするための中心地だった。サン・クリストバルを取り巻く高地のコミュニティでは、10のマヤ語方言が話されている。それぞれのアイデンティティを持つ村人たちは、人類学者にとって、スペイン人による征服以前の時代にさかのぼる伝統について学ぶための、生ける教科書だった。村ごとに独特の法、色やデザインに関する服装規定、工芸品、言語、守護聖人が存在する。そのコミュニティ以外の人間とは結婚しないし、もし結婚した場合はコミュニティから追放されてしまうのだ。こうした村々では、とくに女性の1人旅は奇異なことで、猜疑（さいぎ）の目を向けられる。

その翌日、ベニートは私をマヤ・メディスン・ミュージアムとカサ・ナ・ボロムへ連れていってくれた。マヤ・メディスン・ミュージアムは、チアパスの伝統的ヒーラーと助産師の評議会が、その仕事と知恵の保存を目的に作ったもので、カサ・ナ・ボロムの敷地内にある。西洋医学が浸透していないチアパス州南部の辺ぴな高地では、マヤの薬草による治療やその土地の植物に関する知識、それらを使ったヒーリングが復活している。それに応じて、ミュージアムはその知識とヒーリングを実証し、広めるために、地元のシャーマンを招いていた。植民地時代の豪邸の5つのホールは、それぞれ薬草、脈診、接骨、祈禱（きとう）、助産術というマヤの主要な療法領域に当てられ、5つのタイプの伝統的ヒーラー、すなわち薬草医、助産師、接骨医、脈診医、祈禱師がミュージアムの外で実演を行っていた。敷地内に数百種類の薬草を扱う薬局があって、乾燥させてお茶にしたものやエキスや軟膏にしたものを買うことができる。

私はミュージアム内でシャーマンの診察を受けたりしながら半日を過ごした。ミュージアムを出る前に、長生きをうたった薬草茶など、さまざまな効用の伝統的な薬草を買い求めた。ミュージアムと薬局を訪れたあと、歩いてカサ・ナ・ボロムへ行った。フランツとガートルードのブロム夫妻は、生前よく人々をダイニングルームでの食事に招いていたと何かで読んだことがある。フランソワ・ミッテラン、画家のフリーダ・カーロとその夫ディエゴ・リヴェラ、それにヘンリー・キッシンジャーもナ・ボロムで食事をしたというので、私も夕食の予約を入れた。

ベニートと私が7時に到着すると、まずナ・ボロムをざっと案内され、それからダイニングルームの30人は座れそうなテーブルに通された。テーブルには4人分のセッティングがしてあった。ラカンドン族の父親バラムと思春期直前の息子ボル、それにベニートと私である。バラムとボルはスペイン語を話し、バラムは片言の英語も話した。ディナーのコースを食べながら、ボルは私に、ラカンドン族の最後の1人が死ぬと世界は終わると言った。バラムは、ラカンドン族の伝統的生活様式は大切に守らなければならない、さもないと人々は飲んだくれて、ラディノ（スペイン語を話す先住民と白人との混血）のように森を焼きつくしてしまうだろうと言った。

「地球はいつか破壊されるでしょう」

夜が更けるにつれ、私はバラムに、自分の研究とオアハカ周辺を旅している理由を話した。バラムは、スカイゴッドがしばしば大晦日に彼の小さな村を訪れたことについて教えてくれた。「彼らは光の帯に乗ってやって来る」と言うので、さらに聞くと、「彼らは光に乗って空から降りてくる。帰るときも同じだ。幅の広い光の帯に乗ってやって来る」と繰り返した。

「彼らは何をしに村へやって来るのですか」

「ヒーラーから薬を手に入れるんだ。毎年そうする。わしの父親は彼らを『われわれをこの地へ導いた人々』と呼んでいた。そして、今は村人から薬について学ぶために戻って来ると言っている。大昔、地球へ来る前は、彼らはわしらの教師だった。彼らは人々に、宇宙について教えた。そして今は、放射能と汚染の危険性や気候破壊について警告し、薬を集めるためにやって来る。ジャングルへ入っていき、植物を集めることもある。地球が破壊されたときのために、植物を保存しているんだ。わしらは彼らをツホハニ、星から来た人々と呼んでいる」

「地球は破壊されると思われますか」と私は尋ねた。

「今わしらは4番目の世界に生きているんだよ、セニョーラ。地球はこれまでにも破壊されてきた。いずれのときも、地球に対して、人々の注意がおろそかになっていた。わしらが今ここにいるのには理由がある。わしらはこの星を世話するためにここに生まれたんだ。人間として進化することを許されてきたが、わしらに課せられた任務をまだ果たすことができていない。使命をないがしろにしてきた責任を取らねばならない日が近づいている。その日、地球はひっくり返るだろう」

「どうしてそんなことをご存じなのですか」と私は尋ねた。

「彼らが教えてくれたんだ。マヤ語はツホハニの言葉で、彼らもこの言葉を話す。彼らは将来に備えなければならないと警告している。あなたも国へ帰って準備をしなさい。わしは家族のために地下に部屋を作った。地球の再生が起こったとき、もしあなたがここにいたら、わしの家族と一緒にその部屋に入ればいい」

「ツホハニと会われたとき、その姿は私たちとは違っていましたか」

「ほとんどは人間とよく似ている。だが、人間より背が高くて、色の白い者もいる。わしらと同じ言葉を話すのだが、ヒーラーとしか話さないんだ」

「宇宙船について教えていただけますか」

「わしは2種類の宇宙船と2つの種族を見た。1つは長いタンクのようで、ちょうどこのペンを大きくしたような形だ」。彼はテーブルの上にボールペンを置いた。「とても大きかった。その中から、背が高く、色の白い男たちが出てきた。オートバイ乗りが着るような、白いスーツとヘルメットを身に着けていた。とても色が白かった。もう1つの宇宙船は円形だった。音は立てない。銀色だった。銀色のスーツを着た背の低い男たちが出てきた。わしらとよく似ていた」。そう言って、彼は胸に手を当てた。「彼らがわしらをここへ連れてきてくれたんだ」

「地球の破壊はいつ起きるのですか。それがこの星の最期なのでしょうか」

「その後5番目の世界が始まるだろう。4番目の世界は浄化され、生き残った人間にはもう一度チャンスが与えられる。ツホハニはここに住んで、この生存者が新しい世界を始めるのを助けるだろう。それが人間が地球との関係を正し、使命を果たす最後のチャンスだ」

「ラカンドン族は生き残ると思いますか」と私は尋ねた。

「わしらは地球の世話人だ。生き残るだろう」。私たちはテーブルが片づけられたあとも、さらに1時間テーブルについたまま、黙示録的予言について話した。そのうちウエーターがやって来て、あと10分でダイニングルームが閉まると告げた。

私はしぶしぶナ・ボロムとラカンドン族の父子に別れを告げた。彼は最も聖なる信念と予言を私に教えてくれた。これまでに私は3度ナ・ボロムを再訪した。だが、残念なことに、バラムとボルには一度も会えなかった。ナ・ボロムの従業員が言うには、バラムは年に1、2度しかサン・クリ

ストバルにやって来ないそうだ。

証言㉕ 忘れ物を取りにスカイゴッドが戻ってきた⁉

チンクルティックはメキシコのチアパス州にある中規模の考古学的遺跡で、ラグナス・デ・モンテベロ国立公園の一部だ。スティーブンズとキャザウッドは、国境を越えてメキシコに入ると、コミタン村で野営した。この村は、スペイン人による侵攻以前は、マヤ人からバラン・カナン（「7つの星の場所」の意）と呼ばれていた。チンクルティック遺跡はコミタンから約56キロのところにあるが、スティーブンズとキャザウッドはこの遺跡を訪れなかった。

この遺跡は、２００８年10月に全国ニュースになった。遺跡でデモ行進をしていた6人の地元先住民が殺されたのだ。当時遺跡の管理は国立考古学研究所が行っていたが、彼らはこの管理への参加を要求した。私が２００８年12月に遺跡を訪れた際には、遺跡は公式には閉鎖されていた。

ここには先住民の少年が登場し、彼の祖父の時代から遺跡を訪れているスカイゴッドについて話してくれる。

目撃談を集めるために、進入禁止の遺跡に潜入

私は2008年にチアパス州を再訪した。このときも事前にEメールでベニートと契約し、数日間ガイドを頼むことになっていた。12月10日の午後、私はメキシコのチアパス州の州都トゥストラ・グティエレスにあるトゥストラ・グティエレス国際空港に到着した。チアパス州の他の町と違い、ここは美しいホテルがある近代的でにぎやかな町だった。私たちは車でサン・クリストバルへ移動し、そこで1泊した。前回の訪問から4年経つが、町は変わっていなかった。ベニート一家と夕食を共にした後、私は町に戻って、町を少し歩きまわり、中央広場(ソカロ)で2時間過ごして大道芸を楽しんだ。

12月11日、私たちはチンクルティィック遺跡に向けて出発した。その道中でベニートから、この古代都市が流血の惨事の舞台になったと聞かされた。チンクルティィックは辺ぴな場所にあるが、私が到着するほんの数週間前に国際的なニュースになっていた。州、連邦警察、そして地元の村人の争いの舞台になったのだ。いくつかの報告によると、2008年9月28日、INAH(国立考古学歴史研究所)は遺跡をないがしろにしていると主張するラ・トリニタリア出身の村人たちが、遺跡を占拠した。その過程で村人たちは、占拠の首謀者を逮捕するために派遣された77人の警官を捕らえ、拘束し、武器を取り上げた。1カ月後、州と連邦警察が警官と武器、それに遺跡そのものを奪回す

るため村へ入った。その衝突の最中に、6人の村人が殺され、17人が負傷した。

遺跡から数キロのところで、数人の男が道路の両側から現れ、鎖を持ち上げてハイウェイを封鎖したので、私たちはやむなく停止した。男たちは、遺跡へ行くために村を通過したいなら、道路の所有者である自分たちに50ペソ払えと要求した。その道は公共道路で、料金を払わずに通行する権利があるとわかっていたが、私たちは抗議せずに5ドル払った。

遺跡に着くと、門は3メートルほどの金網のフェンスで閉鎖されていた。門の前に立ってフェンスを外せないか思案していたら、さびついた自転車に乗ったディエゴという名の先住民の少年が現れ、案内しましょうかと申し出た。

「どこで英会話を習ったの」と私は尋ねた。

「女性と赤ん坊を保護する仕事をしている姉たち（カトリックの修道女）から習ったんだ。それから、アメリカ人旅行者からも。アメリカ人の男から、きみは英語がうまいねと言われたよ」。彼はそう言って、得意そうににっこり笑った。


（アメリカ人：グリンゴ）


「本当に上手だわ。ところで、どうすれば遺跡に入れるかしら」。私は大きな字で「進入禁止」と書かれた標識を指さして尋ねた。少年は首を横に振り、それからほほ笑んだ。

「こっちへ来て、セニョーラ」とディエゴは言い、フェンスに沿っ

チンクルティック遺跡

て歩いていった。そして、低木の茂みまで来ると、フェンスを持ち上げた。私はフェンスの下を這ってくぐり、ディエゴが続いた。ベニートがしんがりを務めたが、ちょっとおびえているように見えた。

遺跡は広大だが、古代都市を修復する努力はほとんど払われていなかった。敷地は完全に打ち捨てられていた。軍も政府も地元自治体も管理していない。チンクルティック遺跡には約２００の盛り土があり、６つのグループに分けられる。だが、村人が主張するように、遺跡の修復に努力が払われた痕跡はなかった。私たちは約3時間かけて遺跡を見てまわり、その間若いガイドは、小さな神殿や、勝利を祝うチンクルティックの支配者が描かれた一連のステラなど、とくに興味深いスポットを指し示した。

私たちはアクロポリスの頂上まで登った。山腹に巨大なピラミッドが造られている。遺跡そのものは荘厳で、頂上からの眺めは素晴らしかった。マヤ人は自然の地形を生かして、防衛と景観的美しさの両方を確保する方法を知っていたのだ。眼下には神聖なセノーテが見える。セノーテとは石灰岩台地に自然に陥没してできた穴で、水をたたえている。

「ここからは世界の果てまで見えそうね」。私は思ったことをそのまま口にした。

「うん。夜には拡大（マグニファイ）するよ」

「拡大（マグニファイ）するですって？」

「つまり、美しい、素晴らしいと言っているんです」。ベニートがほほ笑みながら答えた。

「ほんと、素晴らしい(マグニフィセント)わね」。私が答えると、ディエゴは正しい形容詞を覚えようとして、この単語を何度も繰り返した。その日、ディエゴはこの単語を何度も使い、正しい用法を確認した。

スカイゴッドは地球で探し物をしている?

「僕、ここで夜にUFOを見たことがあるんだ」とディエゴは言った。

「本当?」と私。「確かに、ここからはいろんなものが見えそうね。UFOを見たと言われても、驚かないわ」

「もしよければ、今夜ここで泊まるといい。そうすれば見ることができるよ。ここで夜を過ごすのはすごく素晴らしいんだ。夜の音は、まるで音楽みたいなんだ」

私は若い連れを見た。彼の招待はとても魅力的だった。が、ベニートが首を振り、顔をしかめたのが目に入った。彼は安全ではないと考えているのだ。

「そうね、また今度にするわ」と私は言った。

「もう二度と来ないんだろ」とディエゴ。彼の声には落胆が感じられ、私はもう一度ベニートを見たが、彼は首を振り、ここで泊まるべきではないと告げていた。「みんなそうだ。チンクルティックに戻ってこない。でも、きっと後悔するよ。いくつもUFOが見られるかもしれないのに」とディエゴ。「光の球になって現れることもあるし、どこからともなく突然現れることもあるんだ」

「どういうこと?」

「UFOはときどき目に見えないんだ。だから、どこからともなく現れるんだよ」。私はディエゴが言わんとしていることを理解した。宇宙船は目に見えないので、突然姿を現したように見えるということだ。

「僕のじいちゃんが、ちょうど僕ぐらいの子供だったとき(ディエゴは12歳だ)、UFOがよくセノーテに下りてきていたと言ってたよ」とディエゴ。

「セノーテで彼らが何をしていたか、おじいさまは何かおっしゃってた?」と私は尋ねた。

「スカイゴッドが残していったものを回収しに来てるんだって言ってたよ。彼らには水中を歩いて、ものを回収する能力があるんだって」

「おじいさまはどうしてそれをご存じなのかしら」と私。

「さあ、どうしてなんだろう。たぶん、話してくれたと思うけど、忘れちゃった」

「おじいさまは、まだご存命なのかしら」

「いいえ。去年の冬に亡くなったんです。母さんは、心臓が弱ったんだと言ってました。じいちゃんは、彼らは長旅のあとここで休むために来ているのだと言ってました。じいちゃんは何度かここで彼らを見ているけど、村へはやって来たことがないんだって」

「スカイゴッドがやって来たことを、他に知っている人はいないかしら」

「じいちゃんが若かったとき、政府の人間がヘリコプターでやって来て、セノーテの水を近くの湖に流して、セノーテの底をさらったことがあったんだって。スカイゴッドの証拠品を探していたと言う人もいるし、宝物を探してたんだと言う人もいるよ。じいちゃんは、何も見つからなかったと言ってたけど」

「おじいさまは、スカイゴッドの証拠品を探していたと思っていらしたのかしら」

「うん。政府の人間が村へやって来て、村の人に、セノーテで昔のものを探している人はいなかったか尋ねたんだって」

「おじいさまは、政府の人間に自分が見たことを話されたのかしら」

「村の人は誰も、何も言わなかったらしいよ。みんな何も知らないと言ったんだって。村の人はスカイゴッドを裏切ったりしないんだ。とくに政府の人間には何も言わないよ。政府を信用していないから」

　私はアクロポリスの頂上に座り、ディエゴが古代遺跡について誇らしげに説明するのを聞いていた。「UFOはあっちの方向からやって来るんだ」。そう言って、彼は西にある山々を指さした。

「1つのときもあるし、いくつか一緒にやって来ることもある。じいちゃんは、彼らはここへ来るのが好きなんだって言ってたよ。地球が好きなんだって。ここに住んでいたこともあるけど、自分の星へ帰っていったんだって。村の賢者は、スカイゴッドが僕たちをここへ連れてきたと言ってるよ。そして、僕らをここへ残して、自分の星へ帰っていったんだって。もし彼らがここに残っていたら、生活は変わっていたかもしれないね」

「どうしてそう思うの？」

「帰っていったとき、生活に関する知識をすべて持って帰ってしまったんだ。ここへ戻ってくる計画だったらしいけど、スペイン人が来ていたので、スカイゴッドは二度と戻ってこなかったんだって。僕たちは自力で生き残るしかなかった。だから僕らは、生き残る方法だけは知ってるんだ。世界が終わるとき、僕らはきっと生き残る。ここへ来たアメリカ人(グリンゴ)は、僕たちのやり方では、自分たちは生き残ることができないと言ってたけどね」。私はこの年齢にしては聡明な少年の言葉に耳を傾け、しばらく口をはさまなかった。「次の世界が始まったら、僕たちにとって生きることはずっと楽になるよ。もうメキシコ人はいなくなって、マヤ人だけになるんだ」

「僕たちは地球変化の危険な時期を生きている」

「もし今スカイゴッドがやって来たら、人々に警告するかしら」と私は尋ねた。

「じいちゃんによると、彼らはこれから起きることについて、ときどき警告していたそうだよ。僕たちは、地球が変化するすごく危険な時期に生きてるって言ってたんだって」

「どんな変化が起こるのかしら」と私は尋ねた。

「さあ、僕にはわからないよ、セニョーラ。年寄りしか知らないし、年寄りはそのことについて、少なくとも僕の前では、何も話さないんだ。僕が知っているのは、大きな変化が起こるということだけなんだ」

「大きな変化が起こると、おじいさまが言われていたの?」

「うん。僕の兄さんに、合衆国へは行くなと言ってたよ。みんな家にいた方がいい、メキシコは合衆国よりは安全だからって。僕が知ってるのはこれだけだよ、セニョーラ。他には何も知らないよ」

車を置いたところに戻ったとき、私はディエゴに50アメリカドルを渡した。彼はにっこり笑った。この心付けをとても喜んでくれたようだ。「これで弟の学費が1年間払えるよ」と彼はにこにこしながら言った。他にも旅行者を案内したのかと尋ねると、この週で私が7人目で、一番気前がいいと言った。「別のグリンゴは20ドルくれたよ。グリンゴはみんな気前がいいね。僕はグリンゴが好きだよ」。いつから旅行者を遺跡へ忍びこませているのかと尋ねると、ほんの数週間前からだと言った。「しばらくの間、村人たちが遺跡を開放していたんだけど、政府が閉鎖してしまったんだ。それから、僕が引き受けるようになったんだ。毎日来て、誰か来るのを待ってるんだ。ここへ来る人のほどんどは、怖がって遺跡へは入らない。警察や兵士を恐れているんだ。でも、グリンゴは気にしないね。一番勇敢なのがグリンゴで、次がフランス人だ」。私は彼の起業家精神を素晴らしいと思い、なぜ政府は地元の村人の機知を利用して、遺跡を開放しないのだろうと思った。たとえそれが常識外れのやり方だったとしても、観光地化されていない人里離れた遺跡へ行ってみたいと思う人間もいるのだから。

チンクルティック遺跡を去る前に、ディエゴ、ベニート、そして私は、青い水をたたえたセノーテ、アクア・アズールを見下ろせる木陰に座った。まださよならを言いたくなかった。ディエゴは私のクーラーボックスにあったコーラを飲み、ホテルのレストランが用意してくれたチキンサンドイッチを食べながら、私と英語の単語や文章を練習した。遺跡を去る前に、私はディエゴにハックルベリー・タフィーを1袋渡し、村の子供たちと分けるように言った。彼はかけがえのないものをもらったように、大事そうに受け取った。「またここへ来ることがあったら、セニョーラ、あなたが書いた本を1冊僕に持ってきてね。僕の話や名前が載っているのを見たいんだ」。車が遺跡を出ていくとき、後ろの窓から外を見ると、ディエゴが砂ぼこりの中に立ち、手を振っていた。そのほほ笑みを、私は決して忘れないだろう。

私はしばしばディエゴのことを思い出す。彼が予想したとおり、私はまだチンクルティック遺跡を再訪していない。だが、近々もう一度メキシコへ行く計画を立てていて、チンクルティック遺跡とディエゴもリストに入っている。今は遺跡も公開されているようだ。遺跡で夜を過ごそうという彼の申し出に応じるのはさらに難しいだろうが、今度チアパスを訪れた際には、彼を探してみるつもりだ。

証言㉖ 太古からスターマンとマヤ人は友人だった⁉

光を放つ球体(オーブ)や生き物が、突然どこからともなく現れたという話は、いまや目新しいものではない。旅の間にもこのような報告をたくさん受けた。こうした出来事のほとんどは、ＵＦＯの出現に呼応するように起こっている。

光を放つオーブは、先住民にはとてもなじみ深いものだ。光を放つオーブがＵＦＯに変化したという報告はたびたびされている。アメリカ先住民の遭遇体験において、光を放つオーブが宇宙人に姿を変えたという報告も珍しくはない。儀式の間に光り輝くオーブが現れ、ダンスを踊っていたという話もある。ホピ族の踊り手が踊っていると、しばしばオーブがやって来て、チラチラ光るそうだ。チェロキー族の村では、古代から光を放つ球体が目撃されてきた。伝説によると、光は愛する夫や息子を見守る、戦士の妻や母親だという。アマゾンのシュアール族には、祖先が夜空に輝く白や青の光となって訪れるという伝説がある。シュアール族は祖先、ＵＦＯ、それに自分たちを区別せず、この３つは同じものと認識する。結局のところ、あらゆるものは自分自身だということだ。

ここでは、ロドリーゴという名の年老いたザポテク族の先住民が登場し、ザポテク族の老人たちのもとを訪れた光を放つオーブの話を語ってくれる。

かつて、賢者が生きていた時代があった

サン・クリストバルでの4日目、ベニートと私は朝早くオアハカシティに向けて出発した。その有名な町までは9時間かかり、長く困難な道のりだった。この町はゲリラ組織ザパティスタの反乱とその暴力的な反政府運動で知られている。ある夜、オアハカシティの小さなブティックホテルの中庭で座っていると、1人の老人が私の隣のベンチに座った。彼はこのホテルで整備員をしている。

「セニョーラ、あなたをここ数日お見かけしていますが、何日お泊まりになるのですか」

「10日ぐらいの予定です」

「この美しい町に長く滞在して楽しまれるのは素晴らしいことです」。整備員は白髪の混じるまっすぐな黒髪をひっつめて、小さなポニーテールに結っている。その浅黒い、いかつい顔を見ていると、1950年代の西部劇のスターが思い出された。その俳優の名前がどうしても思い出せないまま、私はその老人をまじまじと見つめていた。ホテルに滞在中、何度もその老人を見かけていた。ホテルの男性従業員の制服であるダークブルーのジャンプスーツを着ていなかったら、ホテルのオーナーだと思っただろう。彼はホテル経営のあらゆる面に関与しているように見えたが、他の客に、自分は庭師だと言っているのを耳にしたことがある。「このホテルを選んでいただき、ありがとう

ございます。小さなホテルですが、サービスには誇りを持っています。何かご用がありましたら、何なりとロドリーゴにお申しつけください」

「このホテルをとても気に入りましたわ。部屋は快適だし、食事も素晴らしい。私はこの町が、そして古代遺跡が大好きなんです。あと、チョコレートもね」。私はチョコレートという単語を強調して言った。チョコレートという言葉を出したとき、老人の顔にほほ笑みが広がった。

「そう、チョコレート。ここはチョコレートの町です」

「町じゅうチョコレートのにおいがしますね。何とも誘惑的だわ」。老人は膝をぴしゃりと叩き、声を立てて笑うと、首を振りながら言った。「まったくです。ご婦人方はチョコレートがお好きだ」。

「私も例外ではありません」と私は答えた。彼はほほ笑み、特別な秘密を共有しているかのようにウインクした。

「あなたの目的は、古代遺跡ですか。それともチョコレート?」彼はからかうように尋ねた。

「古代遺跡を見に来ました。それと、スターピープルやスカイゴッドの伝説について人々から話を聞くために。もちろん、チョコレートも魅力的ですけど」

「ああ、スターピープル。私もいろいろ体験を持っています。お聞きしてよろしいかな。これまでどこへ行かれましたか」とロドリーゴ。

「モンテ・アルバン遺跡に2日間、ミトゥラ遺跡とヤグール遺跡に1日ずつです。トゥーレの木も見に行ったわ。それに、近郊の村もいくつか訪問しました」

「ほとんどの旅行者は、ただ来て去っていくだけで、何も見ません。心を開けば、この土地にパワーがあるのがわかるはずです」

「この町にはスピリチュアルなパワーを感じます。どこへ行っても」

「興味深いですな。また後ほどお話ししましょう」。そう言うと、彼は立ち上がって歩き去った。

私はウエーターの注意を引くと、ボトル入りの水を注文し、ホテルの広場の隅にあるテーブルに移動した。そして、じゅうたんを敷き詰めたような芝生のエリアで、老人が枯れた花や葉を取り除くのを見ていた。その仕事を終えると、彼は私のテーブルへやって来た。

「明日、もしご都合がよろしければ、オアハカシティで一番美味しいチョコレートを売っている店へお連れしたいのですが」

「ありがとう。ぜひご一緒させてください」

「それと、今夜私と夕食を共にしてくださるなら、スタートラベラーの話ができますが」とロドリーゴ。「7時にお迎えにうかがってよろしいですか」

「7時なら大丈夫です」

7時きっかりに、部屋のドアがノックされた。ドアを開けると、ロドリーゴが黒のドレスパンツに白い半袖のシャツという姿で立っていた。この町の男性の一般的な礼装だ。髪は理髪店に行ってきたばかりのようだ。「カサ・オアハカ・レストランで食事をされたことはありますか」と彼は尋ねた。

「いいえ。まだ機会がなくて」

「よかった。プライバシーが守れるように、ルーフトップのテーブルを予約しておきました。サント・ドミンゴ教会の素晴らしい眺めを楽しめますよ。きっと喜んでいただけると思います。ゆっくりお話しもできるでしょう」

レストランまでの数ブロックの道を、私たちは腕を組んで歩いた。町は物売りやあらゆる年齢の人々で活気に満ちていた。私たちが道を歩いていくと、女性はうなずき、男性は軽く頭を下げた。歩道にいるすべての人が、子供たちでさえ、脇へ寄って道を空けた。私の連れを知らない人はなく、みなが敬意を抱いているのがわかった。「まるで王様と一緒にいるみたいだわ」と私は言った。

ロドリーゴはほほ笑んで、ささやいた。「スパニアードがやって来る前なら、あなたの言われるとおりだったかもしれませんが、今では私は一介の庶民ですよ」

「そんなこと、信じられないわ」と私は言ったが、ロドリーゴは何も言わなかった。

屋上の西側にただ1つ配置されたテーブルに着き、ロドリーゴが料理を注文している間、私は素晴らしい眺めを楽しんだ。

「お気に入れば幸いですが、セニョーラ。ここのスペシャリティは5皿コースのディナーでしてな、今夜の肉料理について詳しく尋ねて、それを2人分頼みました」

「それで結構ですわ。あなたにお任せします。ところでロドリーゴ、お伺いしてもいいかしら。あなたはいったいおいくつなんでしょう」。ちょうどウエーターが、チリパウダーとライムで味付けしたバッタ（チャプリン）のから揚げが入った小さなボウルを持ってきたので、彼はちょっと待ってから答えた。「91歳の誕生日を迎えました」。そう言って、ボウルを取り上げて私に食用の昆虫を差し出した。私はスプーン1杯分を自分の皿に取り、1匹つまんで口に入れた。「オアハカシティでは誰もが知っていることですが、チャプリンを食べたら、その人は必ずここへ戻ってくることになります」。彼はほほ笑みながら言った。「私は今とても後ろめたく思っています。下心があってチャプリンを注文したのですよ。ザポテク族は、チャプリンを食べた人はオアハカシティに戻ってくると言います。それは運命なのです」。彼はグラスを手に取り、私に向けて掲げた。「今夜のように、素晴らしいアメリカーノと何度もディナーをご一緒できますように、乾杯！」そう言うと、彼は私にウインクした。この瞬間、彼は後ろめたくなど思ってなどいないと感づいたが、口には出さなかった。その代わり、遭遇体験を話してくれるよう話題を変えた。

「あなたのことを教えていただいていたのでしたね。お年をお伺いいたして」

「ああ、そうでした。私は91歳ですが、もう少し生きて、伝説になりたいと思っています」。そう言って、にっこり笑う。「私は屈強で、健康です」。私は向かいに座っている男性を見た。彼の物腰を見ていると、少なくとも40歳は若く見える。自称ザポテク・インディアンの彼は、少し訛（なま）りのある英語を話した。

「長生きの秘訣は何ですか」と私は尋ねた。

「酒は土曜日の夜しか飲みません。毎日果物を食べます。薬はザポテク族が決めた薬草しか使いません。毎日仕事で数キロ歩きます。若い女性とダンスをします。ときには口説くこともあります」。

私は彼がさりげなく口説いているのだと思い、心の中でほほ笑んだ。

「ダンスと口説きの練習をたくさん積んでこられたのでしょうね」

「そのとおり。しかし、結婚は一度もしていません。私はホテルと、私を育ててくれた人々に人生を捧げているのです」

「どうぞ、あなたのことを話してください」

「12歳のとき、母親を亡くしました」と彼は話を始めた。「父親はすぐに別の女性を見つけました。悲しんでいる暇もありませんでした。母親の葬式がすんだ翌日に、父はその女性と結婚したのです。私は不幸でした。とても悲しかった。父親の新しい妻は、私の存在を快く思っていませんでした。弟が2人いて、その女性は弟たちのことは可愛がっていましたが、私は違ったのです。私は母の遠縁に当たる、ホテルのオーナーを頼りました。彼は私に居場所を与えてくれました。私は自室と、おいしい食べ物と、小遣いも少々与えられました。今私は、この谷で暮らす人々の中で一番の金持ちになりました。まだ賢者が存在していた時代に育つことができて、私は幸運でした。今ではみんな死んでしまいましたが、彼らは私の教師でした。彼らは昔ながらのやり方を教えてくれ、私は良い生徒でした。私は祖先について、すべてを知りたいと思ったのです。賢者が生きていた時代に生まれて、私は幸運でした」

「スターピープルは私たちの祖先です」

「賢者たちから、スターピープルの話を聞きましたか」と私は尋ねた。

「私が子供のころは、スタートラベラーはこの地を、まさにこの場所を歩いていたのです。長老たちは彼らとコミュニケーションをとっていました」

「そのことについて、詳しく話していただけますか」

「あなたは空に現れるオーブを見たことがありますか」

「ええ、あります」

「私たちは、オーブは祖先だと考えます」とロドリーゴ。「祖先は夜の空に、光を放つ球体として姿を現します。ときには青だったり、うす紫だったりしますが、いつも光っています。あなたも夜空を見上げたとき、オーブを見ることがあれば、それは祖先があなたとコミュニケーションをとろうとしているのです」

「オーブとUFOの違いは何ですか」と私は尋ねた。

「違いはありません。ときにオーブは空飛ぶ宇宙船になります。ときには人間の姿になります。彼らの使命によって変わるのです」

「どんな使命なのでしょう」

「かつては私たちの支援者であり、教師でした。彼らは偉大な謎に関する、すべての知識を持っていました。今はただ観察者として、あるいは薬草を集めるために来ています。私たちが薬草として使っている植物の多くは、スタートラベラーが私たちを助けるために植えたものなのです。植物は、彼らの星よりここの方がよく育ったのです」

「あなたはスタートラベラーとコミュニケーションをとったことがおありなのですか」

「若いころはありました。まだ昔の長老たちが生きていた時代です。昔の長老は彼らと友達でした。儀式の最中に、彼らが空から降りてきたものです。だが、彼らとコミュニケーションをとらなくなって、もうずいぶんになります。彼らは私たちが歩んでいるやり方に、ひどく失望したのではないかと思います」。彼は話を中断した。ウエートレスがアニシードで味付けしたブラックビーンのスープを持ってきたのだ。「山の中に洞窟があります。彼らは今もそこに来ているという者もいます。そこで休んで、昔のように山を歩きまわっているそうです。私は見たことはありませんが。私はもう山へは行きません。昔の長老たちがいなくなってからは行っていないのです」

「ザポテク族はよその星からやって来たと信じておられるのですか」と私は尋ねた。

「いいえ、セニョーラ。私たちは洞窟から出てきました。私たちは岩の種族なのです」。ウエータ一がチキンモーレ（モーレはカレーのようなメキシコ料理）を持ってきたので、彼はふたたび話を止めた。「このレストランのチキンモーレは、オアハカで一番うまいですよ」とロドリーゴ。「チアパス州にはたくさんのモーレがありますが、ブラックモーレが一番です」

「何が入っているのですか」と私。

「30種類ほどの材料が入っています。全部は知りませんが、何種類かの唐辛子と、チョコレート、シナモン、トマティロ、クローブ、ナッツ類が入っています」

「とてもおいしいわ」

「では、私の選択は正しかったのですね」

「ええ。素晴らしい選択でしたわ」。私たちは黙って食べたが、しばらくしてロドリーゴが話を続けた。

「スタートラベラーは空からやって来ます。私たちは宇宙では友人同士なのです。彼らは私たちを助け、私たちは彼らを助けます。昔の長老が言うには、彼らの中には人間の女性と結婚した者もいて、女性を彼らの星へ連れていったそうです。といっても、女性も彼らと一緒に行くことを望んだのです。嫌々連れていかれたわけではありません。スターピープルは地球には定住しませんでした。訪問者だったのです。私たちが彼らを祖先と呼ぶのは、私たちより前からいるからです。親戚ではありません。祖先なのです。彼らの文明は私たちのものより古くからあります。彼らは私たちより多くの知識を持っています。だから、私たちは彼らを敬っているのです」

「確認させていただきますが、祖先ではあるけれど、親戚ではないと言われるのですね」

「そうです。彼らを祖先と呼ぶのは、彼らの文明の方が古いからです。結局のところ、私たちはみなつながっているのです。宇宙のすべてのものはつながっています。植物、木々、水、星々、それに地球の人々やよその星の人々もつながっているのです」

「スターマンと結婚した女性がどうなったか、ご存じありませんか。彼女たちは地球に戻ってきたのでしょうか。子供は連れてきましたか」

「私が聞いたのはマヤの女性を妻にしたスターマンの話ですが、彼女たちは戻ってきませんでした」

「スターマンは、モンテ・アルバンのような古代都市の建設を助けたと思われますか」

彼は首を振った。「ザポテクにやって来たスターマンは、建設者ではありません。彼らは科学者です。世界のさまざまな文明を救うために、宇宙を放浪しながら、植物や薬を探していたのです。だからセニョーラ、違うのです。ザポテク族とミステク族は、自分たちの力で偉大な都市を築きました。言葉や都市の多様性を見てください。1つ1つ違うでしょう。もしスターマンの助けを借りてこれらの都市を建設したのなら、スターマンの種族が何十もあったことになります。そんなことはありえません」

「あなたが最後にオーブを見たのはいつでしたか」と私は尋ねた。

ウエーターがホットチョコレートとバラの花びらの香りがするアイスクリームを持ってきて、彼の話をさえぎった。ウエーターが行ってしまうと、ロドリーゴは話を続けた。「オーブはほとんど毎晩やって来ます。ただ見ようと思えば見えるのです。大部分の人にとって、オーブは目に見えません。内なる目、開いた心を持っていないからです。でもあなたなら、見ようとすれば見えると思います。あなたは正しい心をお持ちですから」

その夜私たちは長居をし、ホットチョコレートを2杯飲みながらおたがいの人生について語り合った。それから、ホテルまでゆっくり歩いて戻った。ロドリーゴは私の手を取り、でこぼこの石畳の道を注意深く導いてくれた。そして、ときどき立ち止まっては空を見上げた。オーブを探していたのだろうが、その夜は現れなかった。翌朝、私はドアをノックする音で目覚めた。若いホテルの従業員が、葬式に飾る花かと思うような大きなバラの花束を入れた花瓶と、これまで見たこともないほど大きなチョコレートの箱を私に手渡した。「ロドリーゴからです」と彼は言った。私は付いていたカードを読んだ。「私があと40歳若かったらどんなにいいでしょう。今となっては来世に期待するしかありません」。メッセージを読んで、私はほほ笑んだ。やっぱりロドリーゴはまだ女を口説いているのだ。

お昼にチェックアウトするとき、ホテルのマネジャーにロドリーゴのことを尋ねると、重病のお兄さんを見舞うため、よその村へ行ったと教えてくれた。お兄さんに薬を持っていったのだ。「ロドリーゴは、お見送りできないことをよくお詫びしてくれ、でもセニョーラはまたすぐ戻ってこられるだろうから、その日を楽しみにしていると申しておりました」とマネジャーは言った。私はほほ笑み、バラの花束とチョコレートの箱を持ってホテルから出て、ベニートが待つバンに乗りこんだ。

2年後、私はオアハカシティを再訪した。ホテルにチェックインして、ロドリーゴのことを尋ねると、彼はまだホテルで働いているという。そして私は2週間、ロドリーゴのゲストとしてホテルで過ごした。彼は毎晩7時きっかりに現れて、私をディナーに連れていってくれた。旅の最終日、私は彼が庭師ではなく、ホテルのオーナーだと知った。私が最後にオアハカシティを訪れてから6カ月後、ロドリーゴが眠っている間に亡くなったという知らせを受けた。94歳の誕生日は越したが、予定の年齢にはあと少し足りなかった。彼は最も信頼する従業員に遺言を残していて、私はこれから一生このホテルに、無料でオールインクルーシブ待遇を受けられるそうだ。葬式の日、新しいオーナーは私を脇へ呼んで言った。「セニョーラ、あなたはロドリーゴに強い印象を与えたようですよ。あなたとは来世で再会するだろうと言っていました」。私はあれからそのホテルにも、オアハカシティにも一度も行っていない。ロドリーゴがいないあの町は、もう同じ町ではないだろうから。

私は夜空を見上げるたび、ロドリーゴのことを思う。死ぬことは怖くないと彼は言っていた。「死んだら祖先たちに迎えられ、もう一度賢者たちと一緒に過ごせるのです。誰にも悲しんでほしくありません。本当の家族と一緒に暮らせるのですから」

証言㉗ 宇宙人にかけられた「魔法を解く薬」が存在していた⁉

オアハカシティから31キロ、シエラ・フアレス山脈のふもとにある小さな村テオティトラン・デル・バジェは、紀元前465年ごろザポテク族によって造られた。もともとはザポテク族の言葉で「天の星座」という意味のシャキハと名づけられたが、ナワトル族の言語で「神々の座」という意味のテオティトラン・デル・バジェと呼ばれるようになった。スティーブンズとキャザウッドは、メキシコのこの地に足を踏み入れることはなかったが、ホアン・デ・コルドーヤというスペイン人の修道士が『カトリック百科事典』に、西暦34年にテオティトラン・デル・バジェ村で起きた出来事を記録している。それによると、巨大な明るい光が北の空に出現し、それは上空で4日間輝きつづけ、それから村の中心にある岩の上に降りた。光の中から、偉大で強い男が現れ、岩の上に立ち、太陽のように輝いた。男は村のどこからでも見えるようにそこに立ち、昼も夜も光を放って、村じゅうを真昼のように照らした。彼が話すと、その声は雷のように谷間にこだましたという。

ここでは、現代のザポテク人たちが登場し、彼らのやり方でこの物語を語り、空からやって来た訪問者との遭遇体験を話してくれる。

「奇妙な男たちに連れ去られ、魔法をかけられました」

ある朝ベニートと私は朝食をすませると、織物で有名なザポテク族の村テオティトラン・デル・バジェへ向かった。オアハカの町から約30キロ離れたこの村には、150ほどの家族が住んでいて、ほとんどは織物製造に携わっている。織物が村人の主な職業になったのは1535年ごろからで、ドミニカ人の司教ホワン・ロペス・デザレートが村へやって来て、羊毛の原料になるボレゴという羊を導入したのが始まりだった。その後まもなくスペインから輸送した最初の織機が到着し、またたく間にセラーペ（メキシコ人男性が着用する毛布のようなショール）、毛布、敷物を生産する家内工業が盛んになった。現在この村は、北米で最も有名な織物職人の町の1つになっている。

私たちが村に入っていくと、道路の真ん中で昼寝をしていた犬たちが目を覚まして、のんびりした足取りで道路脇へ歩いていき、非難がましい目つきで私たちが通り過ぎるのを待った。私たちは道の両側の、さまざまなサイズ、色、デザインの鮮やかな織物を誇らしげに展示している店を眺めながら、町の中を通っていった。

スティーブンズとキャザウッドはこの村を訪れたことはなかった。メキシコに入ってからは、パレンケ遺跡を見つけることだけを考えていた。一方私は、空から光線に乗って村へやって来たスカイゴッドの伝説を追究するため、そして自分でデザインした敷物を2枚作ってくれそうな織り手を見つけるためにこの村へやって来た。

私は合衆国でも名を知られている何人かの織り手を訪ねた。最後に訪れたデイビッドという若い織り手は、自分は有名ではないと言い、お金がなくて大きな展示会に出品できないのだと説明した。彼は独立したアーティストで、バスツアー以外の旅行者を相手にしていた。彼は私を小さな展示室に案内した。その作品を見て、私は自分の敷物を織ってくれる織り手を見つけたと思った。自分のデザインを見せ、念入りに糸を選んでから、私は彼の小さなオフィスに行って取引を成立させた。彼が敷物のサイズや要望をメモしている間、私はスカイゴッドに関するこの村の伝説について尋ねてみた。

「あの伝説について、何かご存じありませんか」

彼は首を振りながら、敷物の請求書を手渡した。「セニョーラ、あれは単なる伝説かもしれないし、事実かもしれません。子供のころ、僕はいつもスカイゴッドが現れないかと注意していたものです。空からやって来る男たちの話を、祖父からたくさん聞いていたからです。村の上空に光が浮かんでいるのが、何度も目撃されています」

「UFOを見たことがあるのですか」と私は尋ねた。彼は首をゆっくりと左右に振った。

「僕はありません。でも、友人の中におばあさんの家を訪ねてきている男がいます。彼はサン・クリストバルの出身で、空からやって来た人を何度も見ています。背が高く、白い肌と白い髪をして、宇宙飛行士が着るような白いスーツを着ていたと言っていました」

「そのお友達は、私に話してくださるかしら」と私。

「ええ。もう少し待っていれば、ここへやって来ますよ。バスケットボールをする約束をしているんです。僕はバスケットが大好きなんですが、彼はバスケットがとてもうまいんです。彼と練習すると、いいトレーニングになるんです」とデイビッド。「それに、健康のためにもいいんですよ」。彼がバスケットへの愛と、プレーヤーとしての自分の力量を熱く語っている間、私は机の後ろの写真を見ていた。皮肉なことに、デイビッドは黄色いバスケットボール用のジャージを着て、指先にボールを乗せていた。皮肉なことに、彼は身長が150センチほどしかなかった。

半時間も経たないうちに、その友人が、少女用の錆びたおんぼろ自転車に乗って現れた。彼はビクターと名乗った。紹介がすむと、ビクターは1年前の遭遇体験について語った。

「おれは祖母のためにたきぎを集めていました。たぶん、町から7キロほど離れた場所だったと思います。取りかかるのが遅かったので、太陽が沈みかけていました。もう帰らなくてはと思いました。夜にハイウェイを通るのは危険ですから。車にはねられたり、強盗におそわれたりしたら大変です。たきぎを束にまとめながら、これを背中に背負って、自転車でうまくバランスが取れるだろうかと心配になりました。たきぎは大きくて重いし、自転車はあまり性能が良くないのです。たきぎを背負ったとき、突然まわりの地面が真昼のように明るくなりました。見上げると、奇妙な、目もくらむような光が、おれを照らしていたんです」。そこまで話すと、ビクターはそわそわしはじめた。

「本当に話を続けてもらって大丈夫ですか」と私は尋ねた。

「ええ。起こったことについて、ずいぶん考え違いしていると思ったものですから。最初は神様がおれを天国へ連れていくために来たのかと思いました。おれは罪のゆるしを乞い、ひざまずいてじっと待っていました。でも光は動かず、そのままの状態が数分続きました。おれは立ち上がり、自転車の方へ歩きはじめました。すると突然、暗がりから2人の男が現れ、おれの前に立ちふさがったんです。気がつくと、おれは祖母の家の前に立っていました。どうやって帰り着いたのか覚えていないんです。おれはたきぎを背負っていて、自転車は戸口のそばに止めてありました」

「どうやって家に戻ったか覚えていないとは、どういうことでしょう」

「自転車に乗っていた記憶がないんです。この出来事を祖母に話すと、呪いをかけられたんだと言いました。魔女に魔法をかけられたんだと。祖母はすぐにおれをベッドに寝かせ、魔法を解く薬を作りました。魔女じゃなくて奇妙な男たちだったことは、祖母には言いませんでした。薬を飲むと、すぐに眠ってしまいました」

「どうやって思い出したのですか」と私は尋ねた。

「夜中に目が覚めたんです。最初は悪い夢を見たんだと思いました。でも、どう考えても夢ではありません。とてものどが渇いたので、おれは起き上がって、水を飲みに行きました。そのとき、光の中から現れた2人の奇妙な男に、無理やり濃い液体を飲まされたのを思い出したんです。突然、奇妙な場所にいたことを思い出しました。まったく見覚えがない場所です。他にも人がいたのは覚えていますが、知った人は1人もいませんでした。その場所も、おれを連れていった人間も知りません。彼らはおれを、壁が光っている部屋へ入れました。でも、その部屋には電球はついていないのです。おれはめまいがしてきました。妙なにおいがして、部屋の中にもやがかかっていました。目の前に手を出しても見えないのです。肌は冷たいのに汗をかいていて、服はじっとりと湿っていました。おれはベッドに寝かされました。硬いベッドでした。覚えているのはそれだけです」。彼は私がメモを取る間、しばらく口を閉じていたが、それからまた続けた。

「翌日、おれはまた祖母のためにたきぎを探しに、あの道へ戻りました。すると、祖母の村に住んでいるホルへという男が、昨夜おれが空から来た男たちに連れ去られるのを見たと言ったのです。おれは光線に乗って宇宙船へ入っていったと言いました。もうおれに会うことはないだろうと思ったそうです。おれがまだ生きていたので、彼はびっくりしました。それから徐々に記憶が戻ってきました。でも、祖母が言ったように、彼らはおれに魔法をかけたんでしょう。いまだになぜおれを連れていったのかわからないんです」

「男は何人いましたか」と私は尋ねた。

「2人です。背が高かった。でも、背の低い男もいました。おれより小さかったです」。彼は手を上げると、彼の腰の高さより少し上のあたりを示した。1メートルに少し足りないくらいだ。

「どんな外見をしていましたか」と私は尋ねた。

「おれを連れていった男は、おれの2倍ぐらい身長がありました。ホルへが見たのは、色が白く、痩せていて、髪は白かったそうです。顔は見ていませんが、ホルへは、彼らは白いスーツを着ていて、幽霊のようだったと言っていました。おれはそういうことは覚えていません。ただ、背が高くて、おれを見逃してくれそうもないなと思ったのは覚えています」

「他に何か覚えていることはありませんか」と私は尋ねた。

「何もありません（ナダ）」

「宇宙船についてはどうですか。宇宙船の内部について、何か覚えていませんか」

「とても寒かったのを覚えています。細かいことは覚えていません。他にも人間を見ました。メキシコ人ではありませんでした。ブロンドの女性も2人いました。ブロンドの女性が好きなので覚えています」

「ホルへは私に会ってくれるでしょうか」と私は尋ねた。

「彼が今どこに住んでいるか知らないんです。彼のおばあさんが亡くなってから、村へは来なくなりました。彼の従兄弟が言うには、サン・クリストバルへ引っ越したそうです。別の従兄弟からは、彼はカンクンに住む女性と結婚したと聞きました。ドイツ出身の女性で、お金持ちだそうです。ホルへは昔から女性の扱い方がうまかったんです。女性はみんな彼を好きになりました」

「もう1つだけ聞かせてください。あなたのおばあさんが魔女の呪いを解くために飲み物を作ってくださったと言いましたね。おばあさんは飲み物に何を入れたかわかりますか」

「いいえ。それは祖母の秘密です」

「おばあさんはそのレシピを教えてくださるかしら」

「とんでもない。そんなことを言われるのは不愉快です。やめてください」

「ごめんなさい。気を悪くさせるつもりはなかったんです」と私は言った。

「気にしないでください、セニョーラ。祖母は優秀な呪術医（メディスン・ウーマン）です。部族の人間を魔女や呪いから守っています」

「わかりました」と私は答えた。

「セニョーラ、どうして宇宙人はおれを拉致したのでしょう」

「私にもわからないわ」と私は答えた。


別れを告げて、私はテオティトラン村を後にした。予定していた以上の成果を手にすることができた。自分でデザインした敷物を2枚注文できたし、今も村に立っているスカイゴッドの岩も見ることができた。しかし、それ以上に、異星人の拉致者（アブダクター）の魔法を解くことができる祖母を持つ、ザポテク人に会うことができた。そのレシピを入手することはできなかったが、少なくともそういう薬が存在し、実際に効くことがわかったのだ。

証言㉘ 光線に乗ってやって来た「神」のこと

ザポテク族は、自分たちは地球の洞窟からやって来たと言う。祖先は岩、木、あるいはジャガーで、人間に姿を変えられたのだと信じている。伝説によると、民族を統治する支配者層は、雲の中に住む超自然的存在の子孫で、死ぬと雲の中に帰り、自分たちが超自然的存在だったことを思い出すという。ザポテク族は自分たちを「ビーナ・ザア」と呼ぶが、これは「雲の民」という意味だ。
スティーブンズとキャザウッドと同様、私もしばしばうわさや、出来事や場所に関するあまり知られていない物語を追いかけた。そうやって冒険の旅を続ける中で、私はオアハカシティを訪れ、ザポテク族の考古学的遺跡を探検したり、たくさんの先住民にインタビューしたりすることができた。

ザポテク族の遺跡の中で最も大きくて有名なモンテ・アルバン遺跡を訪れたとき、大学生のテレビ取材班に出会った。彼らはメキシコの焼畑農業に関するドキュメンタリーを撮影していた。３人の学生が近づいてきて、旅行者としてこの農法についてどう思うかと意見を求めた。そのときベニートが話に割って入り、私が大学教授であることを告げたために、その番組に私を出したいという彼らの熱意に火を注いでしまった。番組に出ることは断ったが、カメラに写らないところで、私の調査について話した。彼らは私の研究に興味を持ち、私の旅の方がおもしろいドキュメンタリーになるかもしれないと言った。コカ・コーラを飲みながらたがいのプロジェクトについて議論しているうちに、彼らはこの州におけるスカイゴッドやUFOとの遭遇体験やニアミス体験に関するさまざまな伝説を教えてくれた。中でも、ランビティエコ遺跡での光線の神（ゴッド・オブ・レイ）との遭遇話に興味を引かれた。

夕方近くになって、ベニートと私は古代都市ランビティエコにたどり着き、地元のガイドを雇った。彼は喜んで古代遺跡を案内し、ゴッド・オブ・レイについて知っていることを話そうと言った。

ゴッド・オブ・レイの伝説／かつて光線に乗ってきた神がいた

ランビティエコ遺跡は、やはりザポテク族の遺跡であるミトラ遺跡へ通じるハイウェイ190を降りたところにある。よく目をこらしていないと見逃してしまいそうだ。他の古代都市と違って、この遺跡は2車線道路のすぐ脇にあった。駐車場はなく、車を止められる広さの空き地があるだけだ。私は売店で入場料を払い、1人のガイドに話しかけた。彼はヘリオドーロと名乗ったが、ヘリオと呼ばれる方が好きだと言った。50ペソで遺跡全体を案内してくれると言う。私が伝説について尋ねると、コシーヨという名の空の神（スカイロード）が光線に乗ってやって来て、古代神殿を建設したのだと言った。スカイロードは地球の女性を妻にし、男の子が1人生まれた。その息子が成長して、町の指導者の役割を担えるようになると、スカイロードは光線に乗って地球から去ったという。

まだ遺跡のほんの一部しか発掘されていないが、コシーヨの2つの大きな石灰のマスクをはじめ、素晴らしい彫刻をたくさん見ることができた。メキシコの古代神殿の建設に地球外生命体が主要な役割を果たしていると信じる人々にとって、コシーヨのマスクはその確信をさらに強めるものとなっている。像は顔の大部分をマスクで覆っていて、目のまわりにはゴーグルのような縁どりがあった。鼻の分厚いプレートがゴーグルの下部や口を覆うマスクとつながっている。ヘルメットのようなかぶり物には、羽の付いた頭飾りが付いていた。

遺跡をめぐりながら、ヘリオは私に、ランビティエコはかつては主要な貿易の中心地であり、この地域のための塩の生産地でもあったと教えてくれた。彼は歩きながら、塩田の跡を指さした。

「光線に乗ってやって来た神の話ですが、この都市を造った神は、よその星からやって来た異星人だと聞いたことはありませんか」と私は尋ねた。

「毎日のように聞いてるよ」とヘリオは答えた。「セニョーラ、この遺跡を訪れる人は多くないが、みなその答えを探しにここへ来るんだ。その伝説を聞いて、この遺跡を見たいと思うんだ。もし伝説がなければ、みんな車で通り過ぎていくだろうよ。実際、ほとんどの人は通り過ぎてしまう。ここでガイドとしてやっていくのは、なかなか骨が折れる。今日ももう家に帰ろうかと思っていたところへあんたが現れたんだ」

「あなたが帰ってしまわなくて、よかったわ」

「おれの方もあんたが来てくれてよかった」と彼は言った。敏しょうで活力にあふれた44歳の男性は、軽々と遺跡を登っていった。遺跡を歩きながら、彼はときどき立ち止まって、私に腕を貸して支えてくれた。正式なガイドの制服は着ていないが、代わりに白いシャツにブロード地のズボンという、よく見かける村人と同じような服装をしていた。私より10センチほど背が高く（180センチに少し足りないくらいだろう）、いつもほほ笑みを浮かべていて、褐色の肌が真っ白な歯を引き立てていた。短い口ひげが上唇を覆い、いたずらっぽい顔つきに見せている。マスクとケープを着ければ、完璧に怪傑ゾロだと思わずにはいられない。

「ゴッド・オブ・レイの伝説について、どう思いますか」と私は尋ねた。

「あの伝説は真実かと尋ねているのなら、おれはそう信じていると答えるよ。コシーヨが普通の人間だなんて、信じられるかい？　よその星から来たと思ってるよ。この辺りの人間はほとんどそう思ってるさ」

「よその星から来た神を信じるなら、この辺りでＵＦＯを見たことはありませんか」と私は尋ねた。

「彼らは何度もここへ来ているよ。ときには敬意を表するように、ここに立って遺跡を眺めている。この場所は星とつながっていて、コシーヨはその架け橋なんだ。彼らはコシーヨに敬意を表するために、ここへやって来るんだと思うよ」

「あなたはよその星から来た人を見たことがありますか」

「いや、ない。でも、彼らは宇宙船に乗ってやって来るんだ。宇宙船が勝手に飛べるわけがない。誰かが操縦している。そして、彼らは地球の人間より賢い。村人たちは、また神様がやって来たと言うが、おれはそうは思わない。彼らは人間だ。おれたちより賢い人間なんだ」

「彼らはここへやって来て、何をしているのでしょう」と私は尋ねた。

「宇宙船は『政治家の神殿』と『祭司の神殿』の上空に留まっている。死者に敬意を表するためにここへやって来るんだ。おれたちが兵士の記念碑や大統領の墓に詣でるのと同じだよ」

「宇宙船はどんな外見をしているのですか」

「映画に出てくる宇宙船とよく似ているよ。丸い銀色の円盤で、音は立てない。とても奇妙な乗り物だ。明るい光を放っている。飛び立ったら、あっという間に姿が見えなくなる。幻だったかと思うくらいだ」

「この辺りの人で、彼らと接触した人はいませんか」

「いろんな話があるよ。何年も前、おれがまだ9歳か10歳の子供だったとき、宇宙船が1機着陸した。2人の男が宇宙船から出てきて、コシーヨのマスクの前に立っていたそうだ。ずいぶん昔の話だ。35年ぐらい前になるかな。その夜のことは覚えている。夜なのに、昼のように明るかったんだ。母親は怖がって、おれと弟に、家の中にいなさいと言い聞かせた。おれはその宇宙船は見なかったが、村の老人たちは宇宙船と男たちを見たそうだ」

「その事件について、老人たちは何と言っていましたか」

「男たちはマスクの前に立って、とても悲しそうにしていたらしい。言葉は発しなかったようだが、去っていくとき、彼らは老人たちを見て、危害を加えるつもりはないと伝えたそうだ」

「でも、言葉は発しなかったと言いましたね」

「話したわけじゃない。言葉が心の中に入ってきたんだ。老人たちは、彼らは何も言わないけど、穏やかな心をしているのがわかったと言っていた。老人たちは彼らを祖先と呼んでいた」

「それにはどんな意味があるのでしょう」

「われわれはみな宇宙の一部だということだ。あらゆる生き物を含め、宇宙にあるものはすべて、人間であれ、動物であれ、植物や木であれ、岩であれ、たがいに関連してるんだ。よその星の人間か地球の人間かなんて、たいしたことじゃない」


ランビティエコ遺跡とヘリオから離れていきながら、私はヘリオが祖先について語った言葉を考えずにはいられなかった。多くの人にとって、祖先という言葉は血のつながりを意味している。しかし、ザポテク族や、アメリカ・インディアンを含む多くの先住民にとって、祖先とは相互の関連性、つまり、たがいにつながっていることを意味しているのだ。

ラコタ・スー族には「ミタケ・オヤシン」という言葉がある。「私たちはみんなつながっている」「みんな親戚」という意味だ。この言葉は、伝統的なラコタ・スー族のお祈りや歌の中で使われ、人間、動物、植物や木々、鳥、それに岩や川、山、谷さえ、地球上のすべてのものはつながっているという、先住民の世界観に特有の信念を表している。ザポテク族にとっては、この関係はさらに広範囲におよび、よその星から来た人々まで含まれるのだ。

証言㉙ 宇宙船は谷を覆ってしまうほど巨大だった

オアハカ州になぜこんなにも多くの先住民の種族が暮らしているかというと、その理由の1つに、この州の地形が非常に険しいことがある。そのために、多数の先住民族が孤立し、メキシコ社会の主流から切り離されてしまったのだ。多種多様の文化が存在するので、オアハカ州はメキシコで最も興味深い州の1つになっている。それぞれの文化の違いは、言語（全部で16）だけでなく、服装、手工芸、音楽、踊りにも表れている。先住民の言語集団の中で、最大のものは35万人のザポテク族で、最小の集団は、流ちょうに話せる人がわずか61人だけというポポルコ族だ。他の多くのグループとは違い、ザポテク語を話す人の約90パーセントはスペイン語も話す。これにより、教育や雇用の機会は大幅に増えている。

2度目にオアハカシティを訪れたとき、私は前回と同様、女子修道院を改修したブティックホテルに滞在した。広場や町の中心に近いこのホテルが、2週間にわたり私の活動拠点になった。ベニートと私は毎日プラザまで歩いていき、モーニングコーヒーを飲み、ホテルのレストランが用意してくれるエッグサンドを食べた。そこに座り、通り過ぎる人々を眺めながら、私はノートに書きこみをし、ベニートは中央広場（ソカロ）にいる地元の男たちと会話を楽しんだ。オアハカシティでの最後の日、ベニートは私に、カルロスという名の年配のザポテク族の男性を紹介した。彼は近くの教会の世話人で、私たちと同様、広場でモーニングコーヒーを楽しんでいた。私がメキシコを旅している理由をベニートが話すと、カルロスは大変興味を示し、私が集めた話についてベニートを質問攻めにしたらしい。そのとき私はまだ、彼自身から驚くべき話を聞けるとは思っていなかった。

ここでは、カルロスの話を紹介する。

1874年、オアハカで最初にUFOが目撃された

「オアハカ州で最初にUFOが目撃されたのは、１８７４年のことだ」と、カルロスは話を始めた。「なぜそれを知っているかというと、わしの母親が、UFOが目撃された日の夜に生まれたからだ。わしの祖母は、UFOに驚いたために陣痛が始まったといつも言ってたよ」。どうやらこの地域では、このUFOの話はよく知られているらしい。19世紀のUFO目撃話を語る老人の話に、私は注意深く耳を傾けた。白髪まじりの髪が、オープンシャツの襟のところでカールしている。Tシャツには、一時オアハカシティを支配していた反政府運動サパティスタ民族解放軍のリーダー、マルコス副司令官の肖像が描かれていた。すり切れたジーンズは裾が折り返されて、サンダルにかぶさっている。

「UFOを見た人は、どんなことを言っていましたか」と私は尋ねた。

「あまりよく覚えていないんだ。だが、数分間空に浮かんでいたと言っていた。あとになって、おれはそれが角(つの)のような形のUFOだったと知った。そんな形のUFOは、後にも先にも目撃されていないらしい。特別なUFOだったようだ」

「非常に興味深いですね。オアハカでは1800年代からUFOが目撃されているなんて、知りませんでした」

「オアハカには目撃話はたくさんあるが、ほとんど報告されていない。村人は報告しないんだ。旅行者やここに住んでいる外国人は報告するかもしれんが、インディオはしないんだ」

「インディオとは、ザポテク族のことですか」と私は尋ねた。

「わしはザポテク族だ。オアハカの住民のほとんどはザポテク族だが、この地域には別のインディオも住んでいる。わしらは多数派ということだ」

「ベニートから、あなたはUFOと遭遇した体験がおありだと聞きました。その話をしていただけますか」

「ずいぶん長い間この話はしていないんだ。父親に話したら、たとえそれが本当の話でも、誰も信じないだろうから、誰にも話さない方がいいと言われたんだ。わしは父親の忠告を受け入れて、今まで誰にも話さなかった」。彼はしばらく口を閉じ、ショートパンツにホルターネックのTシャツを着た2人の若い女性を目で追っていた。ドイツ語を話しながら、私たちの目の前を横切り、広場を歩いていく。カルロスが方言でベニートに何か言うと、ベニートは笑ってうなずいた。私は通訳してくれとは頼まなかった。「だから、あんたがわしの話を信じないと言うなら、それはそれでかまわない」

「お願いします。あなたのお話を聞かせてください」

UFOには大小様々な大きさがある

「1980年代のことだ。わしはそのとき35歳だった。従兄弟のゴジオがパレンケへ引っ越して、そこのホテルで働いていた。彼はわしに、もしパレンケへ来るなら仕事を世話してやると言った。ある日の夕方、わしはお金が貯まったのでバスの乗車券を買い、パレンケ行きの夜行バスに乗った」。彼はそこで話を止めると、コーヒーをひと口飲んで、またベニートに方言で話しかけた。例のドイツ人の娘がふたたび私たちの前を通り過ぎたのだ。ベニートは笑い、私はカルロスが話を再開するのを待った。

「では、あなたはサン・クリストバルからパレンケへ行く道中で、UFOを見たのですか」と私は尋ねた。

「そうだ」とカルロスは答えた。「バスが出発して1時間ほど経ったときのことだ。オコシンゴを過ぎてすぐ、道路は山と谷のつづら折りになり、ようやくパレンケのジャングルへ下りた。わしはバスの後部座席に座っていた。ここなら座席に足を上げて寝られると思ったんだ。すると、まぶしい光が後ろから差しこんできた。別のバスか軍用車両だろうと思っていた」

「振り返って見なかったのですか」

「最初は見なかった。光がさらに近づいてきたので、振り返ったんだ。光は1時間ぐらいバスのあとをつけてきていた。振り返ったら、車のヘッドライトではなく、大きな光の球が見えた。光の球はバスの後方のあたり一面を照らしながら、山々の頂上をなめるように、ゆっくりと移動していた。ところが突然、光の球はバスの前へ出て、ハイウェイの上空でホバリングを始めた。運転手は恐ろしくなったんだろう。バスは横のレーンへ蛇行していった。運転手はやっと道が広くなった場所を見つけてバスを止めた。乗客はみなバスを降りた。何人かは地面に手と膝をついて、お祈りをしていた。わしはその場に立って、光の球を見ていた」

「UFOはどうなりましたか」

「ゆっくりと谷の方へ移動していったよ」

「外見はどうでしたか」

「とても大きかった。巨大だった（グランデ）。谷全体を覆ってしまうほど大きかった」

「宇宙船が行ってしまってから、運転手はふたたびバスを走らせたのですか」

「ああ。でも、UFOはずっと前方に見えていた。道が山を回って反対側を通るときは、しばらく見えなくなったが、また現れたよ。運転手に、しばらくバスを止めて、あれが行ってしまうまで待とうと言った乗客もいた。興奮している乗客もいた。それまであんなものを見たことがなかったので、好奇心をかき立てられたんだ」

「あなたも好奇心をかき立てられましたか」と私は尋ねた。

「ああ、好奇心でいっぱいだったよ。だけど、とうとう光の球は姿を消してしまった。わしはバスの後部座席に戻った。眠ろうとしたが、とても眠れなかった」

「その後ＵＦＯはまた現れましたか」と私は尋ねた。

「ああ。１時間ほど経ってからな。バスが山の頂上に着いて、わしが谷を見下ろすと、ＵＦＯがいた。ただしこの度は１機だけではなかった。小さなＵＦＯがいくつか、谷を照らしている大きなＵＦＯに向かって飛んできたんだ。そして、最終的に大きなＵＦＯの中へ入っていった。大きなＵＦＯは徐々に上昇して、数分後には姿が見えなくなった」

「その出来事を、警察か役所に報告しましたか」

「いや。前にも言ったように、父親に話したら口外しない方がいいと言われた。結局は信じてもらえんだろう。だが、母親の墓に誓ってもいいが、これは本当にあったことなんだ」。カルロスはそこで話を止め、時計を見て立ち上がった。「悪いが、仕事に行かねばならん」。彼はちょっと頭を下げると、歩き去っていった。

それ以後、カルロスとは会っていない。その日遅くに、私はスーツケースに荷物をまとめてオア

ハカシティを離れた。それでも、ときどきカルロスのことを考える。あれは本当にあったことだ。多くの人はＵＦＯの目撃話を信じないが、私はその１人ではない。カルロスは真実を語ったと信じている。

証言㉚ マヤ遺跡には、天国に通じる道があった！

オアハカ州とザポテク族に別れを告げたあと、私はスティーブンズとキャザウッドの足跡をたどるという当初の目的の追求を再開した。最初の目的地は、チアパス州の高地にあるマヤの古代都市トニナーだ。ジョン・ロイド・スティーブンズとフレデリック・キャザウッドは、１８４０年にこの地を訪れている。

トニナーとは、ツェルタル・マヤ族の方言で「石の家」という意味だ。トニナーは現在は運営中の牧場の中に位置している。山のふもとが町の中に食いこんでいるので、山の要塞といった様相を呈している。代表的な神殿は月の神殿だ。マヤの神殿の大部分が太陽神殿なので、これは珍しい。最も高い神殿のてっぺんに座ると、世界の四隅が見えると地元民は断言する。さらに、もしその人が望めば、その場所から地下世界に入っていくことができるとも言う。軍事的な装飾で有名なトニナー遺跡は、しばしば「聖なる捕虜の宮殿」と呼ばれる。

地元に伝わる話の多くは、スカイピープルが姿を変えたというもの、あるいはトニナー遺跡の地下に異星人の基地があるというものだ。ＵＦＯ研究家に人気の遺跡ではないが、２人の冒険家の足跡を追ううちに、私はこの遺跡にまつわる謎を解明したいと思うようになった。ここでは、トニナー遺跡でのUFO遭遇体験をお読みいただく。

宇宙とつながれる場所、トニナー

最大のピラミッドであるアクロポリスがトニナー遺跡の中心だ。高さが90メートル近くある丘に造られ、7つの基壇からできている。下の3つの基壇は地下世界に、中央の1つは中間世界に、上の3つは天上界に捧げられていて、最上階には13の神殿がある。アクロポリスを登りながら、私は文字通り天国に通じる道を歩んでいた。古代マヤ世界では、この上り坂は登る人を天国と結びつけると信じられていた。

頂上に座っていると、強い王の臣民が、なぜこの神殿が天国へ通じていると信じたかわかるような気がした。丘の斜面に位置するこの儀式用の神殿は、空に手を伸ばしているように見える。天への上昇という概念を黙想しながら座っていると、保全管理員らしき男性が頂上へ登ってくるのが見えた。手に水のボトルとランチバッグを持っている。昼食をとるために日陰を探しているようだ。この遺跡に詳しい人と知り合いになりたかったので、私はその男性に声をかけた。

トニナー遺跡

「こんにちは(オラ)」。彼が近くに来ると、私は言った。男性はちょっとためらったあと、ほほ笑みを返してきた。

「オラ」と彼は答えた。「この美しい街を気に入っていただけましたか」

「ええ、とても気に入りました。どれくらいこの遺跡で働いておられるのですか」

「もう40年になります」と彼は答えた。「12歳のときからここで働いているんです」

「英語がお上手ですね」

「ええ。旅行者から習うのです。彼らはいい教師ですよ」

「どうぞお座りください」。男性が辺りを見まわし、昼食をとるために座る場所を探しているのを見て、私は言った。彼は私の1つ下の段に腰を下ろした。小柄な男性で、背は150センチ少々だろう。まっすぐな黒い髪は完璧に整えられている。近くで見ると、片目が見えないことがわかった。見えない部分を補うためか、しじゅう頭を動かしている。

「トニナーが宇宙とつながりを持つ特別な遺跡だという話を、いくつか耳にしました」と私は言った。「それは本当なのでしょうか」。ランチバッグから取り出したトルティーヤをひと口かじった彼は笑みを浮かべ、バッグの中のもう1つのトルティーヤを私に勧めた。私がありがたい申し出を断ると、彼はほほ笑んで、代わりに水のボトルを差し出した。私が自分のボトルを見せると、彼はうなずき、1つ目のトルティーヤを食べ終えてから話しはじめた。

「はい。長老たちはさまざまな話を伝えてきました。スカイピープルの直系の子孫が地下で暮らしているという話や、その子孫は宇宙にいるスカイピープルと人間との間で、大使の役目を果たすという話もあります。それでUFOはトニナーにやって来ると言うのです。大使に会い、地球と地球の住人たちの状態を知るためにやって来るんだそうです」

「あなたはスカイピープルの子孫と会ったことがあるのですか」と私は尋ねた。

「何度か見たことはありますよ、セニョーラ」と彼は言った。「若いとき、私は夜間警備員をしていました。彼らは夜に姿を見せます。新鮮な空気を吸いに出てくるのでしょう。遠くへは行きませんし、単独で行動しません」

「彼らは人間と似た姿をしているのですか」

「はい、そうです。ちょうど私のような」と彼は言った。「はっきり顔がわかるほど近くで見たことはありません。長老の中には、彼らは日中は好きなように姿を変えられるので、姿を変えて私たちの中で暮らしていると言う人もいます。だから、彼らがそばにいても、私たちは気がつかないのです。旅行者にも、よその町から来た人間にも姿を変えられます。意のままに変えることができるので、私たちの中に混ざっていてもわからないのです。あなたもその1人かもしれませんね」

「あなたはそれを真実だと信じているのですか」

「長老の言われることは信じます。長老は、彼らは私たちの中で暮らしていると言われます」

「わかりました」と私は言った。

「長老たちは、もし純粋な心を持ってトニナーにやって来て、静かに座って瞑想していたら、スカイピープルがコミュニケーションをとりたがっているのが感じられるだろうと言われます。残念なことに、この美しい街を訪れる人のほとんどは、座って瞑想する時間の余裕を持っていません。写真を撮ったり、あちこち移動したり、とても忙しそうです。自分がピラミッドに登ったことを、友達全員に知らせたいのです。でも、トニナー遺跡はそんなことのためにあるのではありません。この遺跡は、宇宙やスカイピープルとの架け橋なのです。トニナーは聖なる場所です。外の世界が発見してくれるのを待っているのです」

「この遺跡でUFOを見たことはありますか」と私は尋ねた。

「UFOですか。ええ、何度もありますよ。さっき話したように、空からやって来る人々は、地下で暮らしている昔の人々に会うために戻ってくるのです。ここには地球の知恵が保存されています。地上に住む人々が世界を破壊するときに備えて、知恵が守られているのです。生き残った人々がゼロから始めなくてすむようにね。以前そういうことがあったのです。地球が破壊され、生き残った人々はゼロから始めなくてはなりませんでした。今度新しい世界が始まるときは、知恵が保存されているので、人々はゼロから始めなくてもすむでしょう」

「地下世界へ行かれたことがありますか」と私は尋ねた。

「いいえ、ありません。地下世界へ行けるのは、死んだ人だけだそうです。いつかは行くでしょうが、急いでその旅をしようとは思いません」。最後にそう言って、彼は笑いながら立ち上がった。

「仕事に戻らなくてはなりません。あなたにお会いできてよかったです、セニョーラ」。彼は野球帽のひさしに手をやり、「それでは、楽しい旅を続けてください」と言った。

聖なる都市に伝わる、星から来た大使の伝説があった

その場所に座って、スカイピープルがコミュニケーションをとってくれることを願いながら瞑想していると、インディー・ジョーンズのような帽子をかぶり、カーキ色のズボンに、ポケットのついたベストを身に着けた男性が近づいてきた。うだるような暑さの中、体じゅうの毛穴から汗が流れ出す。私はそこに座りながら、どうしたらあんなに涼しげな顔をして、平然とピラミッドを登ってこられるのだろうと思った。あるガイドが私に、自分はいつでもヨーロッパ人とアメリカ人を見分けることができると言っていた。「ヨーロッパ人は汗をかかないが、アメリカ人は汗をかく」。さらに、南北アメリカ人は汗をかき、メキシコ人も汗をかくが、ヨーロッパ人は汗をかかないそうだ。その男性は私のそばまで来ると、腰を下ろした。私は彼が何か言うのを待った。彼の最初の言葉は、「こんにちは（ボンジュール）」で、汗をかかないヨーロッパ人であることが明らかになった。彼は「アメリカ人ですか」とフランス語で尋ねた。私はうなずいた。「ここに座ってよろしいですか」。私はもう一度うなずいた。彼は考古学の客員研究員だと言った。私たちは彼の故郷パリの話をし、それから話題はこの聖なる都市の謎にまつわる伝説へと移った。

「早朝には、しばしば霧と雲がピラミッドの頂上をすっぽり包みます。そんなときは、この神殿が

天国に通じているというのは本当だろうと思えますよ」と彼は言った。

「地元の伝説に出てくる、星から来た大使を見たことはおありですか」と私は尋ねた。

「それを見たとは言えませんが、この辺りでＵＦＯは見たことがあります。いくつもの光が軽やかに飛びまわり、１カ所に集まったかと思うと、また離れて飛び去っていきました。下にある舞踏場は彼らの遊び場みたいなものです」

「宇宙船を見たことがおありですか。それとも、光だけですか」

「ほとんどの場合、光だけです。ここで働いていたら、いろんなものを見ることができます。ここは空気が澄んでいるので、星がものすごく明るく輝きます。すると、祖先たちのように、空の状態を記憶するようになります。そして、ちょっとした変化にも気づくようになるのです。私はＵＦＯを近くで見たことはありませんが、何だかよくわからない物体は見たことがあります」。彼は立ち上がり、階段を下りはじめた。「この遺跡にテントを張っているのですが、その中に何枚かポスターがあります。よろしかったら、いつでも寄ってください。１枚差し上げましょう」。トニナー遺跡を離れる前に、私は彼の現場へ立ち寄った。考古学者はいなかったが、現場作業員が私にポスターをくれた。


私の仕事部屋には、トニナー遺跡のポスターが誇らしげに貼ってある。部屋に入るたび、私はあの汗をかかないフランス人を思い出す。それから、地球の状態を調べるために、定期的に立ち寄る

という星の大使の話を。星からの訪問者が地球人になりすますという話を聞いたのは、これが初めてではない。そして、たぶんこれからも聞くことになるだろう。

証言㉛

異星人を見て以来、犬が吠えなくなった⁉

1840年5月、スティーブンズとキャザウッドはパレンケに到着した。パレンケをめざして、2人は馬やロバと共に深いジャングルを切り開きながら、リオ・ラエルテロからチアパス州に入った。古代都市パレンケは、同じ名前の町から約12キロのところにある。パレンケの町に到着すると、スティーブンズとキャザウッドはただちに遺跡を訪れる計画に取りかかった。原生林を通ることは限りなく不可能に近く、その旅は長く困難なものになった。

キャザウッドは古代都市に28日間滞在した。マラリアが重くなって作業ができなくなると、古代都市を離れざるをえず、ユカタン半島へ移動した。

パレンケでの最初の日に、私はツアーガイドのマノロと出会った。そして、遺跡の要所で短く立ち止まって説明をしながら、この遺跡全体を案内してもらうことになった。そのとき私は、このガイドから、めったにない驚くべきUFOとの遭遇体験を持つ従兄弟を紹介されるとは思ってもいなかった。ここには、遭遇体験を持つアンヘルと、その驚くべき愛犬トレノが登場する。

愛犬は喉頭を取り除かれてしまった

ベニートと私は夕方遅くパレンケに到着し、その夜ホテルで夕食をとりながら、旅程の再確認をした。翌日朝食をすませると、ベニートはサン・クリストバルへと旅立っていった。別れを告げたあと、私はパレンケの考古学的遺跡へと出発した。その時点では、私は運転手もガイドも雇っていなかったが、古代遺跡の外でガイドを探して決めようと考えていた。私の当初の目的は、その土地になじむことと数日間遺跡を探訪して過ごすことだった。遺跡の入り口に近づくと、マノロという名のツアーガイドが近寄ってきた。完璧な英語を話し、並々ならぬ熱意を持っていたので、私は即座に彼を雇うことにした。遺跡に入っていくと、1人の押しの強い露天商が、パカル王の石棺(サルコファガス)の彫刻の絵を描いた革細工を見せて、私たちを呼び止めた。パカル王は68年にわたりパレンケを支配した王である。その男は、「パレンケの古代の宇宙飛行士の話を聞いたことがあるかい」と尋ねた。パカル王のサルコファガスに関するフォン・デニケンの解釈のことを言っているのだ。マヤ人は、パカルは地下世界へ旅をするために生命の木の上に座っていると信じているが、フォン・デニケンはその木を宇宙船だと主張した。その若者にUFOを見たことがあるかと尋ねると、彼はうなずいて「何度もあるよ」と答えた。私はUFOに関心を持っていることや、旅の間に集めた体験談について話した。「おれのUFO体験談も話してやるよ」と彼は言った。「でも、明日まで待ってくれ。店番におやじを連れてくるよ。そしたら話ができるから」

露天商の店から離れたあと、マノロは、自分には従兄弟がいて、その従兄弟がパレンケの町の近くの牧場で、何度もＵＦＯ遭遇体験をしたと言った。その従兄弟との会合を手配してもらうことになり、遺跡めぐりは半日で切り上げた。私はホテルに戻って遅い昼食をとり、マノロからの連絡を待った。

マノロは午後6時に私の部屋のドアをノックした。パレンケの町から30キロほど車を走らせてハイウェイを降りた。牧場に着くと、彼の従兄弟のアンヘルが私たちを待っていた。紹介が終わると、アンヘルは牧場をぐるりと案内してくれた。「マノロから聞いたけど、あんたはＵＦＯの話を集めているそうだね」私が答える前に、アンヘルは続けて言った。「ＵＦＯの話を聞きたいなら、ここはうってつけの場所だよ」。アンヘルはパレンケの古代都市の近くに、80ヘクタール近い土地を所有していた。時折立ち止まっては、山々に囲まれた古代都市の眺めを示したり、ＵＦＯがこの地所にやって来たときに降り立った場所を教えてくれたりした。そうやって45分ほど歩いてから、私たちはベランダに戻った。インタビューを始める前に、アンヘルの娘が飲み物とスナックを持ってきて、私たちに出してから家の中へ姿を消した。

「おれは毎朝4時に起きるんだ。朝食をすませると納屋へ行き、馬に鞍をつけ、フェンスを調べ、動物たちに問題はないか確認する。これがおれの毎朝の仕事だ。毎朝同じことをする」

「フェンスを調べるときはお1人ですか」と私は尋ねた。

「ああ。息子たちが起きてくるのは1時間あとだ。おれは犬を連れて、1人で馬に乗る」

「では、まだ暗いうちにお仕事を始められるということですね」

「そうだ。ちょうど牧場へ出るころに、太陽が地平線から顔を出す。この特別な日の朝、おれが牧場へ出ていくと、東の空に輝く大きな光の球が見えた。最初おれは、太陽かと思ったが、それはおれに向かって移動してきたんだ。だんだん近づいてきた。すぐそばまで来ると、地面を擦るようにして北へ向きを変え、大きな円を描きながらまた戻ってきて、10メートルほど上空でホバリングしていた。すると、犬のトレノがうなり声を出しはじめたんだ」。私は彼の足元に横たわる元気のない動物を見た。アンヘルはかがみ込んで犬をなでた。「納屋の中にいた馬たちは鼻息を荒くして、仕切り戸を蹴りはじめた。おれは納屋へ駆けこみ、戻ってこいとトレノを呼んだが、トレノは動かなかった。その場に石のように座りこんでいるんだ。でも、全身が震えているのがわかった。怖がってたんだ。それでも、おれについて納屋へ戻ってはこなかった」

「あなたは外へ出ていって、トレノの注意を引こうとしたのですか」

「いや、怖くて外へ出られなかった。おれは馬を納屋の仕切りの中へ入れた。そして、何度もトレノを呼んだが、中へ入ってこなかった」

「どれくらい納屋の中にいたのですか」と私は尋ねた。

「せいぜい2、3分ってところだ」

「宇宙船はどんな外見をしていましたか」

「2枚の皿をくっつけたような形だ」。彼はテーブルから皿を2枚取り上げると、自分が見た宇宙船の形を作ってみせた。「てっぺんに丸みを帯びた突起があった。色は鈍い銀色で、明るくなったり、暗くなったりした。明るい白っぽい球に見えるときもあれば、銀色の円盤に見えるときもあった。ときどき奇妙な青い火花を出していた。音は立てなかったが、おれの腕には鳥肌が立った」

「円盤が行ってしまったあと、あなたはどうしましたか」

「牧場へ走り出て、トレノを呼んだ。ところが、トレノがいないんだ。異星人が連れていったに違いない」

「なぜUFOがあなたの犬を連れていったと思ったのですか」と私は尋ねた。

「一日中トレノを探したのに、見つからなかったからだ。ところが、翌朝また光の球が現れて、犬も戻ってきた。犬を返しに来たんだ」

「犬の行動に変わったところはありましたか」

「使い物にならなくなっていた。吠えることができなくなったんだ。それなのに、UFOが戻ってくると、トレノは外へ飛び出していき、空を見上げながら待っているんだ。おれはものすごく心を痛めた。利口な犬だったのに。こんな状態になるような犬じゃないんだ」

「獣医に診せましたか」

「動物病院へ連れていったよ。最初、なぜ吠えないのかわからなかった。しかし、レントゲンを撮ってみたら、喉頭が取り除かれているのがわかったんだ」

「それはつまり、誰かが手術をして、彼の喉頭を切除したということですか」

「医者はそう言ったよ。完璧な手術だと言った。最初、おれは恐怖のために吠えられないのだと思っていたけど、今はあの悪魔たちがトレノの声を奪ったんだと思っている。やつらはおれの犬を台無しにした。トレノはもう二度と元の状態には戻らない。優秀な犬だったんだ。牛たちを守ってくれた。牛が1頭でもいなくなるとトレノは気づいて、牛を見つけて家に連れて帰ってきてくれたんだ」

「その後宇宙船を見ましたか」

「それからの数週間、毎朝やって来たよ。でも、最終的には来なくなった。UFOが来なくなったら、トレノも怖がらずにすむだろうと思っていたが、今のところ、まだ家から出ようとしない。犬にこんなひどいことをするなんて、いったいどんなやつらなんですかね」と彼は尋ねた。

「私にはわかりません。あなたはどう思いますか」

「おれは、最低のやつだと思うよ。生き物を尊重する気持ちのかけらもない。人の犬を連れていって、喉頭を切除したんだぜ。たぶん、トレノが吠えたので、うるさかったんだろう。これ以外にも、どんなひどい目にあわされたんだが」

「トレノをどうするつもりですか」と私は尋ねた。

「娘は心の優しい子で、ずっとトレノを可愛がってきたんだ。娘がトレノの世話をするだろう。大変だろうけどね。トレノも自分には仕事があるとわかっていると思うんだ。でも、怖くてできないんだろう。人間なら声が出なくなれば、なぜ出なくなったか理論的に考えて、それを受け入れるか、病院へ行くだろう。しかし、犬にはとてもできない。理論的に考えることなどできるわけがない。だから、どんなにつらいことか」。彼は少しの間口を閉じ、それから私を見て言った。「あの異星人たちは、犬にこんなひどいことをするくらいだから、人間ならどんな目にあわせるんだろうね」

夕方が夜になり、マノロと私はアンヘルにいとまを告げた。マノロはまた翌日の夕食に来ればいいと招待してくれた。それから数年の間、私はアンヘルと彼の家族を何度も訪問した。トレノは2010年に14歳で死んだ。彼は牧場に埋められ、今もあの運命の遭遇を思い出すよすがとなっている。

モンタナ州の家にいるとき、しばしばトレノのことが頭に浮かぶ。ここでは優秀な牧畜犬はとても貴重だ。犬を連れていない牧場主を見ることはまずない。この州では、牛のミューティレーションの報告はいくつかあるが、UFOが犬を拉致したという話は聞いたことがない。ただ、拉致しようとして未遂に終わった話は、ごくわずかだが聞いたことがある。トレノの話を聞いて以来、地球の動物を使って実験を行う異星人の種族は存在していて、ただ私たちがその話を聞いていないだけなのではと思うようになった。

証言㉜

宇宙飛行士パカル／かつてよその星に行き来できた男がいた！

１７７６年、フレイ・ラモン・ド・オルドネス・イ・アギアールは、『A History of the Creation of Heaven and Earth（天地創造の歴史）』の執筆を開始した。神父はこの本で、古代マヤ都市パレンケの存在を説明しようとした。彼は大西洋から1つの民族が出現し、ヴォタンという優れた指導者が率いていたことを示唆している。

また別の記事には、ヴォタンはヴァルム・キヴム（＊訳注：Valum Chivum の正式なカタカナ表記が不明です）という遠くの惑星から地球に旅をしてきて、塔を建てたと報告されている。その塔の地下には、ヴォタンが故郷の惑星と地球の間を行き来できる場所があったという。

スティーブンズとキャザウッドはパレンケを訪れた最初の白人ではなかったが、その28日間の滞在中に最も詳細かつ正確な調査を確立したという評価を得ている。２人は必ず戻ってくるという約束を残して、不本意ながらパレンケを後にした。「碑銘の神殿」の地下にパカル王が眠っていることは知らなかった。それは１９５２年の夏、メキシコ国立人類学歴史学院（ＩＮＡＨ）のパレンケ遺跡調査団主任のアルベルト・ルスがパカル王の墓を発見して初めて明らかになった。

1968年、エーリッヒ・フォン・デニケンが『未来の記憶』を出版した。彼はこの本の中で、古代都市パレンケを68年にわたって支配したパカル王は宇宙飛行士だったという説を提唱している。石棺の蓋の絵を再現したデニケンは、パカル王のポーズを、1960年代にアメリカが実施したマーキュリー計画の宇宙飛行士のそれと比較している。パカル王の下に描かれているのはロケットであり、古代マヤ都市が地球外生命体の影響を受けていた証拠だと指摘した。

遺跡を歩いているとき、1人の露天商と出会った。彼は何も知らない旅行者に、パカル王の石棺(サルコファガス)の彫刻に関するフォン・デニケンの解釈の受け売りをしていた。彼がそばにやって来ると、私はその話の真偽を問いかけ、本当にパカル王が宇宙飛行士だったと信じているのかと尋ねた。ここでは、そのときの彼の答えをお読みいただくことにしよう。

「宇宙人たちは地獄のようなにおいがしました」

パレンケでの2日目、私は6時にマノロと朝食をとった。私は事前に運転手やガイドを手配していなかったので、彼と1日単位で契約した。卵とじゃがいも、ベーコンのボリュームのある朝食を終えると、マノロは、古代都市に行く前にパレンケの町を案内しようと申し出た。パレンケは暑く、湿度の高い町だ。活気のない小さな村というスティーブンズの描写は、もはや遠い昔のものになっていた。メインストリートのアヴェニーダ・ファアレスやその周辺、ダウンタウンの西にある旅行者に人気のラ・カナダ地区にはレストラン、ホテル、キャンプ地が並び、パレンケの遺跡を訪れるさまざまな旅行者にサービスを提供していた。

パレンケの町を観光したあと、私たちはパレンケ遺跡に開園の数分前に到着した。スティーブンズの紹介文とは違い、訪問者は混とんとした状況を目の当たりにすることになる。飲み物、果物、土産物の露店が軒を並べている。バスやミニバンが交通渋滞を引き起こしている。駐車場は少なく、多くの旅行者は1、2キロ離れた場所に車を止めて、入り口まで歩かされるはめになる。褐色の肌が際立つ白い綿シャツを着たマヤ人の男たちが旅行者を待ちかまえていて、何十もの言語でのツアーを提供している。クーラーボックスを持った女と子供が駐車場の脇に座って、「アグア（無色透明の蒸留酒）、フレスカ（スイカやメロンなどの果汁を水で薄めて砂糖を加えた飲み物）、コーラ、スクワート（グレープフルーツ果汁を炭酸飲料で割ったもの）」と声をかけている。伝統的な衣装に身を包んだラカンドン族の先住民が、急速に数が減っている緑色のオウムの虹色の羽飾りが付いた土産物の弓矢を売り歩いている。

まだ8時半だが、暑さはすでに耐えがたいものになっていた。マノロと私はユネスコ世界遺産の遺跡に入り、原生林を100メートルほど歩くと空き地に出た。この町はトゥンバラ山脈が最初に高くなったところに造られている。町に覆いかぶさるようにうっそうと茂ったジャングルは、遺跡そのものと同じくらい畏敬の念を抱かせる。だが、それ以上に胸に迫ってくるのはその静けさだった。パカル王と彼の母親に当たる「赤の女王」の階段状の墓は、周囲の緑の中に白くそびえ立っていた。縦長の宮殿の中央には天体観測のための高い塔があった。遠くには、木々が密生した丘のうな、まだ木々や低木の茂みが切り払われていない神殿が見えた。曙光が遺跡に降りそそぐと、後ろに山を従え、深い森に囲まれた石灰岩の建物が輝いた。ホエザルがキーッと鳴き、毒ヘビがやぶに逃げこみ、ハクイアリが幅広の隊列を組んでうっそうとした森を行進し、黒サソリはピラミッドで日光浴をしている。手のひらほどもある大きなクモが、木から無防備な旅行者の上に落ちた。

パレンケの建造物のうち500ほどは確認されたが、町の80パーセント以上はまだ熱帯雨林に埋もれたままだ。遺跡内を歩いていると、座って素晴らしい建造物を鑑賞するのにちょうどいい場所がしばしば見つかった。大勢の観光客がいたにもかかわらず、私はそこに座り、極上の眺めを独り占めして楽しんだ。この遺跡にはすべてがある。急勾配のピラミッド、荒廃した宮殿、神殿、居住地域が、まだ当時の塗料をいくらか残したまま、苔の間から垣間(かいま)見える。木の下に座って旅行者を眺めていると、前日見かけたマヤ人の露天商が近づいてきた。彼は私に、パカル王のサルコファガスの絵を描いた革細工を見せ、パカル王は実は宇宙飛行士だったと英語で説明した。「パカル王は、地球とよその星を行き来できたんだ」と彼は言った。「昔の人たちは彼に敬意を表するためにここへ来るのさ」彼はふたたび革細工を見せ、パカル王が座っている宇宙船について説明を始めた。フォン・デニケンの説の受け売りだ。

「昔の人たちって誰のことなの?」と私は尋ねた。

彼はふたたび空を指さした。「スカイゴッドだよ。空からやって来た人々のことだ」

「スカイピープルがパレンケを訪れたということ?」

「そうだ」

「彼らを見たことはあるの?」

「ああ、2回見たよ」。彼は空を指さして腕ですっとカーブを描き、UFOの動きを示した。「ある夜おれの友達が、やつらが着陸するのを見たんだ。彼は夜警だった。今はもう警備員はしてないけどね。それで怖気づいちまったんだ」

「そのお友達は、なぜ怖気づいたのか、あなたに話したの?」

「昔の人たちの霊魂(スピリット)がパレンケへやって来たんだ。マヤ人ならここで夜を過ごそうとは思わないけど、あいつはメキシコ人だった。それで、スピリットに関する警告を無視したもんで、やつらを見てしまった。やつらは空からやって来て、広場に着陸したんだそうだ。碑銘のピラミッドに入っていって、姿を消したそうだ。彼は走って逃げ出し、二度と戻らなかった」

「お友達は彼らがどんな姿をしていたか話しましたか」

「光を放っていたそうだ。白人だった。背が高くて色白だったそうだ。スピリットだよ」

「宇宙船の外見について、何か言っていましたか?」彼は困ったような顔をした。「お友達は宇宙船はどんな姿をしていたか、話しましたか」と私は繰り返した。

「ああ。円形で帽子のような形だと言っていた。平たい帽子で、銀色だった。ひどいにおいがしたそうだ。まるで地獄のにおいだと言っていた。口の中に金属味が広がったそうだ。それで、あいつは具合が悪くなってしまったんだ。頭痛とめまいがして」

「お友達は私に話をしてくれるかしら」と私は尋ねた。

「あいつはカンクンへ引っ越したよ。おれも住所は知らないんだ。でも、スカイマンは魔法を使うと言っていた。目の前で姿を現したり、消したりできるそうだ。魔法が体に悪かったんじゃないかと心配していたよ。悪魔が警告を伝えるために、やつらを遣わしたんじゃないかと言っていた」

「警告?」

「ああ。あいつにパレンケを離れろと言うためだ」。そう言うと、若者は立ち上がった。「セニョーラ、悪いけど仕事に戻らなくちゃならない。旅行者がやって来たようだ」。ポーランド人の観光客が露天商の方へやって来るのが見えた。

「話してくれてありがとう」と私は言った。その日パレンケを離れる前に、ふたたび彼を見かけた。旅行者にパカル王は宇宙飛行士だと説明しているのが聞こえた。パレンケでは、たとえ文化の悪用だったとしても、起業家精神が活発なのは間違いない。


マノロと一緒に遺跡の探検を続けている間、私は自然となぜ、どのようにこの古代都市が建設されたのかを考えていた。ホピ族の人が、昔、南の方に、あらゆる偉大な知恵を持つ人々が住む村があったと言った。おそらく、その偉大な都市とはパレンケのことだろう。考古学者の報告によると、パレンケはかつて赤く塗られていたらしい。一方、パレンケは世界のあらゆる偉大な知恵を保存す

るために造られた都市で、人々が住むための場所ではなく、研究のための場所になるはずだったと言う人もいる。しかしながら、街が完成すると、建造者は人々の信頼を踏みにじり、街を占拠してしまったのだ。

パレンケの町で時間を過ごせば過ごすほど、この街は偉大な知恵を保存していると思えるようになった。だが、現代社会はそれにアクセスする方法を知らない。ここは神秘的で謎めいた場所であり、メキシコの古代マヤ都市の中でも最もスピリチュアルな町だと言っていい。スティーブンズはパレンケを去るとき、必ず戻ってくると約束したが、その約束はかなわなかった。私はパレンケを去るとき、きっと何度もここに戻ってくると誓った。スティーブンズとキャザウッドとは違い、私は誓いを守った。

証言33 パレンケを造ったのは太古にやって来たスカイピープルだった

UFOに拉致された体験を持つ人を、一般に「拉致被害者（アブダクティー）」または「体験者（エクスペリエンサー）」と呼ぶ。物的証拠がないために、大部分の科学者やメンタルヘルス専門家は、こうした現象を夢想的性格、虚偽記憶症候群、睡眠麻痺、精神障害として、あるいはさまざまな環境的要因のせいにして片づけてしまう。ハーバード大学の著名な精神科医ジョン・E・マックは、こうしたケースの研究に多大な時間を捧げた。そして、最も深刻なケースにおいては、患者たちが心的外傷後ストレス症候群で苦しんでいることに気づいた。彼が述べているように、このことは、宇宙人に拉致されたことは事実だと、患者たちが心から信じていることを意味している。

ここでは、パレンケ近郊に住む村人が語ったアブダクションの話を紹介する。

「パカル王の墓のまわりには、不思議な光の球が飛びまわっています」

パレンケに滞在するとき、私のお気に入りの場所の1つがチャンカ・リゾートビレッジだ。パレンケの街と遺跡の中間にあり、周囲を熱帯雨林に囲まれて、小さな家（カシータ）が集まっている。ここに滞在していると、早起きすれば、10時にバスでやって来る群衆に占領される前に、遺跡に到着できる。

3度目にパレンケを訪れたとき、私はマノロを捕まえることができなかったので、パックスというガイドを雇った。彼は純血のマヤ人で、背が低くて針金のように細く、遺跡を案内するときは完璧な英語を話した。少し猫背で、歩くときは足を引きずっている。パレンケ遺跡で40年近く働いており、その年齢のせいで、客を獲得するのがだんだん困難になってきたと言った。遺跡内をゆっくり歩きながら、私は彼に、パカル王が古代の宇宙飛行士だと言われていることについて尋ねた。彼は笑って、古代の宇宙飛行士説を信じているのかと尋ねた。彼が宇宙飛行士説やエーリッヒ・フォン・デニケンの著書について知っていたことに、私は驚いた。

「フォン・デニケンは、金もうけの方法を思いついてやって来た白人にすぎません」と彼は言った。「どういうわけか、白人はつねに自分の信念に合う答えを求めています。もしフォン・デニケンが、マヤ人が地球外生命体の助けを借りずに都市を建設したという事実を受け入れたら、われわれの文明の方が白人の文明より進んでいたと認めることになります。それはありえないことです。白人は自分たちの方が優れていると信じているのですから。だから、彼は白人の世界に受け入れられる答えを提供したのです。人間とは、自分たちの方が優れていると思わせてくれることを支持するものなんです」

「マヤ人は、誰が都市を建設したか疑問に思わないのかしら」と私は尋ねた。

「疑問に思う必要はありません。私たちは祖先が都市を建設したことを知っています。私たちは彼らの直系の子孫です。自分たちがどこから来てどこへ行くか、よくわかっているのです」と彼は答え、それ以上の説明はしなかった。

2010年に最後にパレンケを訪れたとき、私はチャンカ・リゾートビレッジにチェックインし、フロント係に遺跡でガイドをしているパックスという名のガイドを知っているかと尋ねた。フロント係はまったく知らないと言ったが、2時間ほど後にパックスが私の部屋にやって来た。私たちは古い友人のように抱き合ってから、ダイニングルームへ歩いていき、飲み物を注文した。私はパックスに、2週間の予定でパレンケへ戻ってきたが、何日かかけて、まだ発掘されていない建物を探検したいのだと言った。パックスはガイド業務からは引退していたが、未発掘の遺跡をいくつか探訪できるよう、手配してみると言ってくれた。私は彼に手配のための1日を与えた。

翌日、私は遺跡でパックスと会った。「まだ宇宙飛行士の話に関心を持っているのですか、ドクトーラ」。彼はうっそうとしたジャングルを歩きながら尋ねた。私は彼がマチェートでジャングルに道を切り開いていくのを見ていた。ときどき足を止めては、ひと息ついている。

「相変わらず体験談を持つ人に会って、話を集めているわ」と私は言った。

「私の友人に体験談を持つ者が何人かいます。昨日話をしたら、あなたに話してもいいと言っていました。英語を話さない者もいるので、私が通訳しますよ」

「ありがとう、パックス。ぜひお友達のお話を聞きたいわ。パレンケでは、しょっちゅうUFOが目撃されていると聞いたけど」

「そのとおりです。パカル王が埋葬されている碑銘の神殿にやって来るものが多いです。ほとんどの場合、光の球が入り口を守るように飛びまわります。たいていは太陽が沈んで、森が暗くなるころに現れます」

「泥のような液体を飲まされ、体がまひしました」

その夜遅く、私は車を運転してパックスの家に行った。彼は私を奥さんと3人の娘、それから妹、義母、母、3歳から14歳までの少女たち数人に紹介した。これが彼の家族全員なのだ。「私は女に囲まれて暮らしているんです」。娘たちと一緒に車の後部から荷物を降ろすのを手伝いながら、パックスは言った。私はコカ・コーラを1ケース、子供たちへの袋入りのキャンディ、タバコ、ピザリア・パレンケのピザを何枚か持ってきていた。女性軍は、タバコはパックスに残して、食べ物と飲み物を手早く並べてくれた。その間私はパックスの妹と家の奥の壁にもたれて座っていた。パックスが招待した近所の男たちは、巨大なマホガニーの木の下に置かれた大きな木のテーブルのまわりに集まっていた。ピザを食べ終わると、男たちはタバコを吸った。パックスはこちらへ来て話を聞くようにと私を招いた。

「では、体験談を話します」と、グループの中で一番若い男性が始めた。彼は立ち上がると、コカ・コーラをもう1本取り上げた。なかなかハンサムな男性だ。もし詳しい話を知らなかったら、私はその横顔から、彼こそパカル王だと思ったことだろう。パカル王の肖像は古代都市のあらゆる記念碑に描かれている。彼の顔立ちは、古代都市の王にそっくりだった。

「あなたのお話を聞けて、光栄です」と私は言った。

「僕はマリオと言います。10年ほど前に、4人の異星人に遭遇しました。そのときは14歳でしたが、まだよく覚えています。恋人のところへ行く途中でした。今は僕の妻になっています」。私はマリオが家の方へ視線を向けるのを見た。ドアの周囲には女性たちがたむろしていた。彼は妻の視線をとらえると、私に教えるように指さした。彼女は私の方を見てほほ笑んだ。

「異星人を見たとき、あなたはどこにいましたか」と私は尋ねた。

「ルシンダに会いに行く途中でした。彼女は僕の家から6キロほど離れた、別の村に住んでいました。徒歩で行きました。外は闇夜で、真っ暗でした。ときどき月が雲の間から顔を出し、ジャングルにかすかに光が差しました。僕は不安でした。数日前にジャガーが目撃されていたからです。何度も懐中電灯で道と森を照らして、危険がないか確かめました。ところが、突然懐中電灯が消えてしまったのです。僕は懐中電灯を振って、もう一度ライトをつけようとしました。そのとき、まばゆい光が森の上に現れ、まっすぐ道の方に移動してきました。そして、僕の前で止まったんです。僕はどうすればいいのかわかりませんでした。走って逃げたいと思いましたが、体がまひして動けないのです」。彼はタバコに火をつけた。周囲にいる人々の目が彼に注がれていた。

「宇宙船は着陸したのですか」と私は尋ねた。

「はい。奇妙な丸い乗り物の底から階段が降りてきて、4人の男が出てきました。近くに来ると、銀色のスーツが光を浴びて輝いていました。あんな服は見たことがありません。1人は何か道具のようなものを持っていて、それが僕に向けられたとたん、気分が悪くなりました」

「気分が悪くなったとは、どういうことですか」

「まるで雷に打たれたような感覚でした。体中に針がささったように痛みました。体に火がついて、燃えているようでした。痛みが消えると、気分が悪くなりました。胃が痛くなり、吐きました。そこまでは覚えています」

「他に何か思い出しませんか」と私は尋ねた。

「よくわからないのです。たぶん、気を失ったんだと思います。次に覚えているのは、目が覚めると宇宙船の中にいたことです。でも、目の焦点が合いませんでした。ライトがまぶしすぎたのです。部屋の中は冷たくて湿っていました。僕はうつぶせに寝ていて、身動きしようとしたとき、体を縛られているのに気づきました。背中がひどく痛みました。それまで背中が痛んだことなど一度もなかったんです。僕はパニックになりました。でも、逃げ出す方法を考えるまでもなく、父親の家の外で目覚めたのです。遠くの方で、暗い空をバックに明るい光が見えました。一瞬そこにいると思ったら、次の瞬間にはもういませんでした。僕は夢を見ていたに違いないと思い、このことは忘れようと心に決めました。でも、あるときトヒルに出会ったのです。彼は自分の身に起きたことを僕に話しました」。マリオはそばに座っている友人の肩に手を置いた。

「その後また異星人と遭遇しましたか」と私は尋ねた。

「いいえ。1度でたくさんです」。男たちが後ろでクスリと笑うのが聞こえた。私は彼らの方を見た。マリオを笑ったわけではなく、未知のものに対する恐怖に反応したのだ。私はマリオの友人のトヒルを見た。彼はそれまで口を閉ざしていた。

「僕の友人はシャイなんですよ、セニョーラ。彼から話を聞くは難しいかもしれません」

「わかったわ、トヒル。無理に話さなくてもいいのよ」と私は言った。

「いいえ、セニョーラ。話したいんです。ただ、マリオのように英語がうまくありません。理解してもらえればいいのですが」とトヒル。「それはマリオが言ったのと同じ道で起こりました。でも、僕は友人のロレンツォと一緒でした」

「あなたも宇宙船の中へ入ったのですか」と私は尋ねた。

「はい。僕たちを連れていったのは、4人の小さな男たちでした。僕たちは抵抗しましたが、歯が立ちませんでした。彼らは、相手の体の力を抜く方法を知っているんだと思います。彼らは僕たちを宇宙船に連れていき、部屋へ入れました。そこには知らない人が何人もいました」

「その人たちはマヤ人でしたか」と私は尋ねた。

「たぶん、マヤ人も1人か2人いました。でも、金髪に白い肌の人もいました。何人かはナイトガウンを着ていて、何人かは――英語の単語を思い出せません」。彼は話を中断し、スペイン語で友人に話したが、彼が何を言いたいのか、友人にもよくわからないようだった。

「仕事着のような服ですか。それとも、イブニングドレスのようなフォーマルな服装とか、学校の制服とか……?」と私は尋ねた。

「そうだ、外出着です」

「それで、他の人たちは?」

「まちまちでした。何かしている途中にさらわれたように見えました。寝ていたり、仕事をしていたり。あるいは夜に外出していたときとか」

「あなたの話からすると、全員メキシコ人だったのかしら」

「そうではなかったと思います。金髪の人が多かったです。たぶん世界中から連れてこられたんじゃないでしょうか。誰1人僕を見ませんでした。感情も表さないし、けんかもしません。ただそこに座っているだけでした。動きもしません。生きていないみたいでした。1人の男性に話しかけてみましたが、まったく反応しませんでした。背の低い男たちは、僕が他人に話しかけようとしているのを見て、他の人たちから離れた場所へ僕を連れていきました」。彼はここで話を止めて、マリオを見た。「そして、無理やり液体を飲まされたんです。泥の味がしました。ドロドロして粘り気があり、僕はもう少しで吐きそうでした。その数分後、彼らは僕を機械の中へ入れて、僕を逆さまにしました。数分間そのままでした。動くこともできず、体の感覚がなくなってきましたが、意識だけははっきりしていました。頭が爆発しそうになってきました。どれくらいそうしていたのかわかりませんが、次に覚えているのは、ロレンツォと僕が暗い道の上に2人きりで立っているところで、宇宙船は姿を消していました」

「宇宙船の外見はどんなでしたか」と私は尋ねた。

「細長くて円筒状でした。明るいライトがたくさんついていましたが、宇宙船全体は明るい赤からオレンジ色に光っているように見えました。地面に降りると、薄いオレンジ色になりました。でも、それらの色は電球の光のようでした。何だったのかよくわかりません」

「あなたを捕らえた男たちはどんな姿でしたか」

「よく覚えていません。背が低くて、力が強かったです。一度もしゃべりませんでしたが、彼らが言いたいことは理解できました」

「拉致者（アブダクター）の特徴について、他に何か覚えていませんか」

「セニョーラ、僕が強く抵抗したから、彼らは僕に薬を飲ませたんだと思うんです。それで、すべての記憶がぼんやりしているんです」

「あなたが実験に耐えている間、お友達のロレンツォはどこにいたのですか」と私は尋ねた。

「わかりません。気がついたら2人で道路にいて、その間彼を見た記憶はないのです」

「ロレンツォは今夜ここに来ていますか」

「ロレンツォはカンクンに住んでいます。彼が働いているホテルの住所をお教えできますよ。たぶん彼は見つかるでしょう。おそらく僕より彼の方がよく覚えていると思います」

「スカイマンは人間よりはるかに強いパワーを持っている」

「おれの体験はちょっと違うんだ」とガブリエルが言った。私は沈黙を破った中年男性を見た。彼は小柄だが、腕の筋肉を見ると、ずっと肉体労働に従事していたことがわかる。彼がそばに来たのでマリオとトヒルは席を詰め、ガブリエルが私の前に座った。にっこり笑うと、前歯が1本しかなかった。「おれは脚を痛めるまで、パレンケ遺跡で働いていたんだ。膝の関節炎が悪化してしまってね」と彼は言った。「公園の役人は、ピラミッドを登って観光客の世話ができる若い人間を雇う。おれにはもう無理だ」。彼の顔に、身体の不調のために仕事を失った人間に共通する悲しみが見てとれた。

「お気の毒です」と私は言った。「私ならあなたを雇うのに。私はゆっくり歩いて景色を眺める余裕を与えてくれるガイドが好きですよ」と私は言った。他の男たちが同意して、何かつぶやく声が聞こえた。

「あんたは老いぼれを幸せな気分にしてくれるね、セニョーラ。では、おれの体験を話すよ。ある夜のことだった。おれは旅行者がこの辺りに投げ捨てた、紙や飲み水のボトルや缶を拾い集めていた」

「ツアーガイドはみなその仕事をしなければならないのですか」

「今はしなくてよくなってる。昔は何でもやったんだ。今は女を雇ってやらせているが、昔はここらをきれいにしておくことも、おれたちの仕事の一部だった」

「それは何時ごろでしたか」

「夕方の遅い時間だった。まだ暗くなっていなかったが、もう観光客はいなかった。入り口から2キロぐらいのところにいたとき、急に空が暗くなって、雷雨がやって来た。おれは建物の1つで雨宿りして、嵐が過ぎ去るのを待つことにした。だが、嵐はなかなかやまなかった。日が暮れてしまったのに、おれはまだ遺跡の中にいた。やっと雨が小降りになったので、おれは家に帰ることにした。そのとき、雲の中から円形の宇宙船が現れて、広場に着陸したんだ。宇宙船から3人の男が、光に照らされて姿を現した。彼らは碑銘の神殿の前で立ち止まると、光の球に姿を変えた。目で追っていると、光の球は入り口の一番上までふわふわ漂っていって、消えてしまった」。彼は話を中断して、タバコに火をつけた。「おれは見つからないように端を通りながら、広場を駆け抜けた。広場を出る前に後ろを振り返ったら、宇宙船はまだそこにいた。丘を降りて町に向かって歩いていると、宇宙船が木の上まで上昇し、南へ向かうのが見えた。そして、たちまち姿が見えなくなった」

「彼らは何をしようとしていたのでしょう」と私は尋ねた。

「わからない。おれは恐ろしくて、ただ早くそこから出たかった。そこに留まって、やつらが何をしているのか突き止めようとは思わなかった」

「光ならわしは何度も見たことがあるぞ」とヴィンセントが言った。みんないっせいにテーブルの端に座っている年配者に目を向けた。この男性は、その前にパックスから最も親しい友人だと紹介されていた。彼らは兄弟といっても通りそうだ。「一定の時間、野外で過ごしたことがある人なら誰でも、光を見たことがあるはずだ。宇宙船から現れることもあるし、どこからともなく現れることもある。わしはスカイピープルが目の前で光の球に変わるのも見たし、姿を消すのも見た。やつらはたいしたパワーを持っている。わしはいつでも、そばに近寄らないようにしているんだ。危険だからな」

「なぜ危険だと思うのですか」と私は尋ねた。

「パワーは人間を破壊する。地球の人々を見てみなさい。パワーを持つ人間は破壊的だ。スカイマンは地球の人間よりはるかに強いパワーを持っている。危険なのは間違いない」

「何か破壊的なことをしているのを見たことがあるのですか」と私は尋ねた。

「いや。それでも、わしは危険だと信じている」

「おれもヴィンセントと同じ意見だ」と、ザマンがきっぱりと言った。彼は純血のマヤ人で、大学出だと自己紹介した。「ヴィンセントの言うことは正しいよ。やつらは地球を調査しているんだ。たぶん、乗っ取るつもりじゃないかな。この国を侵略したスペイン人と同じだよ。パワーを持ってるやつはみんな、自分より弱くて、頭が悪くて、自分を守る術を知らないような人間を破壊する危険性を持っているんだ。この宇宙ではパワーを持たない人間は、破壊される運命にある。それが宇宙の法則ってもんなんだよ。マヤ人は、かつてはパワーを持っていたが、おれたちの祖先は、そのパワーを子孫に伝えない道を選んだ。それで、おれたちはただの人間になってしまい、パワーを持つやつらの意のままになっている。もう何百年もそのままだ」。男たちはみな同意してうなずいた。

「やつらがとてつもないパワーを持っているというのは、わしも同じ意見だが、何が危険かと言うと、やつらがわしらを宇宙船に連れていって、やりたい放題できるというのに、メキシコ軍がわしらを守ってくれないということだ」と年配者のヴィンセントが言った。「やつらはわしらのじいさんたちが言っていたスカイゴッドではないと思う。最近のやつらは、宇宙の別の場所からやって来てるんだ。昔祖先たちをここへ連れてきたスカイゴッドは、人間と似た姿をしていた。おれたちが見たやつらは、おれたちより背が高かったり低かったりで、人間とは似ておらんからな」。他の男たちは、同意してうなずいた。

宇宙船を見た後に突然の妊娠が発覚

「他にドクトーラに話したい体験談を持っている人はいませんか」とパックスが尋ねた。

「はい、あります」と、1人の女性が戸口の方から声を上げた。話したい女性にこちらに来てもらったらとパックスに言うと、3人の女性が進み出た。男たちは立ち上がって向こうへ行き、女性たちがテーブルに着いた。血縁者やら姻族やら、全員がパックスの親戚だった。パックスは通訳するために、彼女たちの後ろに控えていた。

「私の話は、男性の前では話せません」と、パックスの妹のイザベラが言った。「パックスは大丈夫です。彼は私たちの神父であり、父親であり、懺悔師であり、縁者です。この話は誰にでも話せるものではありませんが、ドクトーラ、あなたになら話します」とイザベラは言い、テーブルへ歩み寄って、私の向かいに座った。「私は宇宙船に連れていかれ、彼らは私の髪の毛のサンプルを採りました。そして、いろいろ調べたのだと思います。そのとき私は15歳でした。そのとき何が起きたかはよく覚えていませんが、その後、私は自分の家の前に立っていました。手に着ていた服を持って。私は裸だったのです」

「あなたの体に、何か変化はありましたか」と私は尋ねた。

「生理が始まっていました。私はひと晩のうちに女になったのです」

「あなたの体に、何か痕跡のようなものはついていませんでしたか」

「覚えている限りでは、何もありませんでした。でも、あのときの感覚は、その後二度と感じたことがありません。誰かがずっと私を見張っているような気がしたのです」

「私も同じような気持ちになったことがあるわ。私も17歳のとき、遭遇体験をしたんですよ」。パックスの義理の母のエレーナが言った。「私は1人で家にいました。両親はパレードに行きました。その日は『死者の日』だったのです。私は気分がすぐれなかったので、家に残ることにしました。眠っていると、誰かが私を起こしたのです。目を開けると、2人の見知らぬ男が私のそばに立って見下ろしていました。悲鳴を上げようとしたら、すでに私はまひしていました」。彼女は話を止めて、そこにいた他の2人の女性を見た。「次に記憶にあるのは、何人かの人と一緒に部屋へ入れられているところです。ほとんどは見知らぬ人でしたが、従兄弟のヤックスと、その従兄弟のエドアルドがいました。2人は部屋の隅にあるベンチに座っていました。私は彼らの隣に座りましたが、彼らは私だと気づきません。魔法をかけられていたのだと思います」

「2人を目覚めさせようとしましたか」と私は尋ねた。

「はい。私は従兄弟を揺さぶり、手を伸ばしてエドアルドをつねりました。でも、2人とも反応しませんでした。その後のことは、何も覚えていません」

「他の部屋へ連れていかれたとか、その人たちと離されたりしたとか、覚えていませんか」

「何も覚えていません。記憶がないのです。両親が家に帰ってきたとき、私は目が覚めました。夢を見ていたのだと思いました。でも、起き上がって両親にお帰りなさいと言ったとき、自分が裸だと気づいたのです。周囲を見まわすと、服はハンモックのそばにありました。急いで服を身に着けましたが、この夜のことは誰にも話していません。夢だとは思えないのです」

「あなたを連れていった人たちについて、何か覚えていませんか」と私は尋ねた。

「彼らを見たという記憶がないのです」とエレーナは言った。

「あいつらはずっと前から、私たちに自分たちの赤ん坊を産ませようとしているんだよ」とパックスの妻のカミーラが言った。私はその背の低い、丸々した体つきの女性を見た。前歯が2本欠けている。白髪まじりの髪が首の付け根で団子にまとめてあり、丸顔をますます丸く見せていた。「証拠はないけど、13歳ぐらいのとき、あたしは妊娠したと思ったことがある。だけど、一度だって男の子と関係を持ったことはなかったんだ。妊娠のあらゆる兆候が現れたよ。これじゃまるで聖母マリアだと私は心の中で思ったよ。神様に妊娠させられたんだと。ちょうどそのころ、あたしは宇宙船を見たんだ。その数週間後、また別の宇宙船を見た。するとその翌日、妊娠の兆候がなくなり、生理が始まったんだよ」

「つまり、人間と異星人のハーフを妊娠したと思っているのですか」と私は尋ねた。

「確信はないよ。でも、あたしにはそう思えたんだ。もう妊娠していないとわかったときは、とても悲しかった。なぜかわからないけど、あたしは妊娠していて、たとえ父親が誰かわからなくても、この子を産んで守っていかなければならないと思いこんでいたんだ。そのときは、自分の一部分を失ったような気がした。今でもその赤ん坊のことを思っているよ。あのとき私は確かに妊娠していたけど、どうしてそんなことになったかは、今でもわからないんだよ」

カミーラの話を聞いていた女性たちは、いっせいに彼女に共感の意を示した。彼女たちはそれぞれ妊娠中に胎児を失った経験をしていて、カミーラの喪失感を自分のことのように感じたのだろう。半時間ほど彼女たちの話を聞いたあと、何か私に質問はないかと尋ねた。私が1人で旅をしていると知ると、ほとんどの女性は驚いていた。私たちは私の文化や母権制社会について話し合い、かつてマヤの女性の地位は、現代のマヤの女性よりずっと高かったということで意見が一致した。「マヤの男どもを堕落させたのは、スペイン人の男性優位主義（マチズモ）だよ」とエレーナが言った。女性たちはみな賛同した。私は、このような考え方の女性に囲まれて、パックスはどう扱われているのだろうと思った。15対1では、まず勝ち目はない。

パレンケへ戻るたび、私はパックスと彼の家族を訪れた。彼は相変わらず女性に囲まれていたが、希望が出てきた。彼の娘が妊娠し、春になると彼にとって孫に当たる男の子が生まれるかもしれないのだ。彼はもし男の子が生まれたら、私に名前をつけてほしいと言った。めでたく男の子が生まれて、私はアパッチ族の戦士にちなみ、ジェロニモと名づけた。

証言㉞ スターピープルはあなたのすぐそばにいる

スティーブンズとキャザウッドがパレンケを訪れたとき、マヤ人は2人と一緒にパレンケで夜を過ごすことを断った。遺跡には祖先たちが出没するというのだ。私が目に見えないスターピープルのことを初めて耳にしたのはパレンケだった。

ここでは、家族を養うために2つの文化を股にかけることを選んだラカンドン族の先住民が、この現象を語ってくれる。

スターピープルは誰にでも見ることができる⁉

パレンケ遺跡の入り口には、旅行者に手作りの弓や矢を売るラカンドン族の先住民がいる。彼らはその独特の衣装で旅行者の注意を引いていた。シンプルな手織り綿でできた白いガウンで、長さは膝と足首の間まである。ラカンドン族は男性も女性も、子供さえも一様にこの服を身に着けている。幸運なことに、私のガイドのヘルナンドには、ラカンドン族の露天商の友人がいた。アロムに紹介してもらうと、彼は、スターピープルは今でもこの土地を歩いていると言った。

「子供のころ、じいさんからスターピープルの話を聞かされた。じいさんは、もしおれたちが生まれ故郷、つまり祖先が暮らしていた場所へ行くことができたら、そこの文化と言葉がマヤと同じだということがわかるだろうと言っていたよ。だからマヤ人は、星から来る人々と自由にコミュニケーションできるんだ。彼らはおれたちと同じ言葉を話すんだよ」

「地球へやって来て、人間や動物を宇宙船に連れこんで実験をするスターピープルの話を聞いたことがありますか」と私は尋ねた。

「イントルーソスだな。ええと、英語で何と言うんだっけ。インター何とか？」

「侵入者（インターローパー）？」

「そう、インターローパー。おれたちをここへ導いてくれたスターピープルじゃない。やつらはよその星から来たスターピープルで、友人ではない。侵入者（イントルーソス）なんだ」

「スターピープルについて教えていただけますか」と私は尋ねた。

「スターピープルは、ほとんどの地球人の目には見えない。見ようとしないんだ。人々は、目に映るものを超えて見ることを忘れてしまった。かつてはどの人もこの能力を持っていた。だが、人々は怠惰になり、パワーをなくしてしまった。だから、スターピープルがおれたちの間を歩いていても気づかない。彼らの目には、スターピープルは見えないんだ」

「今もスターピープルは私たちと共にいるのですか」と私は尋ねた。

「彼らはいつもパレンケにやって来ている。長老たちは、古代のパレンケはスターピープルの基地だったと言っている。彼らは地球に呼びかけるためにここへやって来る。彼らは地球がまだ手つかずの未開地だったとき、地球の存在を知ったんだ」

「スターピープルはあなたたちの儀式に参加するのですか」と私は尋ねた。「あるいは、こう質問した方がいいかしら。あなた方の儀式で、何かメッセージを伝えますか」

「おれたちは今でも古代の儀式を行っている。おれの村には、目に見えるすべてのものと、目に見えないすべてのもののために行う儀式があるんだが、彼らはときどき、儀式に姿を現す」

「どのような姿で現れるのですか」と私は尋ねた。

「光の球を見たことがある人は多いが、人間の姿で現れたのを見た人は多くない。現代の人間の困った点は、目に見えないものを見ようとしないことだ。目に見えないものを見るためには、自分の内面を見なければならない。現代人は心ではなく、法律に支配されている」

「それはマヤ人にも当てはまるのですか」

「マヤ人は最も罪が深い。彼らは最初に恩恵を与えられたのに、今ではラディノ（スペイン人と先住民の混血）に影響されて、多くの人が恩恵を忘れてしまった。おれたちは真の人間（ハッチ・ウィニク）だ。おれたちの子供たちがこのことを忘れてしまったら、スターピープルを見ることができる人間はいなくなってしまう」

「あなた方の子供たちには、スターピープルが見えるのですか」

「見える子も少しはいる。伝統的な家庭の子で、見ることを教えられた子供たちだ。でも、多くの家庭は現代的なやり方を選んでしまった。彼らはもはやこういうことに関心を持っていない」。彼はそこで話を中断し、パレンケを出ていく観光バスを見た。「今日パレンケへ行ったら、群衆から離れて静かに座れる場所を見つけるといい。そうすれば、スターピープルがコミュニケーションをとろうとしているのが感じられるだろう」

スティーブンズとキャザウッドは、メリダとウシュマル遺跡をめざして北へ向かう前に、パレンケを購入しようとした。がらくたのような石の神殿やピラミッドの分を控除して、6000エーカー（2400ヘクタール）の土地の提示価格は1500ドルだった。だが、ホンジュラスで直面したのとはまた別の障害が立ちはだかった。メキシコにいる外国人は、メキシコ人と結婚しない限り、不動産を購入することはできないというのだ。どうしても遺跡が欲しかったスティーブンズは、パレンケに住む2人の地元の美女ブラヴォー姉妹とつかの間の恋愛をした。だが最終的には、彼は独身のままこの地を離れた。

私はパレンケを購入しようとは思わなかったが、この遺跡に魅入られてしまったことは間違いない。これまでにパレンケを8回訪れ、訪れるたびに前回より長く滞在した。アロムの言ったことは正しかった。パレンケではスターピープルを感じることができる。だが、そのためには、その可能性に心を開かなければならない。この古代遺跡には無視できない霊性が存在し、夜に光の球を見る

ことは珍しくない。アロムが勧めたように、見えないものも、見ようとすれば見えるのだ。

証言35 古代マヤ人は宇宙を旅していた!

私は一度ならず、遺跡の中にある神殿は、神々の地球における住居だと話す長老に出会った。チアパスのジャングルの中、ウスマシンタ川とその支流のメキシコ側に沿って住んでいるラカンドン族の先住民は、神々はかつて大ピラミッドに住んでいたが、宇宙へ帰って、別の星に住居を造るときがきたのだと信じている。

ラカンドン族はメキシコの先住民の中で最も世間から隔絶していて、昔の文化を守って暮らしている。そして、古代のスピリチュアルな儀式、伝統、マヤ人に伝わる古代の物語をそのまま保ちつづけている。今日ラカンドン族の居住地は、グアテマラ国境に近いマヤ都市で見ることができる。スティーブンズとキャザウッドはボナンパクを訪れることはなかった。今日ボナンパクを訪れる旅行者はいるにはいるが、困難で時間のかかる旅になる。

ここでは、ラカンドン族の長老が登場する。彼の話を聞けば、「宇宙を旅するマヤ人」という概念に、太陽系の星図という新たな一面が加わるだろう。

「私たちマヤ人はスカイピープルだった」

カサ・ナ・ボロムでラカンドン族の父と息子に会ったあと、私はボナンパク（註：ボナンパクはメキシコとグアテマラの国境近くに位置するマヤの遺跡。密林にあり、アクセスが悪いため訪問者が少ない遺跡の1つである。宮殿の内部に描かれた壁画で有名）で1日過ごすことに決めた。聞くところによると、ボナンパクでは、ラカンドン族の先住民が古代遺跡の維持にきわめて重要な役割を果たしているという。ヘルナンドは、カネクという名のラカンドン族の老人を知っていると言った。カネクはマヤ人の古い物語を知っており、もしカネクが遺跡にいたら、昔のことを私に話してくれるよう頼んでみようと言ってくれた。

私たちが遺跡に着いてものの2、3分も経たないうちに、カネクが近づいてきた。「きみがわしを探しているのがわかったよ」。彼は私の運転手に挨拶してから、完璧な英語で言った。「おれはドクトーラに、マヤとスカイピープルのつながりについて話してくれるよう、きみに頼んでやると言ったんだ」。ヘルナンドがそう言うと、カネクはほほ笑んで、私たちの間に腰を下ろした。カネクからは、何かのハーブのにおいがした。彼はラカンドン族の伝統的なガウンを身に着けていて、西洋の服を着た私たちよりずっと涼しそうに見えた。炎天下で私が暑そうにしているのに気づくと、カネクは古代の建物の陰になっている丸太の上に移動しようと促した。

丸太の上に落ち着くと、彼は話を始めた。「普通はスカイピープルの話はしないんだ。でも、ヘルナンドは私の友達だから、彼があんたに話した方がいいと言うなら、それはわしにとって良いことなんだろう」。彼は話を中断して、耳に挟んだタバコを取り出した。そして、タバコの煙を吐き出してから、話を再開した。「マヤ人は東からこの地へやって来たという話がある。最初わしらはスカイピープルだった。わしらの民族は星図を持っていた。太陽系をめぐる道を知っていたんだ」

「確認してよろしいですか？　スカイピープルとマヤ人は同じものだということですか」と私は尋ねた。

「そうだよ。わしらは同じものだ。また時が来て、地球が清められたら、スカイピープルはわしらのためにやって来て、遠くへ連れていってくれる」。カネクはそう言って話を中断し、彼の腕に飛びこんできた2人の子供の相手をした。子供たちはまさに彼を小型にしたようで、男の子と女の子ではあったが、同じシンプルな白いコットンのガウンを着ていた。伸ばしっぱなしの黒い髪が背中まで垂れている。子供たちは私を見ると恥ずかしそうにほほ笑み、長老の言葉に耳を傾けていたが、数分後には古代遺跡の広場を駆けていき、同じような服装をした他の子供たちの輪に入った。

「あの子たちは息子の子供で、双子なんだ。じろじろ見ていたけど、許してやってくれ。外国人に目を奪われたんだ」

「素晴らしいお子さんたちですね。さぞご自慢でしょう」と私は言った。

「自慢の子供たちだけど、頭痛の種でもある。世間の様子を知ってしまったら、伝統的なやり方を守らせるのは難しくなる」。彼は眉根にしわをよせ、困った表情を作った。私は話題を変えることにした。

「星図について、お話しいただけますか」

「わしらは、わしたちをこの場所に導いた星図を持っていた。わしらの伝説は、宇宙の誕生について語っている。古代の知恵のほとんどは、現代の宇宙飛行士によって裏付けられている」と彼は言った。

「星図について、もっと詳しく教えてもらえますか」

「今は失われてしまった。それには星の地図が描かれていた。住むことができる星には印が付いていた。そして、スカイゴッドはわしらのためにこの場所を選んだ」

「なぜこの場所を選んだのでしょう」

「わからんかね？　ここはすべての星の中で最も美しい場所の1つだ。ジャングルはわしらを育んでくれる。土地は肥沃で、ここなら食べ物にも不自由しない」

「若い人たちはその話を知っているのですか」と私は尋ねた。

「ああ。わしらは、子供たちを現代社会から遠ざけようとしたし、伝統的な方法で教育した。さもないと、世界の時流に飲みこまれてしまう。だが、都会に住むマヤの若者は、もはやマヤ人であることを望んでいない」

「地球に何かが起こったとき、スカイピープルはあなた方のためにやって来ると言われましたね。

もう少し詳しく話していただけますか」

「スカイピープルは、信じる人のところへやって来るんだ」と彼は言った。「わしはスカイピープルが私たちの人生に果たす役割を知っている。だから、彼らはわしのところへやって来て、わしを宇宙に連れていき、いろいろなことを教えてくれるんだ」

善いスカイピープル、悪いスカイピープルが存在する⁉

「彼らはどんなことを教えてくれるのですか」と私は尋ねた。

「古い知識を実践し、聞く耳を持つ人々にその知識を伝えよと教えてくれる。地球にたくさんの悲しい出来事が起ころうとしている。祈りを捧げる心の準備をしなさい、そうすればスカイピープルはわしらのことを思い出してやって来る。わしらは祈らなくてはならん。そうすればスカイピープルは聞いてくれる、そう教えてくれる」

「スカイピープルから教えられたことで、とくに重要なことを1つ教えていただけますか」

「いつかスカイピープルがマヤ人を宇宙へ連れていくだろう。地球は清められるだろう」

「そんなことが起こると、信じているのですか」と私は尋ねた。

「起こる。しかも、もうすぐだ」

「あなた方がよその星へ連れていかれたとして、地球が清められたら、また戻ってくるのですか」

「戻ってくる者もいるだろうが、それ以外はよその星へ行って、新しい世界を始める。スカイピープルはそう言っている」と彼は言った。

「スカイピープルは今もあなたの村へやって来ているのですか」と私は尋ねた。

「わしが子供のころから、やって来ていない。彼らは見知らぬ人間がうろついている土地にはやって来ないのだ」

「それは旅行者のことですか」

「旅行者はすべてを変えてしまった。子供たちを見るがいい。子供は白人に対して、興味津々だ。たちまち白人が持っているものをほしがるようになる。例えば、わしの息子は運転手をしていて、旅行者をここへ案内してくるが、白人の服を着て、ジーンズと高価なブーツを履いている。サンダルを履くか、裸足でいるのがわしらのやり方だ。スカイゴッドが戻ってくる前に、わしらはジャングルへ戻っていなくてはならんのだ」

「でも、服装だけで、息子さんが古いやり方を捨てたとは言えないのではないですか」。私はそう言って、彼をなだめようとした。

「わしもいい手本とは言えないんだ。金持ちの白人のためにシャーマンをしていたのだからな」。彼は金歯をのぞかせて笑った。今も昔も特権階級の象徴だ。「たぶん、わしが悪いんだ。金持ちのためにヒーラーをするべきではなかったんだ」。私は運転手のヘルナンドを見た。彼が話題を変えて、何とかカネクを慰めてくれないかと思ったのだ。だが、彼はうつむいたまま、自分の手を見つめていた。

「あなたの村で、UFOを見たことはありますか」。私はふたたび話題を変えようと質問した。

「何度も見たことはあるが、やつらはスカイピープルではない。やつらには気をつけなければならない。善い者もいるが、悪い者もいる。悪いやつらは人々を連れ去って、その人たちは二度と戻ってこない。わしは子供や孫に、やつらを避けるように、夜には家の中にいるように言い聞かせている。だからと言って、家の中にいればいつも安全とは限らない。悪いやつらはどんなことをしても連れ去っていく。わしらはスカイゴッドに、どうか守ってくださいと祈っている。もう長いこと、誰かが悪いやつらに連れていかれたということは聞かないが、それでも、つねに警戒を怠ってはならん」。カネクは立ち上がり、私の手を握った。「もう行かなければなりません、ドクトーラ。ある集団から儀式を執り行ってくれと頼まれているので、準備をしなければ」


私はしばしばカネクのことを考える。彼は2つの世界で生きているが、その役割に満足していない。マヤ人のために、スカイピープルがやって来る日が必ず来ると確信しているが、それでもラカンドン族の将来に不安を感じている。彼の未来への予測は、外の世界、すなわち彼が孫のために恐れている世界に向けて明らかにしたら損なわれるのだろうか。しかし、同様の話をアメリカ先住民の長老や賢者からも聞いたことがある。そのことからも、彼の将来の予測には信ぴょう性があると言える。

証言㊱ 水底に住む人たち／やはりスカイピープルか⁉

メキシコのユカタン半島の東海岸に、トゥルムという偉大で神秘的な古代マヤの辺境地がある。正式名は、マヤの言葉で「夜明けの街」を意味するザマという。カリブ海を見下ろすその遺跡は、マヤ人が居住し建設した最後の都市の1つだ。

この遺跡について最初に詳述されたのは、ジョン・L・スティーブンズとフレデリック・キャザウッドが1843年に出版した『Incidents of Travel in Yucatan（ユカタンの旅での出来事）』である。この街を見ると、降臨した神への崇拝が重要視されていることが感じられる。

トゥルムにはUFO目撃の長い歴史がある。地元民の間では、UFOの地下基地に関する話がささやかれている。ここでは、そんな話の1つを紹介する。

トゥルム遺跡

UFO追跡チームの訓練とは？

古代都市トゥルムの野外には、サーカスのような雰囲気がある。先住民の踊り手やガイド、それにフードコートが旅行者を待ち受けていて、トゥルムはマヤ遺跡の中で旅行者に3番目に人気のある場所になっている。

この古代都市を訪れた人は、古代メソアメリカのアクロバティックなダンス「トビウオの踊り」を目にすることになる。これは、5人が30メートルもあるポールを登り、そのうち4人はロープで体を縛り合って地面に飛び降りる。5人目はポールのてっぺんに残り、踊ったり笛や太鼓を演奏したりするのだ。

この踊りにはさまざまな解釈があるが、その1つに、ぐるぐる回転する踊り手は、空中を飛行するスカイゴッドを表しているというものがある。ある長老は私に、この踊りは神が地球へ降臨するところを表していると言った。

遺跡に入るに当たり、私はゲラルドという英語を話すガイドを見つけた。彼は300ペソで遺跡めぐりのガイドを引き受けた。城（カスティーリョ）とカリブ海の眺望をめざして歩きながら、ゲラルドは家族の話をした。彼は7人兄弟だが、賃金収入のある仕事をしているのは自分1人だと言う。残りの兄弟は農地を耕していて、その農地はみなの記憶にある限り昔からずっと彼の家族のものだった。「とんでもない時代になりましたよ」と彼は言った。「旅行者が来て、おれたちは金の餌食になってしまいました。すべては金の世の中です。村人たちはテレビやコンピュータや携帯電話を欲しがります。おれの弟はコンピュータが欲しいと言います。まだ7歳ですよ。世の中は変わってしまいました。二度と元へは戻らないでしょう」

真っ青なカリブ海を見下ろす崖に近づくと、数機のジェット機が隊列を組んで飛んできて、素晴らしい眺めに感嘆していた旅行者たちを驚かせた。曲芸飛行のような操縦を見ていると、やがてすべてのジェット機が機首を上に上げた。「この辺りで航空ショーをやっているの?」と私は尋ねた。

「飛行機はメキシコシティから来ています。ここで練習しているんです。今のはUFOを追跡するチームです。高速で、機敏に飛ばなければなりません」

「機敏に飛ぶというのは?」

「何と言えばいいのかな。UFOがするように、さっと方向を変えたり、急降下したり、旋回したりすることです」

「ああ、わかったわ。あなたはジェット機がUFOを追跡するところを見たことがあるの?」

「何度もあります」

「UFOはいくつぐらい見たの?」

「とてもたくさん見ました」

「最近目撃したときのことを話してくれますか」

「いいですよ」。彼はカリブ海を見下ろす日陰に置かれた、2人用のコンクリート製のベンチへ私を案内した。崖の下では、何百人もの人々が海でたわむれだり、日光浴をしたりしている。「『暗くなる前の薄暗いとき』は、英語で何と言うのですか」と彼は尋ねた。

「黄昏どきのことかしら?」

「そう。その黄昏どきのことです。おれは警備員をしている友人と、公園の中を歩いていました。彼は公園の中に潜んでいる旅行者がいないか見まわっていたんです。ベンチで夜を明かそうと公園の中に隠れている旅行者がいるので。でも、それは禁止されています」

「そういう旅行者がいることは聞いたことがあるわ。でも、気持ちはわかるわね。こんなに美しいのですもの」

「ほとんどはドイツ人かスウェーデン人です」と彼は言った。「アメリカ人(グリンゴ)はもっと尊敬の念を持っています」

「そう言っていただけるとうれしいわ」と私は言った。「それで、UFOはどうなりましたか?」

私は話題が逸れないように尋ねた。

「友人のイグナシオとおれは、出口に向かって歩いていました。すると突然、夜なのに真昼のように明るくなったんです。おれたちは空を見上げ、次に海の方を見て、なぜこんなに明るくなったのか原因を見つけようとしました。そのとき、海の上に、まばゆいオレンジ色に光る巨大な宇宙船を発見したんです。その奇妙な光は、見渡す限りの範囲に届いていました。宇宙船はそこにじっとしていました」

「じっとしていたとは、どういうことかしら」と私は尋ねた。

「1カ所に留まって、動かないということです」

「あなたはどれくらいの時間、宇宙船を見ていましたか」

「宇宙船がそこに留まっていたのは2、3分ほどで、それから海の中へ入っていきました。それ以後、二度と姿を現しませんでした」

UFOは海の中にもいる

「他にも同じようなUFOの遭遇体験はありますか」

「燃えるようなオレンジ色の光の球は何度か見ました。光の球を見たときはいつも、戦闘機がやって来るのです。軍はそれが何なのか、正体をつかめていないのではないでしょうか。おれはイグナシオに、メキシコシティへ行って、軍人たちに知っていることを話すべきじゃないかと言ったのですが、彼は、軍人は聞く耳を持たないだろうと言うのです」

「軍人たちに、何を言うつもりなの」と私は尋ねた。

「UFOは海中にいるということです。彼らがどこからやって来たのかはわかりませんが、おそらく宇宙から来たのでしょう。たぶん、彼らはずっと海の中にいるのだと思います。しかし、たとえ何者であれ、メキシコ軍は彼らを追跡します。おれには、そのことが彼らをつけ上がらせているんじゃないかと思えます」

「私はUFOの話を集めているの」と私は言った。「宇宙船が海の中へ入っていったという話は他の人からも聞いたことがあるわ」

「海の中には彼らの駅、じゃなくて、英語で何と言うのでしたか」

「基地?」と私は尋ねた。

「そう、基地があるのではないでしょうか。それならつじつまが合います。海の中だと、誰にも邪魔されずにすみます。深い海の中までは追っていきませんから。たぶん、故郷でも水の中で暮らしているんでしょう。あるいは、もしかしたら水のない世界なのかもしれません。海の中で暮らすのはおもしろそうだと思ったのかもしれないですね」

公園を出ると、私はゲラルドをランチに誘った。彼は躊躇したが、私は書こうとしている本に彼の話も入れたいのだと言った。彼がなおも躊躇するので、彼は家族のために、仕事でお金を稼ぐ必要があるのだと気づいた。私が20ドル札を3枚差し出すと、彼はにっこり笑った。「ありがとうございます、セニョーラ。もしよければ、おれの午後と夕方の時間はすべて使ってください」と彼は言った。私たちは、トラックの荷台をトラクターが牽引する移動システムに乗って入り口に戻った。そこは多くの人で混雑していたが、空いているテーブルを見つけた。冷たい飲み物とタコスを注文したあと、ゲラルドは11年ほど前に彼の村で起こった出来事を話しはじめた。

ＵＦＯが村を洪水から守ってくれた

「おれはこの近くの小さな村で育ちました。ユカタンカースト戦争の際のレジスタンスで有名な村です。おれはこの小さな村をとても誇りに思っています。戦争が終わるまで、50年間もメキシコ軍の襲撃から生き延びたのですから」

「マヤ人の蜂起とカースト戦争のことは、何かで読んだことがあるわ」

「おれの母親の祖父もレジスタンスに加わりました。おれの家族は今もこの村に住んでいます。おれの家族に聞けば、この話が本当だと証明してくれるでしょう。では、話しましょう」。彼はいったん話を止めてコカ・コーラを飲みほすと、おかわりを注文した。

「もう夜も更けて、村の中は暗くなっていました。その日は雨でした。ハリケーン警報が出ていたのです。村人たちは不安でした。強い風が吹き、土砂降りの雨が降っていました。おれの家族は内陸の方へ避難しようかと考えましたが、それは難儀な旅になりそうでした。車がないので、徒歩で行くしかありません。母親が食べ物をかばんに詰めていたとき、まばゆい光がおれの小さな家に降りそそいだのです。家族はみな窓辺に走り寄り、何の光か確かめようとしました。祖母は、危ないから家の隅にいなさいと叫びました。おれは言いつけに従わず、夜の闇の中へ駆け出していきました。そして、それを見たのです。頭の上の、ちょうど木のてっぺんぐらいの高さに、ＵＦＯが見えました。円形で、村全体を明るく照らしていました。雨も風もやんでいました。ＵＦＯはまるで傘のように、おれたちを守ってくれていたのです。それから数時間、ＵＦＯは村の上に留まっていましたが、風と雨が弱まると動きはじめました。村を洪水から守ってくれたのだと言う者もいますが、村人が拉致されたという報告もあります。おれとしては、ＵＦＯを目撃したけど、はっきりこうだとは言えません。どの話が本当なのか、わからないのです」

「人間のようなものは見ましたか」と私は尋ねた。

「いいえ。明るいライトのついた宇宙船が、村を雨から守っているのを見ただけです」

「村の長老は、その出来事について何と言われましたか」

「スカイゴッドがおれたちを守るために戻ってきたのだと言いました。村の長老は、おれたちの村が生き延びたのは、この村がメキシコ政府がマヤ人に押しつけた不正の、いわば生き証人だからだと言いました。この村が滅びたら、メキシコ政府の不正を思い出させるものがなくなってしまうのです」

「あなたは真実だと信じているの？」

「はい、セニョーラ。おれは宇宙船を見ました。だから、ＵＦＯがおれたちを守ってくれたのだと信じています。彼らはおれたちの村が不正の生き証人となることを望んでいるんです」

「異星人やスタートラベラーを見たことはありますか」と私は尋ねた。

「１度だけ見ました。でもよくわかりません」

スカイマンは魔法使いだ

ゲラルドは瓶に口をつけてコカ・コーラを飲み、タコスを食べ終えた。「セニョーラ、おれは単純な人間です。ジャングルで育ち、少々のことでは怖がったりしません。つねに周囲に警戒を怠るなと教えられてきました。おれは腕のいいハンターです。でも、ある日の午後、従兄弟と狩りをしていると、奇妙な生き物に出くわしたんです。最初は人間かと思いましたが、自分が見たものが何なのか、よくわかりません。人間のように歩いていましたが、そのうち四つん這いになって、森の中をネコのように走り抜けていったのです。誓ってもいいですが、2本足で歩いているときは、人間のように見えたんです。ところが、四つん這いになると動物に見えます。色も変わり、サルのように木に登りました。あんな生き物は見たことがありません。驚くべきもの（マグニフィコ）でした！」

「どれくらいの時間、その生き物を追跡したのですか」と私は尋ねた。

「実のところ、よくわからないんです。おれはすごく興奮していて、たぶん、少し怖がってもいたと思います。しばらく後をつけると、そいつは立ち止まり、立ち上がって人間のような姿になり、周囲を確認するように見まわしていました。それから、かがみこんで、森の木々の下から細長い機械を引っぱり出しました。長さは3メートルぐらいで、幅は50センチぐらいでした。おれはそいつがその機械を、まるで大きなおもちゃのように軽々と動かすのを見て驚きました。何か特別な金属でできているに違いないと思いました。金属のように見えましたが、そんなはずはありません。もし金属なら、1人であんなに軽々と扱えるはずがないからです」

「その生き物は、その機械で何をしたのですか」と私は尋ねた。

「よじのぼって中へ入りました。一種の飛行船だったのですが、飛行機のように音はしませんでした。数秒後に突然くるくる回りはじめました」。彼は話を止めて、指でくるくる回る動きを示した。

「その速度がどんどん速くなるにつれて、ジャングルの落ち葉や枝もぐるぐる回転しました。飛行船はゆっくり上昇し、あっという間に見えなくなりました」

「その間、あなたはどこにいたのですか」と私は尋ねた。

「隠れていました。飛行船が行ってしまってから出てきたのです」

「その飛行船はどこへ行ったと思いますか」

「宇宙から来たのに間違いありません。あの機械は宇宙船ですが、あれに乗って他の星へ飛んでいけるとは思いません。小さすぎます。きっと空の上で、もっと大きな宇宙船が待っているのだと思います」。彼は話を止めて、コカ・コーラの瓶を飲みほした。「老人たちは、聖者は動物に変身できると言います。あの男はシャーマンかもしれませんが、シャーマンは宇宙船を持っていません。だから、シャーマンであるはずがないんです」

「長老たちにこの体験を話しましたか」

「空からやって来た生き物を見た直後に、おれはこの仕事を得ました。スカイマンが幸運をもたらしてくれたんだと思います。スカイマンは魔法使いです。たくさんの人がこの仕事を欲しがっていたのに、おれがゲットできたんです。おれは誰にも、あの生き物のことは話していません。話せば魔法は消えてしまっていたでしょう」

「でも、私には話してくれたのね」と私は言った。

「ええ。でも、あなたはおれの村の人じゃありません。よそ者は魔法を解くことはできないんです。それに、あなたも今、魔法にかけられていますよ。気がつきませんか?」私は首を振って、彼の説明を待った。「あなたが今日おれと出会う確率はどれくらいだと思いますか」

「まったく見当もつかないわ」と私は言った。

「千分の1、いや万分の1かもしれません」と彼は言った。「今日トゥルムにやって来るすべての旅行者の中で、あなたはおれをガイドに選びました。これは魔法です。おまけに、あなたはUFOの調査をしていた。これも魔法です。そして、おれはこれまで誰にも話したことのない話を、その話を世界に伝えようとしているライターに話した。あなたはおれの声となり、UFOや宇宙人が実在することを伝えることができます。スカイマンは、自分が実在することを人間に知ってほしいんですよ。すべては魔法です。そう思いませんか」

ゲラルドの熱い思いは、人を惹きこまずにはおかない。最初に会って以来、彼とは一度だけ会った。2010年の再訪でトゥルムを訪れたとき、私はゲートの近くに立っている彼を見つけた。彼

は私に駆け寄ってきて、私たちは旧知の友人のように一緒に遺跡を歩いた。そのときも彼はスカイマンの魔法について話した。ラヴィン・スプーンフルの『魔法を信じるかい？』という歌を聴くたび、ゲラルドのことが心に浮かぶ。最初の１節を聴いただけで、私の心はあの日に戻っていく。あの日、ＵＦＯとスカイピープルとの遭遇体験を持つ若いマヤ人の青年によって、私がトゥルムへやって来たのは、スペーストラベラーがかけた魔法だったと確信させられたのだ。

証言㊲ ワニを連れ去ったのもスカイピープルの仕業だった？

ジョン・Ｌ・スティーブンズは１８４１年にコバ遺跡の報告を聞いたが、コバは当時知られていたどの道や村からもあまりに遠く、そこへ行くのは困難と結論を出した。だが、私はトゥルムから約43キロ北西にあるコバへ、１時間足らずで到着した。考古学的根拠によると、コバに最初に集落ができたのは紀元前１００年ごろで、西暦１５００年ごろ打ち捨てられたらしい。

遺跡の大きさは約50キロ四方で、ジャングルに囲まれている。マヤ語でサクベと呼ばれる約45の儀式用の道路が、主要な神殿から放射状に延びている。コバにはかつて7万５０００人の住民がいたと言われている。この遺跡は、保存状態は良くないが、ユカタン半島で最も高いピラミッドであるノホック・ムルがあることで有名だ。

この町の近くには４つの自然湖がある。コバという名はマヤ語で「風に波立つ水」という意味だ。また、コバはＵＦＯ目撃の頻発地帯と言われている。

ここでは、コバ近郊の村の住民の１人が目撃した出来事を紹介する。

牛や馬だけではなかった…ワニを連れ去った異星人

私はちょうど遺跡が開く時間にコバに到着した。混雑を避けたかったのと、野生動物も少し見たかったのだ。ジャングルに囲まれたコバは、さまざまな鳥、ホエザル、チョウの生息地でもある。運転手が入場料を払っている間、私は顔や腕に虫除け剤を塗った。そこらじゅうに蚊がいる。花から花へ飛びまわる鮮やかなブルーのモルフォチョウの群れや、頭上の枝にかけた巣でヒナに餌を与えるハチドリの母鳥を見ることができた。木の上では着生植物が育っていて、運転手のホアン・マヌエルが、マヤ人はとくに刺激臭の強い白い花を使って酒を造ると教えてくれた。

「セニョーラ、UFOの奇妙な話をするタクシー運転手がいますよ」とホアン・マヌエルは言った。

私はトゥルムのホテルのオーナーの勧めで、その日のガイドにホアンを雇った。そして、ここに来る道中、UFOの話を集めていることを話したのだ。「この前コバに来たとき、彼のUFO遭遇体験を耳にしました。おれはこの辺りでTシャツの売店をやっている、彼の父親と話をしたのです」と彼は言って、何百枚ものTシャツを並べて売っているにわか造りの掘っ建て小屋を指さした。

「彼の息子は公園の中でタクシー運転手をしています。タクシー乗り場で彼を探してみましょう。たぶん彼の話を気に入ると思いますよ」。私たちは遺跡の中へ入り、タクシー乗り場の方へ歩いていった。ホアンがあの運転手だと身ぶりで示した。私はホアンがその若者に近づいていくのを見ていた。前に人力車の座席を付けた自転車にまたがっている。この「タクシー」は、旅行者を2キロほど先にあるノホック・ムルのピラミッドに連れていくのに使われるのだ。

若いタクシー運転手はカコチと名乗った。地元のマヤ語方言と、片言の英語とスペイン語を話す。私はホアンのためにもう1台タクシーを雇い、通訳をしてもらうことにした。ホアンは自称ユカテク・マヤ族で、スペイン語、英語、地元のマヤ語方言を話す。

「カコチは、あなたがUFOの目撃話をどれくらい集めたか知りたがっています」。タクシー乗り場から出たとき、ホアンが言った。

「何百もの話を集めたわ。全部先住民から聞いた話だと言ってちょうだい」。ホアン・マヌエルが通訳した。

「よそでは聞けない話をするぜ。本にするなら、どうぞ使ってくれ」とカコチは言った。

「セニョーラ、彼にあなたはライターだと紹介しました。彼はあなたが自分の話に興味を持ってくれて、誇らしく思っています」

「その話は、このコバ遺跡で起こったことなの？」

「2、3カ月前のある夜の出来事だ。ほとんど日は暮れていた。夜になったので、おれは家に帰ろうとしていた。入り口を出て、家への道をたどりはじめたとき、湖のそばの道を通っていたんだが、UFOが雲の間から現れたんだ。UFOは湖の上で停止し、そこにじっとしていた」。カコチは自転車を止め、ホアンが通訳した。

「ＵＦＯはどんな外見をしていたか、話してくれますか」

「ああ。円形で、てっぺんにはでっぱりがあり、もう１つでっぱりがあった。ライトがたくさんついていて、下方を照らしていたよ。音はしなかった」。彼の描写からすると、宇宙船のてっぺんには２つのドームがあり、１つはもう１つより大きいということだろうとホアンは言った。

「宇宙船の大きさはどれくらいでしたか」と私は尋ねた。

「大きかったよ。あんなに大きなものはそれまで見たことがなかった」

「どれくらいの時間、湖の上に留まっていたのですか」

「３、４分ってところだよ。でも、そうしている間に光線が出てきた。光線は何かを探しているように湖の上を移動した。おれは湖の岸の葦(あし)の間に隠れて、見つかったらどうしようとびくびくしていた。すると突然、光線が岸の近くで休んでいたワニを照らし出した。光線はワニを持ち上げ、ＵＦＯまで連れていった」

「ワニを連れていった？　どういうことですか」

「ワニを持ち上げて、宇宙船まで運んでいったんだ。ワニは抵抗していたが、無駄だった。光線に捕まってしまったんだ。やつらが人間を連れていくことがあるとは聞いていが、ワニを連れていくなんて聞いたこともなかった」

「ＵＦＯがワニを連れていった話を聞いたのは、これが最初です」と私は言った。

「でも、それでおしまいじゃないんだ。２日後、おれはまた歩いて家へ向かっていた。すると、同じ場所で同じことが起こったんだ。このときは友人のオーランドと一緒で、彼も目撃したよ。でも、やつらは別のワニを捕まえる前に、死んだワニを湖に捨てたんだ」

「ＵＦＯが死んだワニを湖に捨てたのですか」

「湖に捨ててから、別のワニを捕まえたんだ。ワニを殺したに違いないよ。そして、死んだワニはもういらなくなったんだろう。それで、死んだワニを捨てて、生きたワニを捕まえたんだ。こんな話、聞いたことがあるかい」と彼は尋ねた。

「ワニではないけど、他の動物を捕まえた話は聞いたことがあるわ」。私はホアンが通訳するのを待った。カコチがうなずいた。「見つかったとき、動物は死んでいて、臓器が摘出されていたの。彼らがワニで実験をしたという証拠はありませんでしたか」と私は尋ねた。

「実験をしたかどうかはわからないな」と彼は言った。「ワニが生きていなかったのは確かだよ。そばで見たわけじゃないけど、あれは死んでいたよ。水の中で仰向けに浮いていた。触る気にはなれなかった」。彼はふたたび自転車を止めた。「やつらが人間を捕まえたときは、やっぱり殺すのかい？　ときどき行方不明になる人がいるけど、ＵＦＯは彼らを連れていって、殺して、死体を湖に捨てるんだろうか」

「もしそうだったとしても、そんな話は聞いたことがないわ」と私は答えた。

「おれは女房や子供たちに、夜は家の中にいるように言ってるんだ。夜の湖は安全じゃないからね」。私はカコチがまた何か言うのを待ったが、彼は黙ってノホク・ムルを見上げていた。私たちは目的地に着いたのだ。

「それ以外に、UFOとの遭遇体験はありませんか」と私は尋ねた。

「夜になると、UFOはしょっちゅうコバの上空を飛んでいくよ。どうも彼らは湖が好きみたいだね。友人のムワンは、やつらはときどき湖の中へ入っていって、水の中に留まっていると言ってたよ。ムワンは、彼らは湖の中で暮らしていると思っている」。彼はしばらく口を閉じ、それからほほ笑んで言った。「信じられないかもしれないけど、やつらがワニを盗むなんて話、誰も思いつかないだろう」


ワニのミューティレーションの話はこれ以外に聞いたことはないが、何かが行われているのは間違いないだろう。先住民の人々から遭遇体験を集めはじめてから、バッファローのミューティレーション、犬のアブダクション、牛と馬のミューティレーションの話は聞いた。異星人のある種族がワニに興味を持ったとしても、何の不思議もない。

証言㊳ スカイピープルが地球にやって来る真の目的とは？

何世紀にもわたり、メリダはマヤ人の地におけるスペイン植民地支配体勢の拠点だった。その白い家や住民の白い衣装から「白い街」と呼ばれるが、メリダはかつてはトォという名のマヤ都市だった。征服者（コンキスタドール）によって、スペインの町にちなんで名前を変えられたこの街は、その住民の多文化性に誇りを持っている。

スティーブンズとキャザウッドは、２度の旅でメリダに数日間ずつ滞在したが、この町は古代遺跡から遠く離れていたため、数日間休息しただけで、次の目的地へと移動していった。

ここでは、メリダの２人の老人が、人生で何度か体験したＵＦＯとの遭遇について語ってくれる。２人とも異星人の訪問者は隠れた意図を持っていると信じていた。

スカイピープルは水を求めてやって来る

私はガイド兼通訳のフリオ、運転手のアルトゥーロと一緒に、メリダの中央広場（ソカロ）に座っていた。

広場は歴史的中心地で、食べ物、アクセサリー、風船の売り子、パナマ帽、Tシャツの屋台がぎっしり並んでいた。私の連れたちは、2人の老人と話していた。老人は白いシャツにズボン、白い帽子、サイザル麻のサンダルといういでたちだ。マシンガンのような早口のスペイン語とユカタン・マヤ語で、女性を話題にしてしゃべっている。どの村の女が一番美しいかを論じているようだが、私にはそれ以上のことは理解できなかった。私が周囲の様子をメモしていたら、2人の老人がガイドに、何を書いているのだと尋ねた。ガイドは彼らに、私はマヤ人に関する本を書いているのだと言った。彼らはドッと笑った。ガイドが、私はUFOについて書いていると伝えると、老人たちは笑って、また堰を切ったようにスペイン語とマヤ語でまくし立てた。

「フリオ、彼らにUFOを見たことはないか尋ねてちょうだい」。私は彼が通訳する間待った。

「ピステという町を知っているかい?」アルドと名乗る老人が尋ねた。

「ええ、知ってるわ」

「セノーテ・イキルは知っているかい?」フランシスコが尋ねた。

「ええ、よく知ってます」

「おれたちはピステで育った。フランシスコとおれは2日違いで生まれたんだ。ずっと兄弟みたいに暮らしてきたんだよ」とアルドが話を始めた。「子供のころに話を戻すと、チチェン・イッツァはおれたちの遊び場だった。イキルが旅行者に知られないうちから、おれたちはあそこで泳いでいたんだ」

「旅行者はまだいなくて、たまに金持ちがぶらっと訪れるくらいだったよ」とフランシスコが口をはさんだ。

「それと、考古学者がな」とアルド。

「あのころは、車でピラミッドまで行って、そこに車を止めて、歩いて登ったんだ。あのころはよかったなあ」。アルドは話を止めてフランシスコを見た。2人ともぼんやりと郷愁の念に浸っている。「あのころはいい時代だったよ。旅行者もめったに来なかった。今じゃ旅行者だらけだ。これは進歩だ、そのおかげで金が稼げるんだとみんな言っている。確かにそうだろうが、遺跡と本物の人間（リアル・ピープル）を食いものにしてるんじゃないかな」

「本物の人間（リアル・ピープル）というのは、マヤ人のことですか」と私は尋ねた。

「そうだ（シ）」。2人の老人は声をそろえて答えた。「ただし、昔ながらの暮らしをしているマヤ人のことだ」とアルドが付け加えた。

「UFOの話をしていただけますか」

「悪いね。おれたちはときどき脱線するんだ」。2人は笑って、ふたたび私の連れと、スペイン語とマヤ語のちゃんぽんで早口でしゃべり始めた。私には理解できなかった。

「やつらは何か目的があってやって来るんだと思う」とアルドが言った。

「水を求めてやって来るんだよ」とフランシスコ。「おれたちが初めてやつらを見たのは、セノーテ・イキルだった。ものすごく大きな宇宙船だった。空じゅうを覆ってしまいそうなほど大きかった。まるで空からロープで吊り下げられているみたいに、じっとその場に浮かんでいた。おれたちはまだ8歳か9歳の子供だった。そりゃあ恐ろしかったさ」

「びっくりしたよ。それが何なのかさっぱりわからないしな」とアルド。

「とにかく、おれたちは身を隠すために、セノーテの端まで走っていった。その辺りも真昼のように明るくて、隠れ場所を見つけるのは難しかった。明かりは白と赤で、とてもまぶしかった。目を向けることができないくらいに」とフランシスコは言った。

「見ていると、大きな宇宙船から、もう少し小さな宇宙船が出てきて、セノーテの水中へ入っていった。セノーテから水をくみ上げるのが見えたよ」とアルドが口をはさんだ。

「宇宙船から出ている明かりがセノーテを照らしていた。奇妙な光景だったよ。それまで夜にセノーテを見たことがなかったんだ」とフランシスコが言った。

「コウモリが慌てふためいていたな」とアルドが付け加えた。「水を積みこむと、小さな宇宙船は大きなUFOの中へ戻っていった」

「それからも繰り返しやってきたよ」とフランシスコ。「覚えているだけでも、5回水をくみにやってきた」

「おれは、やつらは水だけじゃなくて、他に欲しいものがあったんだと思う」とアルド。「何が欲しいのかわからないが、やつらの目的は水だけじゃないと、おれはにらんでるんだ」

「やつらはこの星を乗っ取って、人間はただの奴隷にされてしまう」

「なぜそう思うのですか」と私は尋ねた。

「それから3年ほどあとのことだが、おれたちはまた別の体験をしたんだ。同じ宇宙船だと思う。やはり小さい方がセノーテの中へ入っていったが、今度は人間のような姿をした生き物が宇宙船から出てきて、セノーテの周囲にあったものを拾い上げたんだ。岩とか、植物の一部とかを。おれが思うには、やつらは地球に住めるかどうか判断しようとしてたんじゃないかな。新手の侵入者かもしれない」とフランシスコ。

アルドとフランシスコは少しの間この件について意見を交わしていた。

「やつらが何か目的があってここへ来ていると信じるには、まずやつらが存在していることを信じなきゃならない。そうだろう？」とフランシスコが尋ねた。

「そのとおりです」と私は答えた。

「それがこうした異星人の目撃話で一番難しいところだ」とフランシスコ。「あんたが聞きたいことからは逸れるが、おれは、やつらはこの星を偵察しに来るんだと思う。やつらは新しい住みかを探していて、自分たちの方が優れているから、この星なら乗っ取れると思ってるんだ。スペイン人の征服者（コンキスタドール）の再来になるぞ」

「どういう意味ですか」

フランシスコが続けた。「やつらがやって来たら、受け入れる者もいるだろうが、戦う者も出てくる。だが、勝ち目のない戦いだ。やつらはこの星を乗っ取って、人間はただの奴隷にされてしまう」

「どうしてそう思うのですか」

「歴史を通して、ずっと繰り返されてきたことだ」とアルドが言った。「侵略者は弱い者を見つけ、自分の欲しいもの——土地や女や金——を奪っていく。いつだってそうだ」

「だが、違うこともあるぞ。たぶん異星人は、人間のような振る舞いはしないさ」とフランシスコ。

「おまえの言うとおりだ、フランシスコ。人間はまったく始末が悪い。だが、たぶん異星人はそこまでひどくないだろう。やつらは攻撃的なことや悪いことはしないんじゃないかな。だが、やっぱりおれは、やつらがここへ来るのには、何か別の理由があると思うんだ」とアルド。

「奇妙なことだな。おれたちは今まで、UFOのことを話し合ったことなんかなかったんだ。誰かと遭遇体験について話し合ったのは、これが初めてだ」。そう言って、アルドは立ち上がった。これで話はおしまいなのだと私は思った。私は、アルドが向かいのベンチに座っている独身女性たちを品定めするのを見ていた。アルドがフランシスコに目くばせすると、2人はゆっくり女性たちの方へ歩み寄っていった。

最後に2人を見たとき、彼らは中央広場(ソカロ)で女性とダンスをしていた。年齢も、体重も、体調もおかまいなしだ。2人はメリダの大切な宝物なのだと再認識した私は、異星人には何か目的があると固く信じていた2人の老人を、簡単に忘れることなどできないと思った。

証言㊴ 理由なき行方不明者の50パーセントはＵＦＯに連れ去られていた⁉

毎年報告されるメソアメリカにおける行方不明者の数は、極秘事項とされている。１９８０年以降、世界中で行方不明の報告がされている子供は、毎年２万人以上に上る。毎年世界中で２００万人が行方不明になっていると推定されている。そうした行方不明者の50パーセントは、犯罪の犠牲者か、家出など意図的な失踪と考えられている。残りの50パーセント、すなわち１００万人は、その失踪に何の理由づけもできないため、当局は困惑している。異星人によるアブダクションは、こうした多数の失踪者の理由づけの１つになるかもしれない。しかし、異星人による人間のアブダクションは、世界中の政府からは表向きには作り話とみなされている。だが、アブダクションの話を持つ人々が次々と出現するにつれ、証拠となる話は増えつづけている。

ここでは、エヴリンという女性が登場し、ＵＦＯが彼女の家を訪れ、弟を誘拐していった夜のことを話してくれる。

「光の球に触れた弟は二度と戻ってこなかった」

私はメキシコを旅している間に、メリダという街のとりこになってしまった。理想の家を求めて、何度か不動産仲介業者にも会った。そうした家探しの最中に、ある不動産業者が私の仕事について尋ね、それでエヴリンのことを教えてくれたのだ。電話で簡単な話をしたあと、私はエヴリンと会う約束をした。私たちはアメリカ人やカナダ人がよく行くレストラン、カサ・デ・ピエドラで会った。エヴリンはアメリカ国籍の国外居住者とメスティーソの娘で、私たちは彼女のメキシコでの生活に関する話題から話を始めた。エヴリンはすらりと背が高く、赤銅色の肌とブロンドの髪をしていた。髪はむき出しの肩にかかる長さで、春休み中の大学生のように見えた。エヴリンの母親は、彼女がまだ小さいときに亡くなった。エヴリンと妹は父親に育てられた。父親は再婚はしなかった。

「あなたのお母さんはどのような経緯でメキシコに住むことになったのですか」と私は尋ねた。

「母は1980年に遺跡を見にメキシコへやって来て、父と恋に落ちたんです。彼はとてもハンサムで魅力的だったので、好きにならずにはいられなかったと、母は言っていました。当時父は、メリダから30キロほど離れた大農園に両親と住んでいました。父は母に出会って、母を家に招いて両親に会わせたのですが、母はそのまま父の家に居ついてしまったのです。そして、2人は数週間後に結婚しました。不運なことに、母は私が9歳のときにガンになりました。母はマイアミへ行って、手術と化学治療を受けました。医者は母に寛解したと言い、母は家に戻ってからは一度も検査を受けにマイアミへ戻りませんでした。そして、私が14歳、妹のガブリエラが12歳のとき、母は亡くなりました」

「お気の毒に。お母さんを失うのはさぞつらかったでしょう」

「ええ。私にはアダンという弟がいました。でも、ある夜弟は姿を消してしまったのです。ガブリエラと私は、アダンが連れていかれた夜に彼を見たんです。弟は二度と戻ってきませんでした。それは私にとって、本当につらいことでした」

「弟さんが連れていかれたというのは、どういうことですか」と私は尋ねた。

「弟のことを話す前に、話しておきたいことがあります。サラから聞きましたが、あなたはUFOに興味を持たれているそうですね。誰かが言ったかもしれませんが、この辺りにはたびたびUFOがやって来ます」

「同じことを他の人からも聞きました」

「町ではUFOはしょっちゅう報告されていますが、郊外で起こった出来事はほとんど報告されません。でも、地元の人々は知っているのです」

「それは幸いなことかもしれないわね」

「そうなんです。UFOハンターには来てほしくないですから」と彼女は笑った。「UFOハンターも経済的効果はあるかもしれませんが」。ウエートレスがテーブルに近づいてきたので、彼女は話を止めた。ウエートレスはコーヒーカップにおかわりを注いだ。「この話は父にしかしていません。そして、父から誰にも言ってはいけないと言われたんです」

「どうぞ、アダンの話を聞かせてください」

「そのとき弟は16歳でした。もう子供ではありません」

「誰が連れていったのですか」

「よくわからないのです。私は夜中に目が覚めて、ガブリエラを起こしました。裏庭に光の球が3つ見えたんです。家から出る前にアダンを起こしたら、私たちについてきました。私たちはポーチに立って、数分間光の球を見ていました」。エヴリンは話を止めてコーヒーを飲み、砂糖を加えてかきまぜた。

「光の球を見たと言いましたね」

「ええ。でもそのうち背の高い生き物に変わったのです。人間そのものではありませんが、人間のような姿になりました。アダンは触ってみると言い出しました。私はアダンに行ってはいけないと声をかけました。でも、弟は耳を貸しませんでした。すると突然、大きな閃光が走ったのです。私とガブリエラが覚えているのは、そこまでです。私たちはポーチで眠りに落ちてしまいました。朝になって、父に起こされたんです」

「その出来事を、お父さんには話しましたか」

「最初は話しませんでした。私たちはアダンを探し、彼の名前を呼びました。弟の部屋にも行きましたが、そこにもいませんでした。私たちは一日中待っていました。父親もアダンを探しました。みんなで探したんです。夕方には、近所の人たちもみんな探してくれました。でも、弟は二度と家に戻ってこなかったんです。今も見つかっていません」

「お父さんには、いつ光のことを話したのですか」と私は尋ねた。

「その日の夜、ガブリエラと私は父に話しました。父が怒るのではないかと心配しましたが、怒る代わりに、UFOがアダンを拉致したという考えを笑いとばしました」

「お父さんは弟さんの身に何が起こったと思われているのですか」

「父はアダンがジャングルへ迷いこんだのだと信じています。たぶんケガをして、記憶喪失になってしまったのだろうと。誘拐されたのかもしれませんが、誰も身代金を要求してきません。もし誘拐されたのなら、たぶんもう殺されているでしょう。それよりは、異星人に連れ去られたと考える方がましです。私は異星人が弟を連れ去ったのだと信じています。パパは今でも、アダンは戻ってくると信じています」

「あなたはどう思っているのですか」

「私は異星人が弟を連れていったのだと信じています。光が、青い光が見えたのです。その光は、庭じゅうを照らしていました。木の上からやって来たのです。木の上にUFOの影が見えたのです」

「あなたが見たことを、お父さんに話したのですか」と私は尋ねた。

「話しました。でも、そんなばかげたことは二度と口にするなと言われました。父は、私が夢を見ていたのだと言いました。でも、夢ではありません。その夜に何が起こったか、私は知っているのです。あの光の球は異星人です。異星人が弟を裏庭へおびき寄せて、捕まえたんです。あのときは、彼らは弟を返してくれると思っていました。でも、あれから9年も経つのに、弟は帰ってきません。父は毎日弟を探しています」

「本当にお気の毒です」

「しばらくは自分を責めました。弟を起こさなければ、あの夜弟はベランダへ行くことはなかったのです。でも、私が起こしたから、弟はいなくなってしまいました。今も弟を探しに行きます。ある日目が覚めたら、すべてが元通りになっているんじゃないかと思ったりもします。でも、そんなことは起こりません。父はあの日から変わってしまいました。母の死もつらかったですが、私たちには覚悟ができていました。でも、アダンがいなくなるなんて、思いも寄らないことでした」

「その夜にあなたが見たUFOの影とはどんなものでしたか」と私は尋ねた。

「円形だということはわかりました。青い光を地面に投げかけていました。そこから光の球が3つ出てきて、人間のような形に変化したのです。私が覚えているのはそれだけです。ガブリエラは青い光と光の球は覚えていますが、それ以外のことは覚えていません。見間違いなんかじゃありません。弟は拉致されたんです」

「その夜以来、UFOを見ましたか」と私は尋ねた。

「しょっちゅう見ています。彼らはやって来ると、木の上でふざけるようにビューンと飛びまわっています。でも、光の球はあのとき以来見ていません。見たのは宇宙船だけです。私はときどき、アダンがあの中にいて、パパと私の様子を見てるんじゃないかと思ったりします。そして、アダンはあの中にいるけど、きっと向こうの世界でとても重要な任務があるので、姿を見せて僕は元気だと伝える時間がないんだと自分に言い聞かせるんです。もしアダンがそう伝えたがっているなら、私がそう思った方が喜ぶと思うんです。私は彼がいつか帰ってくると信じています。帰ってきてほしい。そうすれば、パパも少しは心が安らぐと思うんです」

「きっと弟さんは帰ってきますよ」と私は言った。

「ええ。これからもそう思いつづけます」

私がエヴリンに会ったのは2004年だ。その後彼女は結婚して、今では1人の女の子の母親になった。彼女と夫はオレンジ農園の経営を引き継ぎ、病気の父親と一緒に大農園で暮らしている。私たちはEメールで連絡を取り合い、私は何度か彼女のもとを訪れた。1度は彼女と夫がモンタナへやって来て、1週間共に過ごした。弟はいつか必ず帰ってくるという彼女の信念は、いささかも揺らいでいない。

証言㊵ 膝ほどの背丈の小人はＵＦＯに乗って移動する

１８４３年、探検家ジョン・Ｌ・スティーブンズはマヤ世界をめぐる2度目の旅の旅行記『Incidents of Travel in Yucatan（ユカタンの旅での出来事）』を書いた。ウシュマル遺跡に着いたとき、彼は「魔法使いのピラミッド」の入り口の下の地面に座る地元のマヤ人に出会った。その男はスティーブンズに、ピラミッドにまつわる伝説を語った。銅鑼が鳴ると、ウシュマルの街は「女から生まれたのではない」少年のものになるという予言があったのだそうだ。ある日、魔女が温めた卵から生まれた小人の少年が銅鑼を鳴らしたので、支配者は恐怖におびえ、その少年を処刑するよう命じた。死刑の日が来ると、支配者は、もし少年が1晩で巨大なピラミッドを造ることができたら命を助けてやろうと約束する。少年はピラミッドを完成させ、その後もいくつかの仕事をやり遂げ、ついにはウシュマルの新しい支配者となった。老人たちは、スカイピープルが巨大な航空機を使って大きな石を運び、小人の少年を助けたのだと言っている。

小人が1晩で建築を完成させたという魔法使いのピラミッドは、旅行者がウシュマルの儀式用エリアに入って初めて目にする建築物だ。王となった小人がアリュクス、すなわち小人族にウシュマルに住むよう勧めたという物語がいくつか残っている。英国生まれのアメリカ人写真家で考古学者のオーガスタス・ル・プロンジョンは、小人の種族はウシュマルに住み着いたと考えた。彼の説は当時の学者たちには受け入れられなかったが、彼は頑として自説を譲らず、ピラミッドの内部に数百も小さな部屋があることが、その説の証拠だと主張した。

メキシコとグアテマラには、アリュクスと呼ばれる小人の種族にまつわる物語を語るマヤ人がいる。アリュクスは人の膝ぐらいの背丈しかない小人として描かれ、伝統的な衣服を身に着けたマヤ人のミニチュアのような姿をしている。ここでは、アリュクスに出会ったマヤ人の女性の話をお聞きいただこう。彼女はその小人たちを、同じ日の夜に目撃したＵＦＯと結びつけて考えていた。

背の高い奇妙なアリュクスを発見!

その女性はマリアという名で、ユカテク・マヤ族だと言った。30代後半の丸顔の女性で、にっこり笑うと前歯に金がかぶせてあるのが見える。ユカタン半島のマヤ女性が着る民族衣装イピルを着ていた。刺しゅうが施された白いチュニックのような服だ。イピルの上部と裾に施された刺しゅうのデザインは、宇宙、神々、支援者を表していて、マヤ女性がイピルを着るときは、この象徴的に表現された宇宙の中心になるのだと説明してくれた。マリアは14歳で結婚したため、正式な教育はその歳までしか受けられなかった。それでも、一番の楽しみは読書で、お金が必要になった旅行者が開いている英語のクラスを受講しているのだと言った。6人の娘の母として、マリアは娘たちが学校の先生になって、生徒たちに現代社会に順応する準備をさせる一方で、マヤの伝統的な物語を教える日が来るのを夢見ていた。

「娘たちは伝統的な物語を知っています。娘たちのお気に入りは、小人のアリュクスのお話なんです」とマリアは言った。「でも、小人にもいくつか種族があります。祖先に当たるアリュクスもいますが、マヤ人が知っている小人とは違う、奇妙な人たちもいます」

「詳しく説明していただけますか」

「マヤ人のアリュクスは小さいです。私の膝ぐらいしかありませんが、新しいアリュクスたちはもっと背が高いのです」。マリアはそう言って、ウエストの少し上の位置に手を当てた。彼女が見た生き物は、おそらく70センチから80センチぐらいだったのだろう。

「どこで見たのですか」と私は尋ねた。

「私はたきぎを探していました。最近はたきぎを見つけるのが難しくなりました。かなり遠くまで歩かなければなりません。そして、木の茂みの中で彼らを見たんです」

「何人いましたか」

「6人いました。丸い光の球を囲むようにして立っていました」

「光の球はどんなものでしたか」

「青みがかった白で、とても明るく輝いていました。彼らは腕を組んで、静かに立っていました。

小さな像のようでした」

「彼らは何をしていたと思いますか」

「ただそこに立っていて、私はしばらく見ていましたが、そのうち怖くなりました。彼らが私に気づいたらどうしようと思い、そっとその場から離れました。見つからないところまで来ると、私は走って幹線道路に出ました。するとちょうど近所の人が通りかかり、トラックに乗せてくれたんです」

「なぜ怖くなったのですか」

「その日の夕方、たきぎを取りに行く前に、空に金属製の物体を見たのです。とても速くて、あっという間に見えなくなりました。あれはただの飛行機だと自分に言い聞かせ、気に留めませんでした。そこに立って、6人の小人を見ているうちに、彼らはアリュクスではなく、あの物体に乗っていた人たちだと思い当たったのです。それで、怖くなりました」

「もう一度UFOを見ましたか」

「さっき言ったように、私は幹線道路に戻り、近所の人に出会いました。彼は止まってくれて、私はトラックの荷台に乗りました。私は寒気がして、ガタガタ震えていました。外は夜でも暖かかったのですが」

「そして、UFOを?」

「私たちは道を走っていました。そのとき、また見えたんです。私が立っていた茂みの中から現れました。トラックの上まで来ると、そこに留まりました。私は恐ろしくてたまりませんでした」

「運転手の方も見たのですか」

「はい。彼は路肩に車を止めました。私は彼に、車を走らせて家に帰ろうと大声で叫びました。でも、彼は私の言うことを無視し、トラックの荷台に乗りこんできて、宇宙船に手を振ったんです。私は、きっと彼らが何かしてくると思いました」

「でも、してこなかった？」と私は言った。

「はい、彼らは上昇して、行ってしまいました」

「それ以来、彼らを見ていないのですか」

「ええ。でも、彼らはマヤ人のアリュクスではないと思います。本当のアリュクスはもっと小さくて、昔のマヤ人のような服装をしています。あの小さい人たちは、マヤ人のような服を着ていませんでした。光を放つユニフォームを着て、輝く光の球のまわりに立っていました。一瞬、彼らは祈っているんだと思いました。それから、彼らの頭は体に比べてとても大きかったです。とても奇妙な姿でした」

「宇宙船はどんな外見をしていましたか」

「円形で、大きくて、金属製のように見えました。それしか言えません。奇妙なにおいがして、私たちの上を飛んでいったとき、霧のようなものを感じました。翌日私は具合が悪くなり、一日中寝ていました。長い間、体調が悪かったです。今は元気になりました。夫と娘たちのために、元気でいなくては。働かなくてはなりませんから」

「発疹は出ましたか」

「呼吸困難と、骨が弱くなっただけです。あの小人たちは異星人だと思います。なぜここへ来たのか、何をしていたのかはわかりません。でも、娘たちには、陰になった場所へは近づいてはいけないと言っています。最近世の中が物騒になってきましたから」


最初に会って以来、私は何度かマリアに会った。彼女はユカタン半島にある私のお気に入りのホテルでウエートレスをしているのだ。私がレストランに入っていくのを見つけると、マリアは私のテーブルに飛んできて、私たちはおしゃべりをする。あれ以来彼女は小人の異星人を見ていないが、森の中で見た小人たちはアリュクスではないと、今でも信じている。

証言㊶ 青いカボチャのような人間が残した真っ黒なニワトリ

1841年、スティーブンズとキャザウッドはユカタン半島への2度目の旅で、ウシュマル周辺の地域を探検し、カバー、サイール、ラブナーを含むいくつかの古代都市の遺跡を発見した。そして、1843年に出版された『Incidents of Travel in Yucatan（ユカタンの旅での出来事）』に、サイールについて挿絵入りで詳細な説明を載せた。この本の中で、彼らはこの都市を「ザイ(Zayi)」と記している。

初めてこの遺跡を訪れたとき、私はウシュマルのマヤランド・ロッジに滞在して、ユカタン半島をめぐる旅の拠点にした。サイールはウシュマルの南に位置する。ある日の午後、この古代遺跡を訪れたとき、私はサイール近郊に住む画家と出会った。彼の作品や、私が購入したパカル王のサルコファガスの精妙な木の彫刻について議論しているうちに、話題がＵＦＯに移った。彼は子供時代に起こったある出来事を話してくれた。

ここでは、ホルへの体験談をお読みいただく。

なぜUFOがニワトリ小屋に現れたのか？

「あのころ、おれたちはいい暮らしをしていたんだ。そこそこの土地があり、ニワトリがいて、ブタがいた。おやじはミツバチを飼って、トウモロコシとコショウを栽培していた。裏庭にはフルーツの木があった。電気は来てなかったし、携帯電話も車も、水道もなかった。でも、おれたちは幸せだった。ラジオやテレビ、飛行機なんてものがあるのさえ知らなかった。ＵＦＯも知らなかった。空を飛んでくるものは何も知らなかったんだ」。ホルヘは話を止め、タバコに火をつけた。ゆっくりとタバコの煙を暑くて湿気の多い空気の中へ吐き出してから、話を続けた。彼はジーンズとＴシャツを身に着け、容赦ない日差しから身を守るためにつばの広い麦わら帽子をかぶっていた。足にはサイザル麻のサンダルを履いている。背は低く、がっちりした体格で、シナモン色の肌をしていた。硬い木材を彫刻してきたため腕の筋肉が盛り上がっている。彼は奥さんに売り場を任せると、私を屋外の日陰に張ったテントの後ろへ案内した。

「初めてＵＦＯに遭遇したのはいくつのときでしたか」。テントの近くにあるベンチに座ると、私は尋ねた。

「８歳か９歳ぐらいだった」

「そのときのことを話していただけますか」

「美しい夕暮だった。満月だったのを覚えているよ。おれたちは従兄弟の家まで歩いていくことにしたんだ。従兄弟たちはここから５００メートルと離れていないところに住んでいた。月が道を照らしていた。従兄弟の家を訪れたあと、おれたちは家に向かって歩きはじめた。そのときにはもう真っ暗だった。雲が出て、月を隠していた」

「誰と一緒だったのですか」と私は尋ねた。

「兄と一緒だった。兄は10歳ぐらいだった。家が見えてくると、おれたちは競うように裏庭へ駆けこんだ。ニワトリ小屋に掛け金をかけて、ブタたちの安全を確認するのがおれの仕事だった。母ブタが子ブタを９匹産んでいたので、夜になると小屋にカギをかけて、ブタたちの安全を確保しておくんだ」

「そのときもお兄さんが一緒だったのですか」

「ああ。兄も手伝ってくれた。ニワトリ小屋に掛け金をかけたちょうどそのとき、ものすごく明るい光が裏庭に降りそそいだ。おれは飛び上がって、ニワトリ小屋の後ろへ隠れた。兄も同じようにした。おれと兄はおびえていた。光はまばゆいほど明るい白から、オレンジ色へ、そして青色に変わった」

「つまり、まばゆい光は色を変えた。そういうことですね」

「そうだ。本当に美しい光だった。見ていると心が温かくなるような」

「光はあなたも照らしていましたか」

「覚えてないんだ。覚えているのは、光が木々の上をゆっくり移動して、そして消えてしまったことだけだ。音はまったくしなかった。ただ温かい気持ちだけが残った」

「光が消えたあと、あなたたちはどうしたのですか」

「おれたちは家の中へ駆けこみ、伏せた。あれが戻ってきて見つかるのが怖かったんだ。そうやって1時間ほどじっとしていたら、日が昇りはじめた。おれたちはこれ以上ないほど混乱した。ほんの少し前まで従兄弟の家にいたのに、なぜ日が昇るんだ？　何が何だかわからなかった」

「UFOの中へ連れこまれた記憶はありませんか」

「ないな。兄は、ニワトリ小屋の近くに、奇妙な男が2人現れたと言ったが、おれは見ていない。兄は、やつらは機械仕掛けのようだったと言っていた」

「機械仕掛けのようとは、どういう意味でしょう？」

「兄は、やつらはおかしな歩き方をしていたと言っていた。あのころ持っていた、ぜんまい仕掛けのブリキのおもちゃみたいな」

「彼らはニワトリ小屋で何をしていたのでしょう」

「さあね。よくわからない」

「彼らはニワトリを盗んだのですか」

「それが大きな謎なんだ。ニワトリが1羽いなくなっていて、代わりに変なニワトリがいたんだ。真っ黒なニワトリだ。おれんちには黒いニワトリなんかいなかった。母さんはうろたえて、これは悪魔のニワトリだと言った。そして、そのニワトリを殺して、みんなで食べたんだ。味は普通のニワトリと同じだった。母さんは、悪魔を殺して食べたら、悪さをされずにすむと言った」

「その2人の男について、詳しく話してくれますか」

「おれはやつらを見ていないんだよ。見たかもしれないが、覚えていないんだ。おれは怖くて、パニックになっていた。数日間、話すことができなかった。それくらいおびえていたんだ。腕に大きなこぶができて、胃が痛んだ。高い熱も出た。母さんはおれのことを心配したが、数日経つと、悪魔がおれに呪いをかけたと考えた。それで、おやじとおやじの友人が宗教的な儀式を行った。そうしてやっとおれはハンモックから出て、歩けるようになった。そしてほどなく、元のおれに戻ったんだ」

「お母さんには、何が起こったか話しましたか」

「いや。従兄弟には話したが、笑われてしまった。従兄弟たちは、おれと兄が夜に幻を見たんだと言った。あまりひどく笑われたものだから、おれたちはそれ以上誰にも話さなかった。おれと兄だけの秘密にしたんだ」

「兄が亡くなったのは異星人のせいだ」

「それ以来、他のUFOは見たことはありますか」

「2度見たよ。1度は14歳のときだ。おれは兄と一緒に働いていた。トウモロコシを収穫していたんだ。暑い夏の日だった。空には雲1つなかった。そのとき、UFOがやって来たんだ。円形で銀色の物体だった。それほど大きくはなかったが、太陽をさえぎるくらいの大きさはあった。そして、近くの原っぱに着陸したんだ。おれたちは見つからないように、岩の陰に隠れた」

「彼らはあなたたちを見つけたのですか」

「それが、UFOが着陸したあとのことは覚えていないんだ。兄は、また2人の男を見たと言っていたけどね」

「お兄さんは、彼らがどれくらいの背丈だったか、あなたに話しましたか」

「1メートルぐらいだと言ってたよ。奇妙な姿だったとも。体じゅう同じ色で、青いカボチャみたいだったそうだ。生まれたての赤ん坊みたいにしわはないが、皮膚は青かったそうだ。青いカボチャを見たことがあるかい?」

「ええ、あります」

「カボチャの色を覚えているかい」

「ええ」

「兄によると、皮膚はまさしくその色をしていたそうだ。この辺りの人間じゃないと言っていた。そんな肌をした人間はこの辺りにはいないからね」

「お兄さんは、今どこに住んでおられるのですか?」

「2年前に亡くなったよ。おれはあのUFOや奇妙なやつらのせいだと思っている。兄はいつも、やつらに連れていかれて、ひどい目にあわされたと思っていた。あの最初の夜以来、兄は体が弱くなってしまったんだ。ずっと具合が悪かった。おふくろは兄を、おやじからかばっていた。兄も画家になったけど、おれより絵はうまかったよ。おれは兄の絵を売っていたんだ。おれたちは兄が亡くなるまで、ずっとパートナーだった」

「男たちはお兄さんにどんなことをしたのですか」

「まるで医者みたいに、頭と腹に針を刺したんだそうだ。だが、兄は、やつらは医者なんかじゃないと言っていた。医者のように振る舞っているだけだと」

「お兄さんはなぜ、彼らは医者ではないと思われたのでしょう」

「そこは病院じゃなかったからだ。何だかひどいにおいのする奇妙な場所だったそうだ。そこにいたら、具合が良くなるどころか、気分が悪くなったそうだ。だから、医者の診療所なんかじゃない。医者だったら、気分が良くなるようにするもんだろう？　あいつらのせいで、兄は具合が悪くなったんだから」

「他に何か話していただくことはありますか」

「35歳ぐらいのとき、別のUFOを見た。そのころになると、UFOについて少し知識があった。おれの息子は学校でUFOについて習っていて、息子はおれに、その物体は宇宙からやって来たと言った。でも、どうだろう。もしやつらの知能が高いのなら、なぜニワトリを盗んで、うちのじゃないニワトリを代わりに置いていったりするんだ？　そんなことをするなんて、バカに決まっている。これはおれの人生における、最大の謎だよ」

うちのニワトリがわが家の裏庭をうろつくアライグマ、キツネ、スカンクなどの夜行性捕食動物から逃れて、つつがなく小屋の中にいることを確認するとき、ホルへのことを思い出す。私はいつも夜空を見上げるが、これまでのところ私のニワトリをよその星のものと取り替えようとする試みは見られない。ただし、うちには黒い牝鶏が2羽いる。農協のセールスマンによると、これはよその星ではなく、オーストラリア原産なのだそうだ。

証言㊷ 異星人が重い病を治してくれた！

どれだけの人がＵＦＯによるヒーリングを体験しているかはまだ確認されていない。著名なアメリカ人民俗学者トマス・Ｅ・ブラードは、ＵＦＯ遭遇体験を民俗学として調査し、２７０件のアブダクションの研究を行い、４パーセント（13件）がＵＦＯによるヒーリングを体験したと結論を出した。その著書『Myth and Mystery of UFOs（ＵＦＯの神話と謎）』において、彼は「意図的な介入」の結果として多くの治癒が起こり、こうした治癒には先進医療の専門知識が必要だと報告している。言い換えれば、人類の医学で治せない病気が、地球外生命体によって簡単に治癒したことになる。

ここには、末期の肺ガンと診断されたサルバドールが登場する。彼は「星から遣わされた天使」によって治癒した。

「UFOに乗った天使が肺ガンを治してくれました」

サルバドールとは、彼の妻でマヤ人女性のカーラを通じて出会った。彼らはウシュマルの近くの村に住んでいた。カーラの父親が私の運転手アルトゥーロの親友だったのだ。私はメリダのホテルのコンシェルジュに勧められてアルトゥーロを雇い、彼はホテルへ私を迎えに来た。車に乗りこむと、彼は私に、妻から預かってきたコーンブレッドを届けたいので、従兄弟の家に寄ってもいいかと尋ねた。カーラの家に着くと、数人の子供が出迎えてくれた。子供たちはアルトゥーロに駆け寄って抱きついた。アルトゥーロはポケットを探ると、子供たち1人ひとりにキャンディや小銭を与えた。

「僕の甥と姪たちです。アルトゥーロおじさんは、いつもおみやげを持ってきてくれるんですよ」と、彼は自分のことをそう言った。カーラが戸口に出てきて、私たちを家の中へ迎え入れた。そして、私を2人の妹に紹介した。同じ刺しゅう入りの白いフィピルを着た3人は、まるで三つ子のようだった。裏庭へ案内されると、小さなテーブルの上に飲み物と軽食が用意されていた。日陰に座り、しぼりたてのオレンジジュースを飲みながら、アルトゥーロは地元のマヤ語方言で女性たちに話しかけた。私がスティーブンズとキャザウッドの足跡をたどっていると彼が説明すると、女性たちはいっせいにうなずいて、心得顔でほほ笑んだ。さらにUFOやスターピープルの話を集めていると説明すると、３人は一瞬沈黙し、その地域に頻繁に出現する正体不明のＵＦＯの目撃話について議論を始めた。マヤ語とスペイン語のちゃんぽんで話しているが、私にも少しは内容が理解できた。

「カーラは何度もＵＦＯを見たことがあると言っています」とアルトゥーロは言った。カーラが話を続ける間彼は口を閉じ、それから通訳した。「赤いライトがついたV字型の宇宙船を見たそうです」。カーラはテーブルにその輪郭を描いた。「村の上空でホバリングしていたと言っています」

「何が起こったか話してくれるよう頼んでちょうだい」

「西の方からやって来て、ライトで下の村を照らしていたと言っています」

「とても怖かったわ。何か危害を加えるつもりじゃないかと思って」。カーラは話を止めて、他の2人を見た。２人は同意を表すようにうなずき、カーラは話を続けた。「それから、宇宙船は向きを変え、私たちの目の前で姿を消しました。その夜遅く、４つの光が家の前に現れたんです。夫は重病でした。医者は、長年の喫煙が原因の肺ガンだと言い、手の施しようがないので家に戻ってきていました。呼吸をするのも困難で、もう1人では歩くことも食事をとることもできなかったんです。息をするのがやっとでした。妹たちと私で夫の世話をしていました。誰か1人がいつもそばについていました」。カーラは話を止めて、アルトゥーロにそこまでの話を通訳させた。

「ご主人は今も生きておられるの？」私はアルトゥーロに尋ねた。

「ええ、とても元気です」

「どうしてそんなことが？」

「カーラは、UFOが天使を連れてきて、夫を治してくれたのだと言っています」

「彼女は天使を見たの？」

「そうではないと思います」とアルトゥーロは答えた。彼らがマヤ語で話している間、私は待った。2人の妹も話に加わっている。「スターマンが夫を治してくれたとカーラは言っています。夫に会いたいなら、1時間ほどしたら帰ってくると言っています。彼は今果樹園で働いていて、昼食を食べに戻ってくるそうです」。カーラは昼食の準備をするために席を立った。妹たちも続いて出ていった。

「アルトゥーロ、あなたはこのUFO事件を知っていたの？」

「はい。カーラが話をしてくれるかどうか確信が持てませんでした。知らない人に話すのを嫌がるんです。でも、あなたはインディオだと言っておきました。カーラはアメリカ合衆国から来たインディオとは初めて会ったそうです。夫の話を聞いてもらいたいと言っています」

「光栄だわ」

「サルバドールが帰ってきたら、僕に彼と話をする時間をいただけますか。彼も話をすることに同意するとは思いますが、まず僕から話を持ちかけたいのです。彼は人前に出るのが好きではありませんし、彼の話は驚くべきものです。僕ならうまく話をつけられると思います」

「お任せするわ」

20分も経たないうちに、サルバドールが裏庭へ入ってきた。アルトゥーロとサルバドールは挨拶をして、短く会話を交わした。アルトゥーロは私の方を向いて、サルバドールに紹介した。「サルバドールは英語とスペイン語を少し話します。若いとき、ウシュマルでガイドをしていたそうです。父親が亡くなったあと、果樹園を引き継ぎ、母親が亡くなるまで世話をしたそうです」

「お会いできてうれしいです、セニョーラ」とサルバドールは言った。見ると、長年農作業をしてきたせいか、少し猫背だ。年齢より老けて見えるが、目は輝いていて、充実した生活を送っていることがうかがえる。彼は裸足で私の前に立っていて、足には畑の泥がこびりついていた。それでも、身のこなしは威厳があると言っていいほど堂々としていた。彼の妻いわく彼は生き返った人であり、長生きしそうな人が持つ自信がみなぎっていた。

「サルバドールに、あなたがスティーブンズとキャザウッドの足跡をたどっていることを話しました。感銘を受けています」とアルトゥーロ。

「僕の3代前の祖父は、スティーブンズとキャザウッドのガイドをしたんです。彼は当時大農園で働いていて、オーナーが2人と一緒にウシュマルへ行くことを許したんです。アメリカへ帰国する前、キャザウッドのマラリアが重くなったときは、看病もしました。1年後に2人がウシュマルに戻ってきたとき、彼に一緒に遺跡へ行ってほしいと依頼したそうです」

「3代前のおじいさまって?」と私は尋ねた。

「ひいひいひいおじいさんとでもいうのでしょうか。おじいさんの3代前のおじいさんのことです」とアルトゥーロ。

「サルバドールに、とても感銘を受けたと言ってちょうだい。歴史に触れたような気持ちになったわ」。アルトゥーロが私の気持ちを伝えると、サルバドールはほほ笑んでうなずいた。

「セニョーラはUFOに関する話も集めているんです」とアルトゥーロは言った。「カーラはセニョーラに、あなたのヒーリングの話をしました。あなたの話をしてくれますか?」サルバドールはうなずき、麦わら帽子を脱いだ。そして、ズボンの後ろポケットから小さなタオルを取り出して、額の汗をぬぐった。

スカイピープルは、イエスが遣わした天使だった?

「僕は死にかけていました」と彼は言い、そのときのことを思い出すように口を閉じていた。「ベッドの脇に2度も神父が呼ばれましたが、僕は持ちこたえて、イエスが奇跡を起こしてくれるのを待っていました。医者はすでにさじを投げていました」。カーラがオレンジジュースの入ったピッチャーを持って、彼のそばに歩み寄った。彼はカーラを見てうなずくと、話を続けた。「UFOがやって来た夜、ハンモックの中から明かりが見えました。家の周囲はすべて赤く染まっていました。何が起こっているのかわかりませんでした。カーラがやって来て、見たことを教えてくれました。僕は神に奇跡を祈りましたが、呼吸は苦しいままでした」。カーラがトルティーヤと豆の入った皿を持ってやって来たので、彼は話を止めた。サルバドールはトルティーヤに豆を載せると、私に皿を回した。私は皿をアルトゥーロに回した。私たちは黙ってトルティーヤを食べ、オレンジジュースを飲んだ。サルバドールはもう1つトルティーヤを食べてから話しはじめた。「その夜遅くのことです。僕は眠っていました。明るい光が差して、目が覚めました。部屋は太陽が昇ったように明るくなっていましたが、まだ朝が来ていません。見ると、5つの光の球がハンモックのまわりを飛びまわっていました。そして、ゆっくり上昇すると、私の体の上に降りてきました。1つは頭の真ん中に止まり、そのままじっとしていました」。そう言って、彼は自分の額を指さした。「温かく、いい気持ちでした。他の4つは胸の上に止まりました。やはりその部分が温かくなってきました。すると、突然呼吸が楽になったのです。僕が起き上がると、光の球はドアの外に出ていきました。僕は後を追いました。光の球が裏庭へ出たそのとき、僕は見たんです。光の球から5人の男が姿を現したのを。彼らはその場に立ったまま、僕を見ました。上方の木々から光線が出ているのが見えました。彼らは光の中へ姿を消し、V字型の宇宙船は上昇していきました。赤いライトが宇宙船の輪郭を描いていました。宇宙船は空へと上昇し、見えなくなりました」

「そのとき、カーラはどこにいたのですか」

「眠っていました。彼女は何も見ていません」

「あなたはその出来事を、いつカーラに話したのですか」

「僕はカーラを起こしました。病気が治ったのがわかったのです。彼女は驚き、不安がりました。

僕に座っているように言いました。でも、僕はとても興奮していました。何年ぶりかで、呼吸が楽にできるようになっていたのですから」

「それはいつのことですか」と私は尋ねた。

「4年前です。医者たちは、もうガンの兆候はないと言いました。医者には理解できなかったようで、奇跡が起こったと言いました。でも僕は、あれはイエスが僕の病気を治すために、天使を遣わしてくれたんだと信じています。さもなければ、僕は死んでいたでしょう。フェリペ神父は奇跡だと言われました」。サルバドールは地元のカトリック神父の名前を出して言った。

「スターマンはどこから来たと思いますか」

「彼らは天国で、イエスとともに暮らしているのだと思います。そして、イエスを信じ、深く信仰していれば、祈りに応えてくれるのです」

私はしばしばサルバドールと祈りの力について考える。彼は毎日、必ずイエスが治してくれると信じて心からの祈りを捧げていた。そしてついに、まさにその祈りに応えるように、「スターエンジェル」による介入が起こったのだ。私は彼の最後の言葉が忘れられない。「僕は毎日祈ります。祈りは力です」

証言㊸ UFOは観光客が苦手⁉

50年前は、誰もカンクンという街を知らなかった。1969年に大型建設プロジェクトが開始され、1974年には観光客を引き寄せるために、国際空港と3つの豪華ホテルが完成した。今日カンクンは、北アメリカで最も人気のある観光地の1つとなっている。

ここでは、1人の老人が登場し、観光産業が盛んになるにつれて、「本物の」スカイピープルがユカタン半島を訪れなくなった事情を語ってくれる。

スカイマンとマヤの長老たちは定期的に会合を行っていた

私は古代都市ウシュマルの通りを隔てた向かいにある、ロッジ・アット・ウシュマル・ホテルに滞在していた。すると運転手のアルトゥーロが、近隣の村にUFO遭遇体験を持つ老人がいるので、もし関心があるなら、その老人のところへ連れていくと言った。アルトゥーロはその老人と同じ村で生まれ、子供のころから彼を知っているので、正直で嘘をつかない人だと保証できると言う。その家に到着すると、彼の奥さん、子供、孫が出迎えてくれた。私が子供たちにぬり絵の本、クレヨン、ハックルベリーのジェリービーンズを渡すと、彼らは家の中へ姿を消した。

話をしてくれる老人は、名をチョックと言い、家の奥から出てきて迎えてくれた。

私はたちまち彼のほほ笑みに魅了されてしまった。彼が握手の手を差し伸べると、私はその手の温かく優しい感触に、心が安らぐのを感じた。彼は私たちに自分の果樹園のオレンジジュースを勧め、その間に木のスツールを並べてくれた。「わしが子供のころ、彼らはしょっちゅうやって来ていた。ところが、70年代の中ごろになると、ふっつり来なくなってしまったんだ」

「なぜこの辺に来なくなったのか、思い当たる原因はありますか」

「昔の人は、観光客が来るのが気に入らないからだと言っている。1960年代まで、ユカタン半島はマヤ人の故郷だった。メキシコ人はわれわれを放っておいてくれた。政府も放っておいてくれた。よその星からやって来る人々は、ユカタン半島を第二の故郷だと思っていた。だが、観光客が来るようになると、ユカタン半島の純粋さが失われてしまった。スカイピープルは観光客が好きではないんだ」。私には彼の言う変化が理解できた。カンクンの開発によって、ユカタン半島全体が劇的な変化を遂げたのだ。

「スカイピープルが訪れていた時代を覚えておられますか」

「ああ」

「その時代のことを話していただけますか」

「ある1日のことはよく覚えている。その日は祝祭日だった。この村や近くの村々の老人たちが全員集まっていた。わしらは七面鳥にコショウ、豆、トルティーヤのご馳走を大いに楽しんだ。食べ物がふんだんに並んでいた。そのとき突然、村の上空に宇宙船が現れたんだ」

「それはどんな外見をしていましたか」と私は尋ねた。

「円形で大きく、村全体をすっぽり覆った。太陽がさんさんと照っていたのに、村は暗くなってしまった。宇宙船が太陽をさえぎったんだ。宇宙船の底からライトの青い火花が出ていた。まだ子供だったわしにとって、それはたまげるような景色だった。それまでライトなど見たことがなかったんだ。宇宙船はその状態のままとても長い間じっとしていて、そこにいた人はみな、この空からやって来た物体を見上げていた」

「怖いという気持ちはありましたか」

「いや。わしらはスカイピープルのことは知っていたから、彼らを恐れたりしなかった。宇宙船はずいぶん長い間上空に留まっていたように思えたが、おそらくほんの数分のことだったんだろう。それから3人のスカイマンが現れた。彼らはまっすぐ長老たちのところへ歩いていって、彼らをエスコートして宇宙船に乗せた。1時間ほど経つと、長老たちは宇宙船から出てきた」

「スカイマンの外見について、説明していただけますか」

「人間とよく似た姿をしていたが、背はもっと高かった。人間は彼らのミニチュア版にみたいなものだ」

「長老たちは、彼らとの会合について何かおっしゃっていましたか」

「彼らは地球の将来について話したと言われた。どのように人口が増加するか、そして、人間の欲が破壊を招くということだ」

「その破壊はどのようにして起こるか、説明されましたか」

「病気、食料の欠乏、戦争が地球を破壊すると言われた」。彼は立ち上がり、私についてくるよう身ぶりで示した。一緒に歩いていくと、地所の裏庭のそばのセメントを塗った囲い地に出た。囲いのあるおりの中で3匹のブタが眠っている。ブタはチョックが近づくと、かまってもらいたそうに後ろ脚で立ち上がった。彼は1匹ずつ頭をなでると、ブタはうれしげにキーキー鳴いた。「可愛いもんだ」と彼は言った。「この子たちは子ブタを産んでくれる。わしは子ブタを売って生計を立てているんだ。そうやって金を稼いで、必要なものを買っている。こうして自活できているのも、この子たちのおかげだ」。そう言って、トウモロコシの穂軸が入った袋をおりの中へ投げた。

「2、3年前、1機の宇宙船がやって来て、わしの家の上空に留まっていた。昔のスカイピープルとは違う奇妙な宇宙人が1人庭に現れ、ブタを1匹盗もうとした。そのブタは賞をとった母ブタだった。わしはブタを取られまいとして争った。そいつはブタを放すと、宇宙船の下へ走っていき、宇宙船に吸い上げられるように中へ入っていった。そして、宇宙船はあっという間に立ち去り、それ以後二度と見ることはなかった」

「奇妙な宇宙人と言われましたね。昔村の長老が会ったスカイマンとは違っていたのですか」

「ああ、違っていた。やつらには敵意が感じられた。背が低く、奇妙なスーツを着ていた。体にぴったり張りついていて、明るい色でつやがあった。この暑さの中で、よくあんなスーツを着ていられるもんだと思った。わしにはとても耐えられん」

「あなたは『やつら』と言われましたね。異星人は1人ではなかったのですか」

「ああ。ブタを盗もうとしたのは1人だったが、もう1人、立って見ていたのがいた。わしらが争っていると、そいつは前へ進み出て、もうあきらめてブタを放せと手で合図した。2人は双子のようにそっくりだった。背の高さも、体の大きさも、見た目もまったく同じだった」

「どんな顔をしていましたか」

「のっぺらぼうのようだった。口も耳もなかった。頭はすっぽり覆われていて、目は奇妙な円形のゴーグルで覆われていた。息子は、あれはたぶん眼鏡で、あれを掛けると目が見えるようになるんだろうと言っていた」

「あなたのご家族の中で、他に誰か、ブタを盗もうとしていたのを目撃した人はいますか」と私は尋ねた。

「かみさんが見ていたよ。わしが殺されるんじゃないかと、気が気じゃなかったらしい。ブタを盗まれまいと争っていたとき、かみさんがわしの名を呼んでいたのを覚えている。やつらが去ったあと、わしらはなかなか寝つけなかった。翌朝、わしの手と顔の右側に、赤い吹き出物とあざができていた」

「医者に診せましたか」

「いや。かみさんが作った軟膏を塗った。1週間ほどで消えたよ。異星人のせいで、わしは具合が悪くなってしまった。やつらはじいさんの時代のスカイピープルじゃない。スカイピープルは人間とよく似た姿をしていると、じいさんは言っていた」

「あなたは先ほど、空から宇宙船がやって来て、長老たちはその中へ入ってスカイマンと話をしたと言われましたね。長老は宇宙を旅することができると聞いたことがあるのですが、それについてはどう思われますか」と私。

「どのピラミッドにも、宇宙への扉となる場所がある。長老はその扉を通って宇宙へ行くことができるんだ。この村の長老たちは、スカイピープルに会いに宇宙へ行った。だから、長老は宇宙のことをよく知っていたんだ」

「長老は今も宇宙へ行っているのですか」

チョックは話を止め、オレンジジュースのグラスを干した。「観光客が来るようになって、スカイピープルはここにやって来なくなった。扉は閉じられてしまった。いつかまた扉は開くと信じているが、観光客がいなくなるまでは無理だろうな」

「観光客がいなくなる日が来ると思われますか」

「ああ、来るとも。もうすぐ来る。世界がひどく危険になって、旅行ができなくなる日がな。そうすれば人々はずっと家にいるようになる。カンクンはふたたびジャングルに覆われる」

「どうして旅行もできないほど危険になるのでしょう」

「まず、大災害が起こる。人々は恐ろしくて家を離れられなくなる。作物を育てる人がいなくなるので、食料が欠乏する。そして、戦争が起こる」

「そんな状況になったとき、マヤ人はどうなるのですか」

「われわれは生き残る。いつだって生き残ってきたんだ。ジャングルの中へ姿を消して、地球が生まれ変わり、5番目の世界が始まるのを待つんだ。賢者たちがそう予言している。きっとそうなるだろう。あんたたちも用心しなさい」


私はしばしばチョックのことを考える。星からの訪問者がユカタン半島へ来なくなったことについて彼が言ったことも。たぶん、それは正しいのだろう。どこへ行っても観光客でいっぱいで、日によっては遺跡めぐりを楽しむこともできない。経済的には良いことで、そのおかげで多くの地元民が貧困から抜け出せた。だが、ユカタン半島を訪れるたび、その代償を認識せずにはおれない。スカイピープルがユカタン半島を見捨てたのも無理はないと思ってしまう。

証言㊹ UFOは超能力も与えてくれる⁉

キウイックに考古学者が訪れるようになったのは、少なくともスティーブンズとキャザウッドが『Incidents of Travel in Yucatan（ユカタンの旅での出来事）』でこの地のことを報告した1841年以降のことだ。私が2009年に訪れたときも、修復はほとんど行われていなかったにもかかわらず、スティーブンズが本に記録した遺跡のいくつかはまだ残っていた。キウイック遺跡を訪れるのは決して簡単ではなかった。この遺跡はユカタン半島のプウク地方のボロンチェン地区に位置し、「ヘレン・モイヤーズ・バイオカルチャル・リザーブ」という個人所有の研究施設として、非営利組織カシール・キウイックによって運営されている。4000エーカー（1600ヘクタール）の乾燥熱帯林から成り、その中には古代マヤの中心地キウイックと、歴史的共同体サン・セバスチャンの遺跡が存在する。

ここを訪れたとき、私と私の同伴者は、キウイックが個人所有の野生動物保護区だとは知らなかった。遺跡への入り口を探すうち、カギのかかっていない門を見つけ、そこから中へ入った。私たちは2時間ほど遺跡で過ごしたが、そこで働いている人も、他の旅行者も見かけなかった。やがて

「立入禁止」の標識を見つけたとき、私の運転手は、もし見つかったらメキシコの刑務所行きだと思い、私たちはそそくさと遺跡から出た。門を出たところで、自転車に乗った若者のグループに出会った。私たちは車を止め、会話を交わした。ここでは、そのときの会話の様子をお伝えする。

メキシコ中から人々が誘拐され、ＵＦＯに乗せられていた

「僕たちはクロスカントリー・レースの練習をしているんです」と先頭に立つ若者が言った。彼と4人のサイクリストは、私たちが出てきた門の外で休憩していたのだ。

「この遺跡は開いているんですか」とサイクリストの1人が尋ねた。

「門にカギはかかっていなかったんだ。それで車で中へ入ったんだよ」と運転手が説明した。

「考古学者はたぶんメリダにいますよ」と別のライダーが言った。「週末はメリダへ行くんです」

「あなたたちは自転車ツアーに参加しているの？」と私は尋ねた。

「僕たちは、いつか国際的な自転車レースでメキシコ代表になることを目標にがんばっているチームです」とロドリーゴが言い、友人たちを指さした。「彼はパブロ。一番背が低い。一番背が高いのがデイビッド、ジョナスンは女の子にモテモテ、一番年下がエミリアーノ。そして僕はロドリーゴ。この中で最高の選手です」。彼はほほ笑み、他のメンバーは笑った。

「どれくらいトレーニングをしているの？」

「半年になります。夜と週末と、仕事や学校が終わったあとに練習しています。1番になりたいんです。メキシコ代表に」とロドリーゴ。

「メキシコ万歳！」と彼らは声を合わせて叫んだ。

「僕たちはハリケーンにも、大風にも、豪雨にも負けず、スピードバンプ、疾走する車、麻薬の密売業者、軍の検問所、銃撃戦、労働組合の行進、抗議デモ、それからUFOにも負けずにがんばってきました」とロドリーゴが続けて言った。

「私、UFOの話に興味があるの。あなたたち、何か体験談を持っているの？」と私は尋ねた。ガイドが私の目的について説明すると、どうやらリーダーらしいロドリーゴが、4人の仲間を見た。それから、高い木の陰へ入ろうと身ぶりで示し、私たち8人（サイクリスト5名と私、運転手、ガイド）は木陰に腰を下ろした。運転手は8人分の氷水をバンから降ろし、みんなに配ってから輪に加わった。まず、パブロという名の若者が話を始めた。

「あれはある闇夜のことでした。風が強くて、自転車で走るのは大変でした。僕たちが村へ向かって走っていたとき、遠くに稲妻のような光が見えたんです」

「僕たちは同じ村の出身で、家から3キロほどのところにいました」とロドリーゴが口をはさんだ。

「雨もハイウェイに叩きつけるように激しく降っていました。そのとき、前方に明るい光が見えたんです。僕たちは故障車だと思いました」

「でも、近づくにつれて、光はますます明るさを増し、まばゆいばかりになりました」とパブロ。

「そのときになって、僕たちは何か変だと思いました」

「僕は仲間たちに、僕が調べてくるから、後ろに下がっているようにと言いました」とロドリーゴ。

「でも、ロドリーゴが戻ってこないんです」とパブロ。「僕たちは心配になって、彼の後を追うことにしました」

「あなたたちはどれくらい待っていたの?」

「30分ぐらいかな?」パブロが他のメンバーを見ると、彼らはうなずいた。「ロドリーゴを探しに行くことにしたんですが、それがUFOだとは思いませんでした。光を発しているものに近づいていくと、宇宙船のような輪郭が見えました。近づいていくと、光は弱まって、赤に変わりました。僕は他のメンバーに、後ろに下がって、光から離れていろと言いました。僕たちはロドリーゴの名を呼びましたが、返事はありませんでした」。パブロは足元から小さな石を拾い、原っぱに投げた。「正直に言うと、僕は怖かったんです。みんなに大声を上げるなと言いました。もし異星人がロドリーゴを捕まえたのなら、僕たちを追いかけてくるかもしれないと思って。何か生き物の気配はいないかと辺りを見まわしましたが、何もいませんでした。誰か通りかからないかと見まわしましたが、道路には誰もいません。僕たちだけでした」。パブロは話を止め、水のボトルからぐっと水を飲んで、立ち上がった。

「あなたは宇宙船の近くまで行ったの」と私は尋ねた。

「僕たちは道路から外れて、道路脇の緑地帯へ身を隠すことにしました」とパブロ。「10分ほど経ったとき、宇宙船が地面から1メートルほど浮き上がったんです。宇宙船の下からは光が出ていました。すると突然宇宙船の底のドアが開き、階段が降りてきました。そのとき、彼らを見たんです。全部で11人いました」

「異星人が11人いたの？」

「いいえ、人間が11人出てきたんです」とパブロ。「全員が宇宙船から出てきました。ロドリーゴは2番目に出てきました。僕は彼に駆け寄り、光の外へ引っぱり出しました。でも、残りの人たちはどこへも行かず、じっとそこに立っているんです。UFOは突然上昇して、数秒のうちに姿が見えなくなりました。周囲は真っ暗闇でした。僕たちは懐中電灯を1つ持っていたので、他の人たちの方を照らしてみました。彼らは明らかに混乱しているようで、円を描くようにうろうろしていました。ロドリーゴは意味不明の言葉をつぶやいていました」

「そのとき、あなたたちはどうしましたか」と私は尋ねた。

「村から誰か来てくれるまで、そこに留まることにしました。ジョナスンがたきぎを集めてきて、たき火をしました。こうしておけば、誰か通りかかったら、僕たちを見つけて止まってくれるだろうと思ったんです。僕たちは全員を道端へ集め、座らせました」とパブロが言った。

「それで、誰か来てくれたのですか」と私は尋ねた。

「僕の父親が探しに来ました。父はピックアップトラックの荷台に全員を乗せて、村へ運んでくれました。僕たちは村の人たちに、この出来事を話しました。何人かの女性はお祈りを始めました。

父は村人に言って、使っていないハンモックを持ってこさせ、木々の間に吊るしてみんなを寝かせました。翌朝目を覚ますと、彼らは自分がどこにいるのか、自分の身に何が起こったのか覚えていませんでした。ロドリーゴは元気でした」とパブロ。

「一緒にいた人たちは、知らない人ばかりでした」とロドリーゴ。「メキシコシティから来たのが1人、メリダからが3人、ヴァリャドリドが1人、ヴェラクルスが2人、あとは覚えていません。でも、メキシコじゅうから来ていました」

「どうやってUFOに乗せられたか、誰か覚えている人はいなかったの?」

「いいえ。誰も何1つ覚えていませんでした。僕も覚えてなかったです」とロドリーゴ。「異星人が僕に何をしたのかもわかりません。でも、その後、僕はメキシコで一番速いサイクリストになったんです。たぶん、彼らが何かしたせいで、速く走れるようになったのでしょう」

「あるいは、あなたの努力が実を結んだのかもしれないわね」

「そうですね。僕の努力のたまものかも」とロドリーゴ。

「他の人たちはどうなったの?」と私は尋ねた。

「僕が知っている限りでは、みんな家に帰りました。父がバス停まで送っていったんです。それ以来一度も会ってません」とパブロ。

「あなたはどうなの、ロドリーゴ。あなたの身に何が起こったと思いますか」

「わかりません、セニョーラ。僕はUFOを見たことさえ覚えていないんです」

私はしばしば、キウイック遺跡を訪れた日に出会ったサイクリストたちのことを考える。ハイウェイでサイクリストのグループを追い越すたび、彼らのことを思い出す。ロドリーゴはＵＦＯから超能力を与えられ、それで自転車選手としての力が増したと信じていた。そんなことが起こるとは信じがたいが、実際にはもっと不思議なことも起きているのだろう。

証言 ㊺ なぜスカイゴッドは涙を流したのか？

スティーブンズとキャザウッドは、１８４３年にイツマルを訪れている。『Incidents of Travel in Yucatan（ユカタンの旅での出来事）』に書かれているように、この街では家々の間に盛り土が存在する。盛り土の下には神殿やその他のマヤ都市の遺構が埋もれているのだ。スペイン人によるユカタン半島の征服の後、既存のマヤ都市の上に植民地都市が建設された。しかしながら、村の中心に立っていた２つの巨大な神殿を埋めるのは、きわめて困難な作業になると判断された。それで、スペイン人はアクロポリスの上に大きなフランシスコ修道会の教会を建設した。１５６１年に完成したその男子修道院のアトリウムは、バチカンにあるアトリウムに次ぐ世界で２番目に大きなものだ。

１５６２年７月12日、司教のディエゴ・デ・ランダは、近郊のマニ村で５０００の偶像と27の写本を燃やした。破壊から免れたのは、３冊のマヤの古写本だけだった。ほとんどの記録が失われたために、なぜマヤ人がイツマル遺跡をこれほど重要視したか、わからなくなってしまった。後にランダはマヤ先住民に対する罪でスペインに追放され、ユカタン半島で目撃したことを文書に記録するよう命じられた。ランダは１５６６年に『ユカタン事物記』を完成させたが、マヤの古代の歴史は二度と復元されることはなかった。

ここでは、スカイゴッドは７００年にわたってイツマルへやって来ていると主張する、ある一家が登場する。

「マヤ人はこの歴史をずっと秘密にしてきました」

私は運転手のはからいで、ガルシア一家を訪問することになった。運転手によると、ガルシア家は典型的なマヤの中流家庭で、地元のマヤ語方言とスペイン語、それに英語を少々話すという。父親は今も古代マヤの儀式を執り行い、この共同体で高く尊敬されている。私はこの一家から昼食に招待され、午後を共に過ごせることにわくわくしていた。家に向かう途中、私は車を止めて、ファンタの炭酸飲料、コカ・コーラ、ミネラルウオーター、缶入りのミルク、ココア、そして母親用にさまざまな料理用スパイスを買った。

ガルシア一家はイツマル郊外に住んでいた。子供が6人、父親、母親、それに孫が1人いる。畑ではトウモロコシを栽培している。錆びた古いコーヒー缶でコショウを、裏庭ではライム、マンゴー、バナナ、コリアンダー、ミント、それにマヤの一般的な香辛料であるチャヤを育てていた。裏のフェンス沿いの土地には、2つのミツバチの巣箱と4匹のブタがいるブタ小屋が並んでいた。たくさんのニワトリが庭を自由に歩きまわっている。地所には5つの建物が立っていた。1つは伝統的なコンロ（3つの石と金属製の浅いなべ）のある調理場、1つは種や乾燥食品の貯蔵庫だ。裁縫をしたり、テレビを見たり、くつろいだりするための建物もあって、そこには白黒テレビ、足踏みミシンが置いてあった。あと2つは寝室で、9人家族が5つのハンモックを使っていた。床は土のままだ。プラスチックの収納箱2つに、家族全員の衣服と私物が入れてあった。1つの建物の後ろに祈禱用の祭壇があり、祭壇の下には9つの木製の椀がしまってあって、伝統的な祈りの儀式の際に使われた。

ガルシア家に到着すると、子供たちが裏庭へ案内してくれ、裏庭を見せてくれた。子供たちと学校のこと、夢や好きなテレビ番組について話をした。1番年上は15歳の女の子で、私を料理場へ連れていって、トウモロコシのトルティーヤの作り方を教えてくれた。母親のマリアはトルティーヤの具を作るのに大わらわだ。

昼食のあと、父親のエルベルトが裏庭へ案内してくれた。手造りのベンチに座ると、エルベルトは頭上に手を伸ばしてマンゴーの木から実をもぎ取り、私に勧めてくれた。「昔私の祖父は、スカイゴッドは良き時代にここに住んでいた知恵ある人々と会うために、イツマルに戻ってくるのだと言っていました。マンゴーはスカイゴッドの好物なのです」

「知恵ある人々とは、誰のことですか」

「知恵ある人々とは、メッセンジャー、つまり地球とスカイゴッドの仲介をする人のことです」とエルベルトは言った。

「それから、『良き時代』について教えていただけますか」

「スペイン人が来る前の、古き良き時代のことです」

「スカイゴッドは今もイツマルにやって来ているのですか」

「来ています。しかし、足を止めて人々と交流したりはしません。今は、どちらかと言えば観察しているという感じです。彼らはマヤ族の知識の記録と崇拝の対象を破壊した責任者、ランダ司教の行いと、スペイン人の無知にひどく心を痛めて、地球を人間の好きなようにさせることに決めたのです。祖父によると、ランダ司教の迫害を生き延びた賢者たちは、ただ泣き暮れたと言います。その苦悩のうめき声をスカイゴッドが聞きつけ、地球に戻ってきました。そして、人々を慰めに来てくれたのですが、失われたものはあまりに大きく、スカイゴッドも一緒に涙を流したそうです」。

彼はそこで話を止め、私のガイドにマヤ語で何か言った。

「彼はあなたに、マニの教会へ行ってほしいそうです。そうすれば、何が起こったか理解できるだろうと言っています」とガイドが通訳した。

「マニとは、ランダが宗教的シンボルやマヤの写本を破壊した街ではありませんか」

「そうです」とエルベルト。「実は、一般に知られていないことですが、マニの教会の下にはトンネルがあるのです。そのトンネルはマニの街とイツマルをつないでいると、昔祖父は言っていました。スペイン人が来たあと、数百年の間誰もそのトンネルへ入っていこうとはしませんでした。マヤ人はそこに何があるか知っていたのです。そこへ行った探検家たちは、トンネルの中に1万体以上のがい骨を発見しました。あまりに多くて、道をふさぐほどでした。ランダはマヤの写本を破壊しただけでなく、聖者やマヤのやり方の信奉者全員の殺人、というよりは大虐殺を指揮したのです。祖父によると、キリスト教徒に改宗しなかった人はみな殺されたそうです。いったんキリスト教徒になったら、今度は教会の奴隷にされたのです。彼らはマヤ人を奴隷として強制労働させ、教会を建てたのです」

「そんなことがあったなんて、初めて聞きました」

「これからも聞くことはないでしょう。これは秘密にされてきた、われわれの歴史の一部です。真の人間は知っています。私たちは子供にこのことを伝えてきました。彼らがまたその子供に伝えていきます。人々の記憶に残そうと思えば、これしか方法はありません。マヤ人は決して忘れません。私たちは秘密を守るのは得意なのです」

私は夕方遅く、ガルシア家を辞去した。イツマルは今もユカタン半島におけるカトリック聖者の巡礼の地でありつづけている。奇跡を起こすと言われる聖者の像もいくつかある。だが、イツマルにはカトリックを信仰しない住人もいる。彼らは先住民族のやり方を貫く反体制派の旗手となってきた。エルベルト・ガルシアは先住民の知識の保護の最前線にいる。彼は尊敬に値する人物で、私は彼を決して忘れることはないだろう。

証言㊻ エル・レイ遺跡には小人が生息していた！

1841年、スティーブンズとキャザウッドはネスーで1泊したが、遺跡を見たとは報告されていない。翌日はいくつかの神殿を見たと書いているが、猛烈な暑さと砂バエのせいもあって、調査するだけの価値はないと判断したようだ。1877年、オーガスタス・ル・プロンジョンとその妻は、彼らがニズクテ（ネスー）と呼び、今日ではエル・レイとして知られている街の遺跡について書いている。ル・プロンジョンは、海辺に並んで立っている小さな神殿は、小人の種族が建てたものだと信じていた。

ここでは、マルコが登場する。彼は、ル・プロンジョンと同様、かつてエル・レイには小人が住んでいて、ひょっとすると今もこの街を占拠しているかもしれないと考えている。

小人と共存するということ

「小さなものを見れば、きっとあなたも信じるよ」とマルコが言った。私たちは、海辺の木の陰に座って、足元に打ち寄せるターコイズブルーの海をうっとりと眺めていた。私はカンクンの観光地で乗ったタクシー運転手を通して、彼と出会った。そのタクシーに乗りこんだとき、私は運転手に、カンクンでエル・レイ遺跡の小人のアリュクスについて知っている人はいないかと尋ねた。運転手は何も言わずに、私をマルコのところへ連れていった。彼を初めて見たとき、この人は自然と一体になって生きている人だと思った。彼は裸足で浜辺を歩いていた。ぼろぼろの靴ひもで結わえた古いナイキのシューズを肩に掛けている。ジーンズの裾はすり切れ、こすれたところは白く退色していた。着古したTシャツの袖はちぎり取られ、首には古代マヤのメダルの複製をひもでぶら下げている。木の下には、木の枝とオレンジ色の防水シートを使って簡易テントが張ってあった。私の見る限り、マルコはこの海岸を住みかとしているらしかった。この隠れ家からほんの100メートルほど先にある観光地には、豪華なホテルやマンションばかりが建ち並んでいるというのに。

「いつごろからカンクンに住んでいるのですか」と私は尋ねた。

「生まれたときからずっと」

「アリュクスのことを初めて耳にしたのはいつでしたか」。私は小人の話題に話を向けた。

「まだ幼いときだ。たぶん、4つか5つぐらいだったと思う。祖父から聞いたんだ。アリュクスを知ることは、古代マヤの魔法を知ること

エル・レイ遺跡

だと言っていた。エル・レイに行けば、アリュクスに会えるかもしれないよ。でも、十分に用心しなければいけない。それでも、直感に従っていけば、きっとうまくいくよ」

「どういうことか、説明してください」

「大人の目には、アリュクスが小人の姿で見えることはほとんどないんだ。アリュクスはいろんな姿に変身できるからね。生命のないものに変身していることも多い。おれは彼らがヘビ、サル、アライグマ、オウム、コウモリ、トカゲ、カメ、ブタになりすましているのを見たことがある。だけど、ほとんどの場合は、イグアナに姿を変えているんだ。だから、直感が大事になる。そうでなければ、すぐそばを通っていても、アリュクスを見たとは思わないだろう。ほとんどの人には、こうした現象を見る目がないんだ」

「もし人間の姿でアリュクスを見たとしたら、どんな姿をしているのでしょう」

「アリュクスは古代のスピリットなんだ。地球が誕生したときから、地球に住んでいる。祖父によると、彼らは地球の最初の住人なんだそうだ。マヤ人はここにやって来て、小人と仲良しになったんだ」

「アリュクスは怒りんぼなのかしら、それとも、ふざけたがりなのかしら」

「どっちとも言えるね」とマルコは答えた。「体も子供みたいに小さいけど、性質も子供みたいなんだ。いつもご機嫌で、ふざけるのが大好きだ。人間にいたずらをするのも好きだけど、ほとんどの場合は、罪のないいたずらだ。だけど、彼らを怒らせたら、やっぱり子供みたいに反応するんだ。

かんしゃくを起こして、復讐しようとするかもしれない」。マルコは立ち上がり、すり切れたジーンズから砂を払い落して、タバコに火をつけた。

「どうすればアリュクスを怒らせずにすむかしら」

「彼らを機嫌よくさせておくのが一番だ。彼らには神秘的なパワーがある。そのパワーは良い方にも悪い方にも使うことができる。おれはいつも甥や姪に、彼らの気に入られるようにしておけと言っているんだ。彼らのために食べ物や飲み物を残しておけとね。彼らはコカ・コーラやアルコール類が大好きだ。だから、ジャングルへ入るときは、このことを心に留めておくといい」

「私がアリュクスに会えるチャンスを増やす方法はあるかしら」

「祖父は、静かにおとなしくして、熱帯雨林の景色やにおいを楽しんでいたら、アリュクスがその姿を見て、姿を現すと言ってたよ。彼らは本当は人と交流するのが好きなんだけど、それはかならずしも人間同士が交流するやり方と同じではないんだ」

「どういうことか、説明してもらえますか」

「アリュクスの存在を、五感で感じる場合もある。カサカサという音を聞いたり、一瞬影が通り過ぎるのを見たりするかもしれない。アリュクスを人間の姿で見ることはたぶんないだろう。その反面、あなたを心のきれいな人だと感じたら、姿を現すかもしれない」。彼はそこでまた話を止め、消えていたタバコにもう一度火をつけた。「心に留めておいてほしいのは、彼らは一般的な現象、例えば音、感じ、におい、景色として姿を現すかもしれないということだ。ただ心を開いていればいい。そうすれば、彼らはやって来るだろう」

「アリュクスはエル・レイに小さな神殿を立てたと聞いたのですが」と私は言った。「そのことについて、話していただけますか」

「おれは、かつてマヤ人とアリュクスは、仲良く共存していたと思っている。でも、ある時点で状況が変化して、彼らはジャングルへ入ったか、古代都市に閉じこもってしまったんじゃないかな」

「彼らはかつてエル・レイに住んでいたということ？」

「今もエル・レイに住んでいると言う人もいるよ」とマルコは言った。

「あなたもその1人なの？」

マルコは口を閉じ、海の方を眺めた。日差しを避けるように手で目を覆いながら、通り過ぎていくボートをじっと見ていた。「セニョーラ、もし彼らは今もエル・レイに住んでいると言ったら、何が起こると思う？　考えてみてくれ」。そこでまた話を止めた。「観光客がやって来て、石を1つひとつ拾い上げ、アリュクスがいないか確かめるだろう。アリュクスはかつてこの偉大な都市に住んでいたが、大部分は熱帯雨林の中へ退却してしまった。ちょうどラカンドン族のようにね。おれに言えるのはここまでだ。だが、心に留めておいてほしいのは、『大部分は』を強調したことだ。彼らが生き延びるにはそれしか方法がなかった」

「彼らについて、他に言っておくことはありませんか」

「言っておきたいのは、耳をすまし、感じ、味わい、周囲のあらゆるものに注意を向けてほしいということだ。そうしていれば、いつかはアリュクスはあなたの前に姿を現すだろう」

マルコに食事代として200ペソ渡したあと、私は待っていたタクシー運転手に、エル・レイ遺跡へ行ってくれるよう頼んだ。シェラトン・カンクン・リゾートホテルの陰に隠れるように、古代都市はあった。遺跡のもともとの名前は不明で、スペイン語で「王様」という意味のエル・レイと呼ばれている。この遺跡で見つかった彫刻の、精巧な装飾の付いた頭飾りを着けた人物に敬意を表して名づけられたのだ。王の頭の彫刻は、現在カンクン・マヤ博物館で展示されている。

タクシー運転手や売店のチケット販売員と一緒にエル・レイ遺跡を歩いていると、何十匹ものイグアナが日向ぼっこをしているのが見えた。たぶんイグアナたちはアリュクスで、私に挨拶しに来てくれたのだろう。私は遺跡を去る前に、1つの建造物の陰にそっとコーラを1缶置いておいた。

エピローグ

１８３９年にスティーブンズとキャザウッドが中央アメリカとメキシコへの探検の旅に出発したとき、高度な文明がジャングルに埋もれた偉大な都市を建設したという考えは、学会では極論とみなされていた。その遠征計画は多くの同僚から狂気の沙汰と言われ、出発の日には彼らはその企てに自信を失くしていた。

しかしながら、彼らの提案は一般大衆の心をとらえ、２人が探検の成果を携えてニューヨークに戻ると、その著書『中米・チアパス・ユカタンの旅』は一夜にして大評判になった。２度目の旅を記録した続編の『Incidents of Travel in Yucatan（ユカタンの旅での出来事）』も同様に好評を博した。

私が旅を始めたとき、友人の多くは、夢を追おうとする私の決意を鈍らせた。数年の間に麻薬密売は急増し、軍と反政府勢力との武力衝突も増えていた。女性が１人でこのような冒険に出かけるということ自体、多くの同僚や友人たちにとっては愚行以外の何ものでもなかった。幸い、私は慎重に旅の準備を進め、経験のある運転手、ガイド、通訳を雇うことができた。実際に、運転手やガイドの好意的な協力が、私の冒険の主要な戦力になった。

何度かは厄介な事態に直面したこともあったが、いつも危険と隣り合わせだったわけではない。メキシコのヴェラクルス州では、覆面をかぶった連邦警察に車を止められた。麻薬捜査をするから車から出ているようにと命じられている間、トラックの荷台に積まれた機関銃はまっすぐ私に向けられていた。他にも、ホテルの部屋を出ると、覆面をして機関銃を持った連邦警察に囲まれたことがあった。2人の警官は私の安全を心配して、軍事行動が終了するまで、安全な場所まで付き添ってくれた。うわさによると、麻薬カルテルの大物がホテルの屋上に追い詰められていたそうだ。

旅の間には、軍に運転手と一緒に止められ、捜索され、尋問を受けたことが何度もあった。だが、通算して約2年間メソアメリカに滞在したが、その間に生命の危険を感じたことは一度もなかった。軍は親切さと敬意をもって対応し、出会うたびに私の安全に対する懸念を述べ、注意を怠らないよう繰り返し警告してくれた。スティーブンズとキャザウッドとは異なり、私は逮捕されることなく、自由に国々を探訪することができた。

私はこの地域の文化と先住民を、地球上で他に類を見ないものと評価するようになった。多くの旅行者や研究者は時間制限に悩まされたようだが、私は多くの場所で時間制限なしに過ごすことができた。私はしばしば小さな村やホテルに拠点を置いたが、そうすると、遭遇体験を持つ人々が私に会いに来てくれた。私のうわさを聞きつけて、本当に私がUFOの話を集めているのか確かめにやって来るのだ。とくにメキシコでは、その傾向が強かった。同じ共同体を何度も訪問するにつれて、人々はさらに心を開いてくれた。

　本書を完成させた今、私の心にはマヤ族の間を旅する間ずっと離れなかった確固とした思いがある。マヤの人々は、メソアメリカにやって来たとき、自分たちは知識を携えてきたと言う。この事実こそ、マヤ族が他の先住民族と大きく異なる点だ。詳細に調査してみても、マヤ族の古代の物語のどこにも、彼らが地球で文明の秘密を学んだという記述はない。また、彼らに生きるすべを教えた偉大な師や個人が存在したことを示す神話もなければ、神が西、東、あるいはどの方角からでもやって来たという伝説もない。それに、スペイン人が到着したとき、マヤ人は両手を広げて歓迎したわけではなかった。それどころか、スペイン人が迫ってくると、彼らは見つからないようにジャングルに身を隠したのだ。

　アステカ族や他の先住民族とは異なり、マヤ人がスペイン人を「神」とみなさなかったのは明らかだ。あるマヤ族の長老と話をしたとき、彼は、マヤ人はスペイン人の方が技術的に進んでいるとは考えなかったと語った。「われわれは、高度な技術を持つ文明を知っていた。われわれはその文明からやって来たのだ。スペイン人はわれわれより優れてはいなかった」。私にとって、この発言は非常に意味深いもので、マヤ人は宇宙からやって来た異星人の助けを借りたのではなく、彼ら自身がスペーストラベラーだったという持論をさらに強固なものにした。

　マヤ人については、知られていることよりも、知られていないことの方が多い。彼らが紀元前3113年にメソアメリカにやって来たことは知られているが、それが彼らの歴史の始まりではなく、この地域に到着した日付にすぎない。おそらくいずれ彼らの真の起源が明らかになる日が来るだろう。私個人としては、祖先が歩いた地を歩き、スティーブンズとキャザウッドの足跡をたどれたこと、さらに、はるか昔に中央アメリカとメキシコにやって来た人々の知恵を今も使い、実践している現代の先住民の人々と共に時間を過ごせたことを幸運だったと思っている。今日に至っても、未踏査の古代マヤの王国は数多く存在する。チアパス州のウスマシンタ川の流域には、まだ考古学者によって発見されていない、ジャングルに覆われた古代都市が無数にあるという。ユカタン半島には、私は個人的に観察したが、未発掘の、草に覆われた神殿が数えきれないほどある。ホンジュラスとグアテマラの丘陵地帯には、盛り土や半分露出した建造物が点在している。スティーブンズやキャザウッドと同じように、謎に満ちたマヤ文明をさらに追究するために、こうしたまだ知られていない都市やその秘密を調査しようとする人は今後も出てくるだろう。未知なるものを解明したいという誘惑は抗しがたいものだ。

調査の過程において、私はメソアメリカの先住民の人々の間を歩き、食事を共にし、家族の集まりに加わり、伝統的儀式に参加し、陽気な騒ぎや不幸な出来事を共に体験し、誕生を祝い、死者を悼み、スカイゴッド、スカイピープル、スペーストラベラー、異星人、そしてＵＦＯの古今の物語に耳を傾けた。そして、発疹、原因不明の傷跡、妊娠、胎児の喪失、そして、ヒーリングをも体験した人の話を聞いた。体験者の中には、恐れ、怒り、畏敬、感嘆といったさまざまな感情をまだ抱きつづけている人もいた。

自分の体験を、もう一度体験したいとは思わないまでも、正常なものとみなしている人もいた。ある大学教育を受けたマヤ人の歴史家が私にこう言った。「多くの長老たちは、われわれはスカイピープルだと言っています。貧しい自作農のマヤ人が、どうしてこのような古代都市を建設できるほど高度に知的で、科学的な社会の子孫であるのか、一般の人々には理解できません。たった一度の地殻変動が歴史の流れを変えたということを理解できないのです。おそらく、巨大なハリケーンか津波、隕石、あるいは干ばつが起きたのでしょう。しかし、このような出来事に襲われ、仲間を失ったとき、重要なことは、いかにして生き延び、自分の家族を守るかということです。これがマヤ人の物語なのです。われわれは地球という惑星に到着して以来、ずっと生き延びてきました。侵略を生き延び、戦争、ハリケーン、火山の噴火を生き延びてきました。これからも、白人の理論の中を生き延びていくことになるでしょう。重要なのは、われわれは、自分が何者であるかを知っているということです」

別のマヤの長老はこう言った。「わしの祖父は、スカイピープルは地球にやって来て、住み着いたと言っていた。何人かの白人が書いているが、彼らはこの地を離れなかった。だが、偉大な文明を大災害が襲った。残ったのがわしらだ。わしらはスターピープルの生き残りなんだ。だが、よく聞きなさい。偉大な文明は戦争、飢餓、異常気象によって滅びる。すべての文明は終末を迎えるんだ。今から5000年後、科学者は自由の女神を発掘し、これは世界に火をもたらした炎の女神だと言うだろう。わしは自由の女神を見たことがある。国連へ行くために、ニューヨークを訪れたときにな。ニューヨークには、世界が破壊されるときに人々がすがりつく神のような建物がたくさんある。だが、生き残った人の多くは、マヤ人と同じように、忘れることを選ぶだろう」

おそらく、有史以前に、大災害によってその住人や業績とともに終末を迎え、忘れられた文明が数多くあったのだろう。人類の起源と歴史は、先住民族の言い伝えの中に存在している。私たちはみな、スペーストラベラーなのかもしれない。

私の旅の目的の1つは、これまでに打ち立てられた古代マヤ人についての理論、とくに古代の宇宙飛行士説に信ぴょう性を与える証拠を探すことだった。マヤ人の人々と共に時間を過ごした結果、私はこの説をきっぱりと否定するが、これは長い歴史を通してスカイピープルが母なる地球を訪れたことを信じないということではない。それどころか、正反対である。科学者は先住民の伝説やいわゆる「未開人」の物語を、迷信深い人々の話として切り捨ててきたが、私はこうした伝説が生まれる要因となる何かが起こったと信じている。実際私は、母なる地球の歴史、また私たちの祖先の歴史は、伝説、神話、星々に関する民話の中に記録されていて、先住民は星々と特別なつながりを持つと信じている。

私はまた、スカイピープルはかつて母なる地球を訪れたことがあり、現在もなお訪れて地球の人々と交流していると確信している。もともとは、数多くの古今の物語に書かれているように、空からの訪問者は祖先だと思われていた。だが、最近の話になると、おそらく宇宙が小さくなってきたために、地球や地球の民と太古からのつながりを持つものとは別の種族が地球を訪れるようになっていると指摘する人が増えてきた。私が聞いた物語の中にも、そうした出来事について述べ、警鐘を鳴らしているものがある。

１９４０年代以降、ＵＦＯ現象に関する研究は、ＵＦＯは実在するのか、その存在は伝統的科学の手法によって証明できるのか、あるいは、異星人による拉致は行われているのかという疑問に焦点を当ててきた。こうした疑問は好奇心をそそるものだが、最も重要な事実は、個人――この場合はメソアメリカの先住民たち――の体験の驚くべき内容とパワーに存在すると私は考える。彼らの体験は、現実に新たな次元を加え、それが人類の未来にとってどんな意味を持つのかを示唆するものと言えるだろう。実証的アプローチを用いて、ＵＦＯ現象のとらえどころのなさを非難するのではなく、こうした出来事を体験した人々の話に耳を傾けるべきときが来ているのではないだろうか。

ＵＦＯ現象に対する姿勢はどうであれ、私たちがＵＦＯ遭遇体験に関心を持つのは、伝統的な知識獲得の方法から目を背けてきたために失ってしまった、重要な情報や知恵を取り戻したいという思いがあるからだと思う。ヴァイン・デロリア・ジュニアの著書『Evolution, Creationism, and Other Modern Myths（進化論、天地創造説、その他の現代の神話）』の中で、オグララ族の学者が、科学は一般に、人類の集団記憶より思考を優位とみなすという前提を示している。かつて伝統的英知には真実という権威が与えられていたが、科学界によって放棄され、今では神話や伝説とみなされている。科学的に証明できないものは、切り捨てられてしまうのだ。今日、先住民の話――伝統的なものにも現代のものにも――に耳を傾けるなら、古代には、こうした体験を異様とも衝撃的ともみなさない枠組みがあったことがわかるだろう。他の可能性に対し公平でオープンな姿勢を取ることによって、考えたこともない発見に至るかもしれないのだ。

本書を通して、私は先住民の人々が、スカイピープルやスペーストラベラーとは自分たちのことだと伝えようとする声を容認してきた。彼らの古代都市はすべて、その都市のエネルギーを使って宇宙を反映し、宇宙のエネルギーを利用しようとした素晴らしい文明があったことを今に示している。

今日でもマヤ人の中には、古代のやり方を踏襲し、祖先とコミュニケーションをとりつづけて、時空を超える旅をしている人がいる。環境の激変によって引き起こされた悲惨な記憶の喪失のせいであれ何であれ、多くの人にとって、マヤ人とは、その日その日をかろうじて生き延びている弱い人種という印象がある。だが、私はマヤ人の中を旅してまわっている間に、最も尊敬されている科学者よりもはるかに宇宙というものを理解している人の前にいるような気がしてならなかった。同時に、その知恵のほとんどは彼らの、彼らだけのものだと認めざるをえなかった。

旅の間に、私は先住民だけが知っていて、誰にも教えていない秘密を学ぶことができた。マヤ人の世界に埋もれ、次世代に伝えられてきたこうした秘密を熟考していると、グアテマラのキチェ・マヤ族の活動家でノーベル賞受賞者リゴベルタ・メンチュウがその著書『私の名はリゴベルタ・メンチュウ』に書いていたことを思い出す。「しかし、それでも、わたしはインディヘナであることの秘密をあらいざらい話しているわけではありません。だれにも知られたくないことは、これからも隠し続けていくつもりです。どんな人類学者でも、あるいは知識人といわれる人でも、山のように本を積み上げたところで、私たちの秘密を解き明かすことはできません」（『私の名はリゴベルタ・メンチュウ』高橋早代訳、新潮社より直接引用）。こうした秘密は、数えきれないほどの世代にわたって受け継がれてきたもので、それがメソアメリカの人々を先住民たらしめているのだ。

メソアメリカの先住民でUFOやスカイピープルとの遭遇体験を持つ人にインタビューしているうちに、彼らの伝統的な物語と、個人的な体験談の両方を学ぶことができた。私はただ彼らの謎に満ちた、神秘的でスピリチュアルな体験や、別世界との遭遇話に耳を傾け、その証拠を求めはしなかった。彼らの証言だけで、その話を信用するのに十分だったのである。私は一切推測せず、判断も下さなかった。

多くの場合、長年にわたって聞いた話の中に、同じような話があったことを思い出した。ミッシングタイム、偽の妊娠、身体検査、アブダクション、スカイピープルとの個人的交流はすべて、他の人の話にも出てきた。体験を話してくれた人々には、その話は間違いなく真実だと信じさせてくれるものがあった。インタビューを受けた人々はみな驚くばかりの誠意を持って、信じられないような体験談を語ってくれた。他の体験者と同様、自分の体験をひどい目にあったと感じた人もいれば、自分の身に起きた最高の出来事だと思っている人もいた。しかし、彼らの体験談は、根幹の部分ではほとんど同じだった。UFO現象について知識の乏しい人も、遭遇体験を積極的に話すタイプの人も、同様の話をするところに整合性が認められるのだ。どれも独創的な話だったわけではないが、それぞれ真摯に体験を語ってくれ、その話は信じるに足るものと思えた。私は、地球に住む人々に間違いなく何かが起こっていて、それはごく稀なことでもなければ、一地域に限定されるものでもないという考えをさらに強くした。

スティーブンズは探検の結論として、調査した遺跡は、他の知られた集団の影響を一切受けておらず、1人の天才から生まれた偉大な先住民の文明のものだと主張した。私は、スティーブンズの結論は、彼が認識していた以上にはるかに予言的なものだったと考えている。私は数えきれないほどの日々をマヤの人々と共に過ごすうちに、彼らは宇宙から地球へやって来た人々だと確信するようになった。「スペースマンとはわれわれのことだ」という表現を、私は繰り返し耳にした。私はこれまでの調査から、今日のマヤ人は、よその星から地球という惑星へやって来た人々の子孫だと信じている。彼らは異星人の宇宙飛行士の「支援を受けた」のではなく、彼ら自身が古代の宇宙飛行士だったのである。

著者の訪れた都市一覧

国の名称
MEXICO　メキシコ
GUATEMALA　グアテマラ
El SALVADOR　エルサルバドル
HONDURAS　ホンジュラス
BELIZE　ベリーズ

都市の名称
Cancun　カンクン
Chichen Itza　チチェン・イッツア
Tulum　トゥルム
Coba　カバー
Sayil　サイール

Uzmal　ウシュマル
Merida　メリダ
Palanque　パレンケ
Bonampak　ボナンパク
Tonina　トニナー
Oaxaca City　オアハカシティ
Monte Alban　モンテ・アルバン
Lambityeco　ランビティエコ
San Cristobal　サン・クリストバル
La Mesilla　ラ・メシヤ
Huehuetonango　ウェウェテナンゴ
Querzaltenango　ケツァルテナンゴ
Chichicastenango　チチカステナンゴ
Quirigua　キリグア
Guatemala City　グアテマラシティ
Q、umarkaj　クマルカイ
Copan　コパン

Hopkins　ホプキンス
Belmopan　ベルモパン
Belize City　ベリーズシティ
Mexico City　メキシコシティ

著者紹介

アーディ・シックスキラー・クラーク博士はモンタナ州立大学のエデュケーション・リーダーシップ講座の名誉教授、およびバイリンガル・多文化教育センターの元センター長である。メソアメリカ各国を広範囲に旅し、２年以上を費やして小さな先住民族の村を回りながら、ＵＦＯ遭遇体験談を収集してきた。クラーク博士のこれまでの著書には、『Sisters in the Blood: The Education of Women in Native Americans（同じ血を引く姉妹たち：ネイティブアメリカンの女性教育）』、『「ＹＯＵは」宇宙人に遭っています：スターマンとコンタクティの体験実録』（明窓出版）、バイリンガルの子供を対象にしたアメリカ先住民の神話や伝説に関する12冊の児童書などがある。モンタナ州の自宅で、夫、最愛のラサ・アプソ犬、プレーリーローズの花、メインクーン種の救助猫レズ・ペレと共に暮らしている。

最新の情報と出演予定等については、ウェブサイト www.sixkiller.com にて。Ｅメールアドレスは ardy@sixkiller.com.

元村まゆ　もとむら まゆ
同志社大学文学部卒業。20年ほど前からスピリチュアルなものに関心を持つようになり、翻訳修業のかたわらセミナーに参加したりして、真実の追求を続けている。スピリチュアル系書籍の翻訳協力多数。

超太古マヤ人から連綿と続く宇宙人との繋がり
SKY PEOPLE
今なぜ緊急に接触を強めているのか

第一刷　2015年12月31日

著者　アーディ・S・クラーク

訳者　元村まゆ

発行人　石井健資

発行所　株式会社ヒカルランド

〒162-0821 東京都新宿区津久戸町3-11 TH1ビル6F

電話 03-6265-0852　ファックス 03-6265-0853

http://www.hikaruland.co.jp　info@hikaruland.co.jp

振替　00180-8-496587

本文・カバー・製本　中央精版印刷株式会社

DTP　株式会社キャップス

編集担当　田元明日菜

ISBN978-4-86471-328-3

本といっしょに楽しむ ハピハピ♥ Goods&Life ヒカルランド

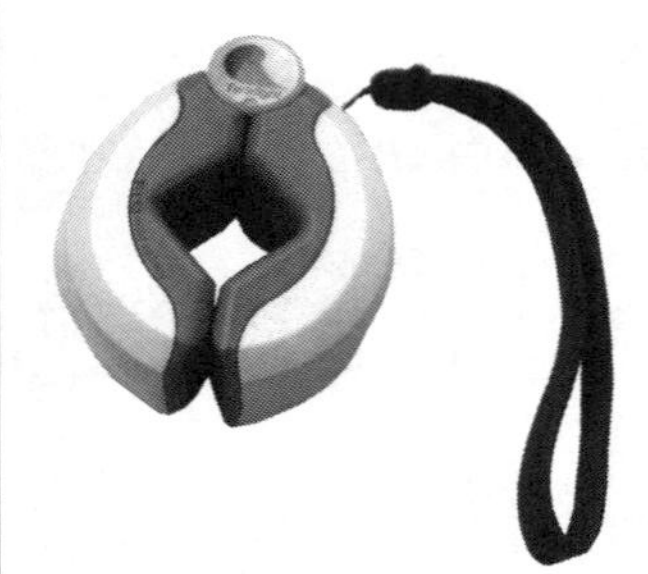

ゼロ磁場発生装置
テラファイト卑弥呼（携帯用）
販売価格　86,400円（税込）

「テラファイト卑弥呼」は、完全ゼロ磁場をつくることが出来る装置。本体に強力なレアアース（ネオジウム磁石）と貴金属を組み合わせた装置で、独自の工夫により作られた特許製品です。いつでもどこでも手軽にゼロ磁場を活用できる、コンパクト・軽量化モデルで、身の回りのものを手軽に活性化することができます。
●内容：テラファイト卑弥呼、ストラップ、磁気シート（磁場検証用）

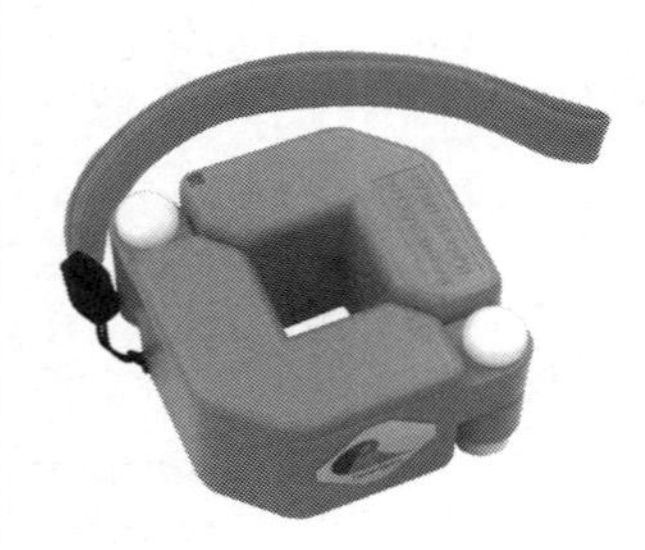

ゼロ磁場発生装置 テラファイト
販売価格　168,000円（税込）

ゼロ磁場は、あたり一面に「気」が満ちていることから「幸せになれる場所」などと言われます。「テラファイト」は、流体、物質から住空間まで瞬時に活性化するゼロ磁場発生装置で、テラファイト卑弥呼よりも強力なタイプです。アルファー波やシータ波を増加させることができる「ゼロ磁場発生装置」を活用すれば、高僧と同様の瞑想を体感することも可能に。
●内容：テラファイト、オリジナル革袋、ストラップ、アトマイザー、磁気シート

【お問い合わせ先】 ヒカルランドパーク

★開発者の本
秘密NIPPONの《超建国》裏返史
上森三郎、竹中真理矢 著
（ヒカルランド刊）

いつもそばにあるゼロ磁場の恵み

ネオガイア5000G

家庭用ネオガイア

販売価格　259,200円～356,400円（税込）

ネオガイア7000G

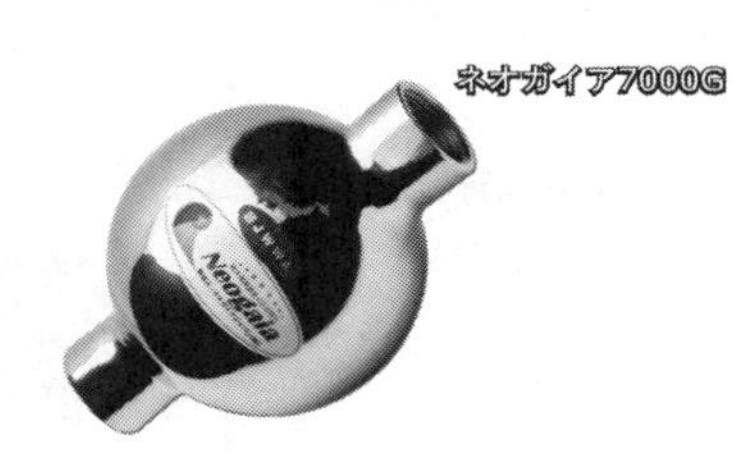

ネオガイアは完全ゼロ磁場を作ることができる装置で、特許製品です。ゼロ磁場（パワースポットなど）の水を飲むと身体にいいと言われています。ネオガイアを通過した水道水（ネオガイア水）は瞬時にゼロ磁場の水に変化し、パワースポットの湧水のように、水道水を自然の活力ある状態に戻します。ネオガイア水は、元気で、なめらかで、やわらかく、私たちの身体や動植物にとてもいいのです。

※ネオガイアは浄水器とは、働きが異なりますので、浄水器をご利用のご家庭は併用してお使いください。
※設置には別途工事が必要となります。取付工事費用は最寄りの水道工事店にお問い合わせください。賃貸の方は大家や管理会社と相談が必要。

【お問い合わせ先】 ヒカルランドパーク

ネオガイア5000Gと7000Gの違い

商品名	製品	水道口径	値段	磁力	選び方
ネオガイア 5000G		20口径	259,200円（税込）	5000ガウス	通常の家庭用としておすすめです。
ネオガイア 7000G		20口径	324,000円（税込）	7000ガウス	磁力が大きいほど水に磁気が滞留する時間が長くなります。多箇所で同時に水をご利用のご家庭には25口径をおすすめします。中型商用施設にもおすすめです。
		25口径	356,400円（税込）		

本といっしょに楽しむ ハピハピ♥ Goods&Life ヒカルランド

縄文ふとまにシート　~龍体文字~
販売価格3,240円（税込）

推定5600年ほど前、ウマシアシカビヒコジノ神が発案したという龍体文字。片野貴夫氏の筆により、ホツマの時代（推定3300年ほど前）にホツマ文字で作られた「ふとまに」の中に、龍体文字をはめ込みました。
茶色と黒色の２枚入り（材質・合皮／直径85㎜／商標登録済)。茶色シートを【仙骨】の上に敷いて寝ると体を活性化して、黒色シートは鎮める効果があります。文字が描かれている方を肌にあてて北枕で寝てください。コースターにも使えます。シートの上に飲み物や食品を置くことで味に変化があらわれます。

セルフォ
（正式名／セルフ・オーリング・テスター）
販売価格　3,780円（税込）

オーリングテストって知ってますか？　２本の指で丸い輪を作り、相手も指で丸い輪を作って、その相手の丸い輪を引っ張り、輪が開くかどうかで様々なことを判断する、代替医療の診断法として医学界でも認められたテストです。従来、オーリングテストは２人でテストをしていましたが、体の悪い部分、自分に合うもの合わないもの、薬の善し悪し、セルフォならひとりでも出来ます。セルフォは、小さくて軽いので持ち運びに便利。３段階設定なので、使用する人の握力に応じて使い分け可能。あまり頼りすぎてもいけませんが、楽しんで使いましょう。

【お問い合わせ先】　ヒカルランドパーク

★開発者の本
[神代文字] 言霊治癒のしくみ２
片野貴夫　著
（ヒカルランド刊）